EINFÜHRUNG IN DIE GRAPHENTHEORIE

von

JIŘÍ SEDLÁČEK

Mit 73 Bildern

B. G. TEUBNER VERLAGSGESELLSCHAFT LEIPZIG

1968

MATHEMATISCHE SCHÜLERBÜCHEREI

Nr. 40

Herausgeber des in der B. G. Teubner Verlagsgesellschaft Leipzig
erscheinenden Teils der MSB: Dr. rer. nat. Ernst Hameister
Aus tschechischem Original vom Autor übersetzt
Wissenschaftliche Redaktion der deutschen Ausgabe:
Prof. Dr. Maria Hasse

Dieses Buch erscheint als Gemeinschaftsausgabe
des Verlages Academia, Prag und der B. G. Teubner
Verlagsgesellschaft, Leipzig

© Jiří Sedláček, 1968
VLN 294-375-49-68 • ES 19 B 3
Alle Rechte vorbehalten
Printed in Czechoslovakia

VORWORT

Seit dem Jahr 1936, als der ungarische Mathematiker *D. König* in Leipzig sein bekanntes Buch „Theorie der endlichen und unendlichen Graphen" veröffentlichte, ist die Graphentheorie sowohl in die Breite als auch in die Tiefe gewachsen. Es entstanden neben Hunderten von wissenschaftlichen Arbeiten auch einige gute Lehrbücher, doch eine leichtfaßliche Einführung in diese Disziplin, die die Mathematikstudenten und die an der Graphentheorie interessierten Studenten und Wissenschaftler anderer Fachgebiete lesen können, fehlt noch immer. Ich denke hier vor allem an Physiker, Chemiker, Elektro-Ingenieure, aber auch an Ökonomen, Soziologen, Linguisten und Wissenschaftler anderer verwandter Gebiete. Das vorliegende Buch möge als ein Versuch in dieser Richtung gewertet werden. Es setzt neben einer guten Kenntnis der Schulmathematik freilich auch noch eine gewisse Fähigkeit zum abstrakten Denken voraus. Meiner Ansicht nach sind auch Schüler der höheren Klassen in der Lage, allein oder in Arbeitsgemeinschaften den Stoff durchzuarbeiten und zu verstehen.

Trotz der Elementarfassung und des geringen Umfangs des Buches war ich bestrebt, möglichst viele jener Probleme zu streifen, die in letzter Zeit in der Theorie der Graphen behandelt wurden.

Mein Buch erschien zuerst 1964 in tschechischer, 1967 in bulgarischer Sprache, und nun wird es auch den deutschen Lesern vorgelegt. Bei dieser Gelegenheit möchte ich insbesondere der wissenschaftlichen Bearbeiterin dieser deutschen Ausgabe, Frau Prof. Dr. *M. Hasse* von der Technischen Universität in Dresden, meinen herzlichen Dank aussprechen. Ich habe ihr viele wertvolle Anregungen und Bemerkungen zu verdanken. Ferner bin ich auch meinen Freunden Herrn Prof. Dr. *M. Fiedler* und Herrn Dr. *J. Blažek* aus Prag zu Dank verpflichtet, die die Handschrift meiner Arbeit in der tschechischen und deutschen Version gelesen haben.

Jiří Sedláček

Prag, den 11. April 1967

INHALT

Vorwort 3

I. Vorbetrachtungen
   1. Einige Bemerkungen über Mengen 7
   2. Abbildungen 12
   3. Hintereinanderausführung von Abbildungen 18

II. Ungerichtete Graphen
   1. Grundbegriffe aus der Graphentheorie 23
   2. Knotengrade und ihre Eigenschaften 29
   3. Teilgraphen eines gegebenen Graphen 33
   4. Zusammenhang eines Graphen 36
   5. Komponenten eines Graphen 41
   6. Reguläre Graphen 46
   7. Bäume und Gerüste eines Graphen 49
   8. Bewertete Graphen 55
   9. Brücken eines Graphen 58
 10. Artikulationen 62
 11. Knoten- und Kantenzusammenhangszahl 66
 12. Eulersche Graphen 71
 13. Reguläre Faktoren 76
 14. Zerlegungen regulärer Graphen in reguläre Faktoren 81
 15. Chromatische Zahlen 86
 16. Knotenbasen 91
 17. Isomorphismen und Homöomorphismen 98
 18. Automorphismen von Graphen 109
 19. Die Automorphismengruppe eines Graphen 111
 20. Allgemeinere Definition eines ungerichteten Graphen 114

III. Gerichtete Graphen
   1. Betrachtungen, die zum Begriff des gerichteten Graphen führen 119
   2. Definition eines gerichteten Graphen 125
   3. Einige Typen gerichteter Graphen 132

4. Quasikomponenten eines Graphen und reduzierte
   Graphen 140
5. Inzidenzmatrizen eines gerichteten Graphen 143
6. Kategorien und gerichtete Graphen 152
7. Allgemeinere Definitionen eines gerichteten Graphen 157

IV. Schlußkapitel
   1. Historische Anmerkungen 161
   2. Literatur 166

Namenverzeichnis 168

Sachverzeichnis 170

I. VORBETRACHTUNGEN

1. Einige Bemerkungen über Mengen

Einer der grundlegenden Begriffe der Mathematik ist der Begriff der *Menge*. Er spielt in allen Bereichen der Mathematik eine Rolle, z. B. in der Zahlentheorie, der Algebra, der mathematischen Statistik, der Analysis, und in der letzten Zeit dringt er sogar in die Schulmathematik ein. Auch für unsere Betrachtungen ist es vorteilhaft, die Terminologie der Mengen zu verwenden. Daher wollen wir in diesem Abschnitt einige grundlegende Begriffe der Mengentheorie zusammenstellen.*)

Unter einer Menge verstehen wir — grob gesprochen — eine Gesamtheit von irgendwelchen Objekten, den sogenannten *Elementen* der Menge. Die als Elemente der Menge auftretenden Objekte können sehr verschiedenartig sein, beispielsweise die Schüler einer Klasse, die Häuser einer Straße, die Planeten im Sonnensystem usw. In der Mathematik haben wir es jedoch häufiger mit Mengen zu tun, deren Elemente etwa Punkte einer Ebene oder Primzahlen oder Geraden eines Raumes sind. Es werden jedoch auch Mengen mit verschiedenartigen Elementen zugelassen. So können wir z. B. von einer Menge sprechen, deren Elemente sowohl die Punkte einer gegebenen Ebene als auch die natürlichen Zahlen sind. Die Elemente dieser Menge sind also einerseits geometrische Gebilde (Punkte), zum anderen die Zahlen 1, 2, 3, 4, ...

Wir bezeichnen Mengen gewöhnlich mit großen Buchstaben; beispielsweise sprechen wir von der mit dem Buchstaben A bezeichneten Menge oder kurz der Menge A, der Menge H usw. Es ist weiter üblich, die Elemente einer Menge mit kleinen lateinischen Buchstaben zu bezeichnen, also z. B. mit $a, b, c, x, u, \ldots$. Den Sachverhalt, daß ein Element a zu einer Menge A gehört, drücken wir mit Hilfe

---

*) Dem Leser, der eine ausführlichere Einführung in die Mengenlehre sucht, empfehle ich das Buch von M. *Hasse*, „Grundbegriffe der Mengenlehre und Logik" (Mathematische Schülerbücherei Nr. 2, B. G. Teubner, 3. Aufl., Leipzig 1967)

der Elementbeziehung ∈ wie folgt aus: $a \in A$. Wenn ein Element b nicht zur Menge A gehört, dann schreiben wir: $b \notin A$.
Es ist zweckmäßig, auch eine Menge zuzulassen, die kein Element enthält. Es gibt nur eine solche Menge. Diese heißt die *leere* Menge und wird mit $\emptyset$ gekennzeichnet. Sie ist also dadurch charakterisiert, daß es kein Element x mit $x \in \emptyset$ gibt. Auf Grund dieser Übereinkunft sind wir z. B. berechtigt, von der Menge aller der Primzahlen zu sprechen, die größer als 890 und kleiner als 905 sind, bevor wir uns überzeugt haben, ob in dieser Menge überhaupt eine Primzahl gelegen ist. Eine Menge, die mindestens ein Element enthält, heißt eine *nicht-leere* Menge. Betrachten wir z. B. die Menge aller Primzahlen, die größer als 905 und kleiner als 910 sind, so stellen wir leicht fest, daß es sich hier um eine nicht-leere Menge handelt; denn die Zahl 907 ist Primzahl.

Wir wollen uns noch mit dem wichtigen Begriff der mengentheoretischen Inklusion vertraut machen. Gehört jedes Element einer Menge A auch zu einer Menge B, so sagen wir, daß die Menge A eine *Teilmenge* der Menge B ist oder daß A eine *Untermenge* der Menge B ist, und wir schreiben: $A \subseteq B$. Die Beziehung $\subseteq$ heißt die *mengentheoretische Inklusion*. Wählen wir z. B. als Menge A die Menge aller auf S. 10 dieses Buches gedruckten Buchstaben und als Menge B die Menge aller Buchstaben, die in diesem Buch überhaupt gedruckt sind, dann gilt $A \subseteq B$. Die leere Menge ist offenbar eine Teilmenge jeder beliebigen Menge.

Mitunter begegnen wir Mengen C und D, für die gleichzeitig $C \subseteq D$ und $D \subseteq C$ gilt. Dann sagen wir, daß die Mengen C und D einander gleich sind und schreiben dafür $C = D$. Wählen wir beispielsweise für C die Menge aller ungeraden Zahlen, die größer als 27 und kleiner als 33 sind, und für D die Menge aller Primzahlen, die größer als 23 und kleiner als 36 sind, so enthält C genau zwei Elemente: die ungeraden Zahlen 29 und 31. Auch die Menge D wird genau von zwei Elementen gebildet: den Primzahlen 29 und 31. Daraus folgt, daß $C = D$ ist.

Es seien E und F zwei Mengen, für die $E \subseteq F$, aber nicht $E = F$ gilt. Dann sagen wir, die Menge E ist eine *echte*

Untermenge der Menge F, und schreiben $E \subset F$. So ist beispielsweise die leere Menge eine echte Untermenge jeder nicht-leeren Menge.

Mengen G und H, für die die Beziehung $G = H$ nicht gilt, nennen wir *verschiedene* Mengen, und wir schreiben in diesem Fall $G \neq H$. Ist beispielsweise G eine echte Untermenge einer Menge H, dann sind die Mengen G und H verschieden.

Man unterscheidet, je nachdem, ob eine Menge endlich oder unendlich viele Elemente hat, zwischen *endlichen* und *unendlichen* Mengen. In diesem Buch werden wir uns vor allem mit endlichen Mengen beschäftigen. Die Menge aller Bücher in der Prager Universitätsbibliothek ist endlich, die Menge aller Kreislinien dagegen, die in einer gegebenen Ebene konstruiert werden können, ist unendlich. Da eine Menge auf Grund der obigen Gleichheitsdefinition durch ihre Elemente eindeutig festgelegt ist, so erhalten wir eine übersichtliche Schreibweise für Mengen. Besteht beispielsweise eine Menge M aus den beiden Elementen x und y, dann schreiben wir $M = \{x, y\}$. Aus zwei Elementen bestehende Mengen werden in diesem Büchlein wiederholt auftreten; wir werden in einem solchen Falle kurz von *zweielementigen* Mengen sprechen.

Wir wollen weiterhin vereinbaren, daß wir die Anzahl der Elemente einer endlichen Menge M mit $|M|$ angeben wollen.*) Ist M eine unendliche Menge, so drücken wir diesen Sachverhalt durch die Schreibweise $|M| = \infty$ aus. Für eine zweielementige Menge A ist demnach $|A| = 2$, für die leere Menge $|\emptyset| = 0$ usw.

Wir wählen hier für die Anzahl der Elemente einer gegebenen Menge eine Bezeichnungsweise, die wir schon von der Schule her für den absoluten Betrag einer reellen oder komplexen Zahl kennen; in der Theorie der Mengen kann jedoch keine Verwechslung eintreten, und deshalb halten wir uns an diese recht eingebürgerte Schreibweise.

Es bezeichne N eine endliche Menge mit n Elementen. Weiter sei eine natürliche Zahl k mit $k \leq n$ gegeben. Wir fra-

---

*) In der Literatur bezeichnet man die Anzahl der Elemente der Menge M oft auch mit $\overline{\overline{M}}$ oder card M.

gen uns, wieviele verschiedene Untermengen K von N genau k Elemente haben. In der Schule haben wir die Untermengen K als *Kombinationen* der k-ten Klasse (aus n Elementen) bezeichnet und die Anzahl aller möglichen K durch die Zahl

$$\binom{n}{k} = \frac{n(n-1)\ldots(n-k+1)}{1 \cdot 2 \cdot \ldots \cdot k}$$

ausgedrückt, die man den *Binomialkoeffizienten* „n über k" nennt. Der Bruch auf der rechten Seite kann vereinfacht werden, wenn man *Fakultäten* verwendet. Dabei verstehen wir unter „m Fakultät" den Ausdruck

$$m! = 1 \cdot 2 \cdot 3 \cdot \ldots \cdot m,$$

wobei m eine beliebige natürliche Zahl ist. Die Zahl $\binom{n}{k}$ kann man dann in der Form

$$\binom{n}{k} = \frac{n!}{(n-k)! \, k!}$$

schreiben, wenn man noch $0! = 1$ setzt. Es ist nützlich, die obige Definition des Binomialkoeffizienten auf $k = 0$ zu erweitern. Man setzt fest, daß $\binom{n}{0} = 1$ ist (für jede Zahl $n = 0, 1, 2, 3, \ldots$). Dies stimmt auch damit überein, daß jede Menge die leere Menge als Untermenge enthält.

Mit Mengen kann man Operationen ausführen, deren Eigenschaften an das Addieren oder Multiplizieren von Zahlen erinnern. Da wir diese Operationen in unseren weiteren Betrachtungen brauchen, wollen wir ihre Definitionen angeben.

Zu gegebenen Mengen A und B kann man eine weitere Menge konstruieren, die genau die Elemente enthält, die entweder zu A oder zu B oder zu beiden Mengen zugleich gehören. Diese neue Menge heißt die *Vereinigung* der Mengen A und B und wird gewöhnlich mit $A \cup B$ bezeichnet. So ist die Vereinigung der Mengen $A = \{1, 2, 3, 4\}$ und $B = \{1, 3, 5\}$ die Menge $\{1, 2, 3, 4, 5\}$. Man kann weiter eine Menge konstruieren, die genau die Elemente enthält, die gleichzeitig zu einer Menge C und zu einer Menge D gehören. Die so definierte Menge heißt der *Durchschnitt* der Mengen C und D, in Zeichen: $C \cap D$. Ist beispielsweise C die Menge aller geraden Zahlen und D die Menge aller Primzahlen, so ist $C \cap D =$ $= \{2\}$, da 2 die einzige gerade Primzahl ist.

Oft begegnen wir bei unseren Betrachtungen Mengen, deren Durchschnitt die leere Menge ist. Sind E und F Mengen mit $E \cap F = \emptyset$, so sagen wir, daß die Mengen E und F *elementefremd* sind. So sind beispielsweise die Menge E aller Punkte der in Bild 1 gezeichneten Kreislinie und die Menge F aller Punkte der in diesem Bild gezeichneten Geraden elementefremd.

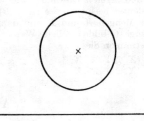

Bild 1

Übungen

I. 1.1. Es ist die Menge $X = \{3, -5, \sqrt{2}\}$ gegeben. Wieviele verschiedene Untermengen enthält die Menge X? Man schreibe alle diese Untermengen einzeln auf.

I. 1.2. Es ist eine endliche Menge Y mit m Elementen gegeben. Wieviele verschiedene Untermengen hat die Menge Y?

I. 1.3. Es sei eine endliche Menge U mit $|U| > 2$ gegeben. Wir wollen mit K die Menge aller zweielementigen Mengen X mit $X \subset U$ bezeichnen. Wieviele Elemente hat die Menge K?

I. 1.4. Es seien zwei elementefremde Mengen M und N gegeben. Die Menge M habe 5 Elemente, die Menge N 10 Elemente. Man rechne aus, auf wieviele Arten man in der Vereinigung $M \cup N$ eine Untermenge X mit sechs Elementen so auswählen kann, daß der Durchschnitt $X \cap M$ genau zwei Elemente enthält.

I. 1.5. Es seien ganze Zahlen a, b, c gegeben mit $0 \leq a \leq b \leq c$. Wir wollen Mengen A und C mit $A \subseteq C$ betrachten, wobei $|A| = a$ und $|C| = c$ ist. Wieviele Mengen B kann man konstruieren, für die $A \subseteq B$, $B \subseteq C$ gilt, wenn man fordert, daß $|B| = b$ ist?

I. 1.6. Es seien M und N Mengen mit $M \subset N$. Man bestimme die Vereinigung $M \cup N$ und den Durchschnitt $M \cap N$.

I. 1.7. Es sei A eine Menge. Man bestimme
a) die Vereinigung $A \cup A$;
b) den Durchschnitt $A \cap A$;
c) die Vereinigung $A \cup \emptyset$;
d) den Durchschnitt $A \cap \emptyset$.

I. 1.8. Klammern werden beim Rechnen mit Mengen nach ähnlichen Grundsätzen angewandt, wie wir sie von der Schule her kennen. So bedeutet beispielsweise $(A \cap B) \cup C$, daß wir zuerst den Durchschnitt der Mengen A und B und dann die Vereinigung von $A \cap B$ mit der Menge C bilden sollen. Wenn X und Y gegebene Mengen sind, dann bestimmen Sie
a) $(X \cap Y) \cup X$;
b) $(X \cup Y) \cap X$.

2. Abbildungen

Wir wollen uns nun mit dem Begriff einer Abbildung von einer Menge in eine Menge beschäftigen, den wir für unsere weiteren Betrachtungen benötigen.

Es seien M und N nicht-leere Mengen, und es sei eine Vorschrift gegeben, die jedem Element x von M genau ein Element y von N zuordnet. Wir sagen dann, daß eine *Abbildung von der Menge M in die Menge N* definiert ist; dabei heißt das Element x ein *Urbild* von y und das Element y das *Bild* des Elementes x*).

Zur Bezeichnung einer Abbildung von einer Menge M in eine Menge N wird oft ein einzelner Buchstabe verwendet (der gegebenenfalls mit einem Index versehen ist). Wir sprechen beispielsweise von einer Abbildung f oder F_1 u. ä. Die Abbildungen f_1 und f_2 von einer Menge M in eine Menge N betrachten wir als *verschieden*, wenn wenigstens ein Element x von M existiert, dem bei der Abbildung f_1 in der Menge N ein anderes Bild als bei der Abbildung f_2 zugeordnet wird.

Zur Illustration sei folgendes Beispiel angegeben: Die Menge M_1 wird von vier Quadraten gebildet (Bild 2); die Menge N_1 setzt sich aus drei Dreiecken zusammen, wie

---

*) Der Definition der Abbildung sei noch eine Bemerkung angefügt, damit beim Leser keine Mißverständnisse entstehen. Es kann sowohl der Fall auftreten, daß zwei Elemente aus der Menge M verschiedene Bilder besitzen als auch der Fall, daß ihnen dasselbe Element y entspricht.

ebenfalls aus unserem Bild ersichtlich ist. Jedem Quadrat ist ein bestimmtes Dreieck so zugeordnet, wie die gestrichelten Linien es zeigen. Wir wollen beachten, daß in Bild 2 drei Quadraten bei der betrachteten Abbildung ein einziges Dreieck zugeordnet ist, während eines der drei Dreiecke kein Urbild besitzt.
Es sei noch ein weiteres Beispiel angegeben. Als Menge M_2 wählen wir die Menge aller Schüler einer Klasse und als Menge N_2 die Menge $\{1, 2, 3, 4, 5\}$ aller fünf Bewertungszensuren 1, 2, 3, 4, 5. Am Ende des Bewertungszeitraumes bewertet der Lehrer die Arbeit seiner Schüler in Mathematik, und jeder Schüler erhält eine Zensur. Wir sehen, daß bei der Zensurenverteilung eine Abbildung von der Menge aller Schüler in die Menge $\{1, 2, 3, 4, 5\}$ vorgenommen wurde. Im gleichen Bewertungszeitraum bewertet jedoch auch der Deutschlehrer diese Klasse. Auch hier liegt eine Abbildung von der Menge M_2 in die Menge N_2 vor. Die Noten in den Fächern Mathematik und Deutsch unterscheiden sich gewöhnlich voneinander — es existiert in der Regel wenigstens ein Schüler in der Klasse, der in Mathematik eine andere Zensur als in Deutsch hat. Wir sehen also, daß im allgemeinen hier zwei verschiedene Abbildungen von der Menge M_2 in die Menge N_2 vorliegen.

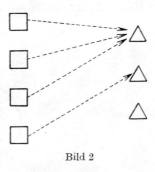

Bild 2

Eine Abbildung von einer Menge M *in* eine Menge N ist ein sehr allgemeiner Begriff. Sehr oft treten jedoch spezielle Abbildungen von einer Menge M in eine Menge N mit folgender Eigenschaft auf: Zu jedem Element y von N existiert wenigstens ein Element x von M, dessen Bild bei der betrachteten Abbildung gerade das Element y ist. In diesem Falle sagen wir, daß eine Abbildung von der Menge M *auf* die Menge N definiert ist.*)

---

*) Man beachte, daß diese Bezeichnung der Abbildungen nur durch verschiedene Präpositionen voneinander unterschieden ist: Abbildung *in* eine Menge, Abbildung *auf* eine Menge. Eine ähnliche Unterscheidungsweise durch die Präposition ist für diesen Begriff auch in anderen Sprachen üblich.

Als Beispiel wollen wir die Abbildung in Bild 3 betrachten. Die Menge M_3 besteht aus allen Punkten der aufgezeichneten Kreislinie, und die Menge N_3 besteht aus allen Punkten der Strecke $\overline{AB}$. Eine Abbildung von der Menge M_3 auf die Menge N_3 definieren wir nun wie folgt: Durch einen Punkt S

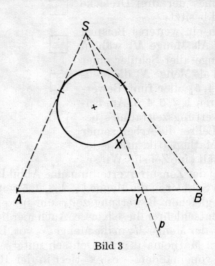

Bild 3

(siehe Bild) legen wir eine Gerade p, die mit der angegebenen Kreislinie wenigstens einen gemeinsamen Punkt hat. Wenn X einer der Schnittpunkte der Geraden p und der Kreislinie ist, dann wählen wir als Bild des Punktes X den Punkt Y, in dem die Gerade p die Strecke $\overline{AB}$ schneidet. Diese Abbildung hat eine sehr anschauliche Bedeutung: Wir haben die einzelnen Punkte der Kreislinie vom Punkt S auf die Strecke $\overline{AB}$ projiziert. Man sieht, daß nicht nur jedes Element der Menge M_3 in N_3 ein Bild hat, sondern auch umgekehrt jedes Element der Menge N_3 das Bild wenigstens eines Elementes der Menge M_3 ist. Der Punkt A und der Punkt B haben jeweils ein einziges Urbild auf der Kreislinie, während jeder innere Punkt der Strecke $\overline{AB}$ das Bild zweier Punkte der Kreislinie ist.

In den Beispielen, die wir bisher behandelten, wurde zuge-

lassen, daß verschiedene Elemente der Menge M bei der betrachteten Abbildung das gleiche Bild haben. Bei gewissen mathematischen Betrachtungen trifft dieser Sachverhalt nicht zu, und wir wollen deshalb eine weitere Einschränkung vornehmen. Es sei f eine Abbildung von einer Menge M in eine Menge N, für die gilt: Sind x und y verschiedene Elemente der Menge M, so sollen die Bilder dieser Elemente bei der Abbildung f verschiedene Elemente der Menge N sein. Die Abbildung f heißt dann eine *eineindeutige* Abbildung von der Menge M in die Menge N. Ist f sogar eine Abbildung auf die Menge N, dann spricht man von einer eineindeutigen Abbildung von M auf N.*)
Wir wollen diesen Begriff wiederum an einem Beispiel beleuchten. M_4 sei die Menge aller natürlichen Zahlen und N_4 die Menge aller rationalen Zahlen. Jeder natürlichen Zahl $m \in M_4$ sei eine durch

$$a_m = \frac{1}{m}$$

definierte rationale Zahl a_m zugeordnet. Offenbar ist so eine eineindeutige Abbildung von der Menge M_4 in die Menge N_4 definiert. Der Leser beachte, daß diese Abbildung keine Abbildung auf die Menge N_4 ist. Es läßt sich nämlich sofort eine rationale Zahl (beispielsweise 2/3) angeben, die sich nicht in der Form $1/m$ mit einer natürlichen Zahl m ausdrücken läßt.

Bisher haben wir uns mit Beispielen beschäftigt, bei denen M und N verschiedene Mengen waren, und haben Abbildungen von M in N betrachtet. Wichtig ist jedoch auch der Fall $M = N$. Wir sprechen dann von einer Abbildung von der Menge M *in sich* oder *auf sich* oder von einer eineindeutigen Abbildung der Menge M auf sich u. ä.

Wir wollen mit M_5 die Menge aller reellen Zahlen bezeichnen und jeder reellen Zahl x die reelle Zahl y mit $y = 2x - 7$ zuordnen. So erhalten wir ein Beispiel für eine eineindeutige Abbildung von der Menge M_5 auf sich.

---

*) Ist f eine Abbildung von einer Menge M *auf* eine Menge N oder eine *eineindeutige* Abbildung von M *in* N oder eine *eineindeutige* Abbildung von M *auf* N, so sagt man neuerdings gewöhnlich, die Abbildung f von M in N ist bzw. *surjektiv* oder *injektiv* oder *bijektiv*.

Wenn eine beliebige nicht-leere Menge M gegeben ist, dann können wir stets eine eineindeutige Abbildung von der Menge M auf sich angeben, indem wir jedem Element x von M als Bild gerade wieder das Element x zuordnen. Diese Abbildung wird als *identische* Abbildung der Menge M bezeichnet.

Es sei f eine eineindeutige Abbildung von einer Menge M auf eine Menge N; dann können wir eine Abbildung f' von der Menge N auf die Menge M wie folgt definieren: Jedem Element x der Menge N wird bei der Abbildung f' als Bild jenes Element der Menge M zugeordnet, dessen Bild bei f gerade das Element x ist. Die Abbildung f' heißt dann die zur Abbildung f *inverse* Abbildung. Man sieht, daß f' eine eineindeutige Abbildung von N auf M ist. Von einer inversen Abbildung sprechen wir auch, wenn $M = N$ ist. Ist beispielsweise f die oben erläuterte eineindeutige Abbildung von der Menge M_5 auf sich, so ordnet die inverse Abbildung f' dem Element x von M_5 das Element $1/2(x+7)$ aus dieser Menge zu.

Beim Studium endlicher Mengen spielt der Begriff der Permutation eine wichtige Rolle. Wir wollen irgendeine nicht-leere Menge M betrachten, die aus m Elementen besteht. Da es uns nicht interessiert, welcher Art die Elemente der Menge M sind, können wir diese Elemente einfach mit den natürlichen Zahlen $1, 2, 3, \ldots, m$ bezeichnen und im weiteren nur mit diesen Zahlen arbeiten. Jede eineindeutige Abbildung von der Menge M auf sich heißt eine *Permutation* der Menge M. Man kann diese Abbildung in einem Schema übersichtlich darstellen, das sich aus zwei Zeilen zusammensetzt:

$$\begin{pmatrix} 1 & 2 & \ldots & m \\ k_1 & k_2 & \ldots & k_m \end{pmatrix}.$$

In der ersten Zeile dieses Schemas haben wir der Reihe nach alle Elemente der Menge M aufgeschrieben; unter jedem dieser Elemente ist in der zweiten Zeile genau dasjenige Element der Menge M angegeben, das diesem Element bei der betrachteten Permutation zugeordnet wird. In der zweiten Zeile unseres Schemas treten also wiederum alle Elemente der Menge M auf, und zwar jedes von ihnen genau einmal. Es ist nach dem Vorhergehenden klar, wann zwei Permutationen der Menge M als gleich angesehen werden, nämlich dann, wenn beide jeder der Zahlen 1, 2, 3, ..., m dieselbe Zahl als Bild zuordnen.

Beispiel 1. Wir wollen eine Übersicht über alle Permutationen der Menge $M = \{1, 2, 3\}$ aufstellen.
In diesem Fall sind genau die folgenden Permutationen möglich:

$$p_1 = \begin{pmatrix} 1 & 2 & 3 \\ 1 & 2 & 3 \end{pmatrix}, \quad p_2 = \begin{pmatrix} 1 & 2 & 3 \\ 1 & 3 & 2 \end{pmatrix}, \quad p_3 = \begin{pmatrix} 1 & 2 & 3 \\ 2 & 1 & 3 \end{pmatrix},$$

$$p_4 = \begin{pmatrix} 1 & 2 & 3 \\ 2 & 3 & 1 \end{pmatrix}, \quad p_5 = \begin{pmatrix} 1 & 2 & 3 \\ 3 & 1 & 2 \end{pmatrix}, \quad p_6 = \begin{pmatrix} 1 & 2 & 3 \\ 3 & 2 & 1 \end{pmatrix}.$$

Wie man sieht, gibt es insgesamt 6 Permutationen der Menge $\{1, 2, 3\}$.

In Übereinstimmung mit der Definition der identischen Abbildung, die auf der vorigen Seite gegeben wurde, sprechen wir auch von der *identischen* Permutation einer Menge M. Die identische Permutation ordnet jedem Element x einer gegebenen endlichen Menge wieder das Element x zu. In Beispiel 1, in dem wir uns mit einer Menge von drei Elementen beschäftigt haben, ist offensichtlich p_1 die identische Permutation.

Zu jeder Permutation einer endlichen Menge existiert stets eine *inverse* Permutation. Wenn die ursprüngliche Permutation dem Element i als Bild das Element k_i zuordnet, dann ordnet die inverse Permutation dem Element k_i das Element i zu. Die inverse Permutation zur identischen Permutation ist gerade die identische Permutation selbst. Aus Beispiel 1 ersehen wir, daß z. B. p_5 die inverse Permutation von p_4 ist.

Es entsteht natürlich die Frage, wieviele Permutationen eine endliche Menge M im allgemeinen Falle hat. Wir sind dieser Frage sicher schon im Schulunterricht begegnet, und manche Leser werden die Antwort wissen. Sie lautet:

Wenn M eine endliche nicht-leere Menge von m Elementen ist, dann existieren insgesamt $m!$ Permutationen der Menge M.

Den Beweis, der durch vollständige Induktion geführt werden kann, werden wir hier übergehen.

Übungen

I. 2.1. Es sind die Mengen $A = \{1, 2, \ldots, 100\}$ und $B = \{0, 1\}$ gegeben. Man betrachte die Abbildung von der Menge A auf die Menge B, die jeder geraden Zahl aus A die Zahl 0 in der Menge B und jeder ungeraden Zahl aus A die Zahl 1 aus B zuordnet. Man schreibe eine arithmetische Vorschrift für diese Abbildung auf.

I. 2.2. Es seien die Mengen $A = \{a, b, c\}$ und $B = \{x, y\}$ gegeben.

a) Wieviele verschiedene Abbildungen von der Menge A in die Menge B gibt es?
b) Wieviele Abbildungen auf die Menge B existieren hier?

3. Hintereinanderausführung von Abbildungen

Wir nehmen an, daß eine Menge M gegeben sei. F_1 und F_2 seien Abbildungen von M in sich. Die Abbildung F_1 ordne einem beliebigen Element x der Menge M das Element x' von M zu. Wir bestimmen nun in der Menge M das Element x'', welches das Bild des Elementes x' bei der zweiten Abbildung F_2 ist. Dem Element x von M entspricht dann das Element x'' von M. Wir haben damit eine neue Abbildung F_3 von der Menge M in sich gewonnen, und wir sagen, daß F_3 die aus den Abbildungen F_1 und F_2 (in dieser Reihenfolge) *zusammengesetzte* Abbildung ist und sprechen auch davon, daß wir die Abbildungen F_1 und F_2 *hintereinander ausgeführt* haben. F_3 heißt das *Produkt* der Abbildungen F_1 und F_2.

Beispiel 2. M sei die Menge aller reellen Zahlen. Die Abbildung F_1 der Menge M in sich definieren wir dadurch, daß wir jedem $x \in M$ die Zahl $2x + 1$ zuordnen. Die Abbildung F_2 erklären wir so, daß wir jedem $x \in M$ die Zahl x^2 zuordnen. Wir wollen die Abbildung F_3 bestimmen, die aus den Abbildungen F_1 und F_2 zusammengesetzt ist, und weiter die Abbildung F_4, die durch Hintereinanderausführung der Abbildungen F_2 und F_1 entsteht.

Bei der Abbildung F_1 wird jeder reellen Zahl x die Zahl $2x + 1$ zugeordnet. Der reellen Zahl $2x + 1$ entspricht bei

F_2 die Zahl $(2x + 1)^2$ zu. Die Abbildung F_3 ordnet also jeder Zahl x von M die Zahl $4x^2 + 4x + 1$ zu.

Jetzt wollen wir die beiden gegebenen Abbildungen in umgekehrter Reihenfolge zusammensetzen. Die Abbildung F_2 ordnet der Zahl x die Zahl x^2 zu, die bei F_1 in $2x^2 + 1$ abgebildet wird. Bei der Abbildung F_4 entspricht also jedem x von M als Bild die Zahl $2x^2 + 1$.

Aus dem angeführten Beispiel ist ersichtlich, daß die Reihenfolge, in der wir die gegebenen Abbildungen zusammensetzen, wesentlich ist, denn die Abbildungen F_3 und F_4 aus unserem Beispiel sind verschieden (nur $x = 0$ und $x = -2$ wird bei F_3 dasselbe Bild wie bei F_4 zugeordnet).

Im folgenden wollen wir speziell die Hintereinanderausführung der Permutationen einer endlichen nicht-leeren Menge M betrachten. Wir werden also von einer aus den Permutationen p_1, p_2 zusammengesetzten Permutation sprechen. Hat M nur wenige Elemente, so kann man auf übersichtliche Weise alle zusammengesetzten Permutationen aufschreiben. Diesem Zweck dient am besten eine Tafel, was gleich am Beispiel gezeigt werden soll.

Beispiel 3. Wir wollen die sechs Permutationen der Menge $\{1, 2, 3\}$ betrachten, mit denen wir uns in Beispiel 1 beschäftigt haben, und eine Tafel für die Zusammensetzung dieser Permutationen aufstellen.

Jede dieser sechs Permutationen kann man mit einer beliebigen anderen dieser sechs Permutationen zusammensetzen oder, wie man auch sagt, multiplizieren. Es gibt also $6 \cdot 6 = 36$ Produkte von je zwei Permutationen. Wir wollen eine quadratische Tafel mit sechs Zeilen und sechs Spalten aufstellen. Den Kopf dieser Zeilen (bzw. Spalten) bezeichnen wir der Reihe nach mit p_1, p_2, p_3, p_4, p_5, p_6. Wenn die aus den Permutationen p_i und p_j zusammengesetzte Permutation die Permutation p_k ist, so schreiben wir das Element p_k in die i-te Zeile und die j-te Spalte. Multiplizieren wir beispielsweise die Permutation

$$p_3 = \begin{pmatrix} 1 & 2 & 3 \\ 2 & 1 & 3 \end{pmatrix}$$

mit der Permutation

$$p_4 = \begin{pmatrix} 1 & 2 & 3 \\ 2 & 3 & 1 \end{pmatrix},$$

so erhalten wir als Ergebnis die Permutation

$$p_6 = \begin{pmatrix} 1 & 2 & 3 \\ 3 & 2 & 1 \end{pmatrix}.$$

In den Schnittpunkt der 3. Zeile und 4. Spalte schreiben wir also die Permutation p_6. Führt man dies für alle 36 möglichen Fälle durch, so bekommt man folgende Tafel:

	p_1	p_2	p_3	p_4	p_5	p_6
p_1	p_1	p_2	p_3	p_4	p_5	p_6
p_2	p_2	p_1	p_4	p_3	p_6	p_5
p_3	p_3	p_5	p_1	p_6	p_2	p_4
p_4	p_4	p_6	p_2	p_5	p_1	p_3
p_5	p_5	p_3	p_6	p_1	p_4	p_2
p_6	p_6	p_4	p_5	p_2	p_3	p_1

Wir werfen noch einen Blick auf die Tafel, die wir in Beispiel 3 aufgestellt haben. In der Algebra wird gezeigt, daß die Permutationen einer endlichen nicht-leeren Menge M

mit der Hintereinanderausführung als definierender Operation eine *Gruppe* bilden. Das bedeutet, daß die Permutationen und die Zusammensetzung der Permutationen einigen Forderungen, den sogenannten *Gruppenaxiomen* genügen. Da wir den Begriff der Gruppe in diesem Buch noch brauchen werden, wollen wir den Wortlaut dieser Axiome für die von uns betrachtete Gruppe angeben.*) Es wird gefordert:

1. Die Existenz und Eindeutigkeit des Produktes. Das Produkt der Permutationen p_i, p_j von M (in dieser Reihenfolge) ist wiederum eine Permutation p_{ij} von M. Diese Produktpermutation p_{ij} ist durch p_i und p_j eindeutig bestimmt.

2. Die Gültigkeit des Assoziativgesetzes. p_i, p_j, p_k seien beliebige Permutationen der Menge M. Wir wollen mit p_{ij} die Permutation bezeichnen, die (in dieser Reihenfolge) aus den Permutationen p_i und p_j zusammengesetzt wurde, und in ähnlicher Weise sei p_{jk} die Permutation, die aus den Permutationen p_j und p_k (in dieser Reihenfolge) zusammengesetzt wurde. Dann ist die aus den Permutationen p_{ij} und p_k zusammengesetzte Permutation gleich der aus den Permutationen p_i und p_{jk} zusammengesetzten Permutation**).

3. Die Existenz eines Einselementes. Unter den Permutationen von M existiert eine Permutation p so, daß für jede Permutation p_i dieser Menge gilt: Durch Zusammensetzung der Permutationen p und p_i erhalten wir wieder die Permutation p_i. Diese Permutation p ist offenbar die identische Permutation. Die Permutation p heißt das *Einselement* der Gruppe***).

4. Die Existenz des inversen Elementes. Zu jeder Permutation p_i von M existiert eine Permutation p'_i so, daß die Zusammensetzung der Permutationen p_i und p'_i gerade das

---

*) Eine ausführlichere Behandlung findet der Leser in [2].

**) Das Assoziativgesetz tritt auch in der Arithmetik auf, wo für die Multiplikation von Zahlen a, b, c gilt: $(ab) \cdot c = a \cdot (bc)$.

***) Die identische Permutation nimmt bei der Zusammensetzung der Permutationen die entsprechende Stellung ein wie die Zahl 1 bei der Multiplikation der Zahlen. Oft spricht man auch von einer *Einheit* der Gruppe.

Einselement der Gruppe ergibt (die identische Permutation). Man kann leicht zeigen, daß p'_i die inverse Permutation zu p_i ist. Wenn wir in der gegebenen Gruppe zur Permutation p_i die Permutation p'_i bestimmen, so sagen wir, daß wir das *inverse* Element von p_i*) bilden.

Übungen

I. 3.1. Auf Seite 20 wurde eine Tafel für die Multiplikation der Permutationen einer Menge von drei Elementen angegeben. Man benutze diese Tafel und suche alle Permutationen p_i auf, die mit sich selbst multipliziert die identische Permutation ergeben.

I. 3.2. Man suche in der Tafel auf Seite 20 zu jedem Element das inverse Element auf.

---

*) Hier liegt eine offensichtliche Analogie zu der Aufgabe vor, zu einer gegebenen Zahl x ($\neq 0$) eine Zahl x' so zu bestimmen, daß $xx' = 1$ gilt.

II. UNGERICHTETE GRAPHEN

1. Grundbegriffe aus der Graphentheorie

Das Wort „Graph" tritt in der Mathematik und im täglichen Leben häufig auf. So sagen wir beispielsweise im Schulunterricht, der Graph der reellen Funktion f mit $f(x) = x^2$ sei eine Parabel; anderswo drücken wir mit einem Graphen den Verbrauch von Elektroenergie in den einzelnen Monaten des Jahres aus usw. In dem vorliegenden Buch hat das Wort „Graph" jedoch eine andere Bedeutung. Wir verstehen darunter ein bestimmtes Gebilde, das man durch eine Skizze in der Ebene oder im Raum gut veranschaulichen kann. Wir werden sehen, daß diese Gebilde — die Graphen — sehr oft in verschiedenen mathematischen Betrachtungen auftreten und es gestatten, viele Beziehungen, die auf den ersten Blick unübersichtlich zu sein scheinen, übersichtlich und anschaulich zu gestalten, und daß sie auch in vielen Anwendungen der Mathematik nützlich sind.

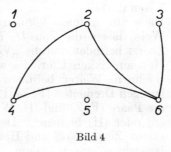

Bild 4

Beispiel 1. Wir denken uns die Menge $\{1, 2, 3, 4, 5, 6\}$ gegeben und wollen uns die Beziehung, nicht teilerfremd zu sein, zwischen den Zahlen 1, 2, 3, 4, 5, 6 dieser Menge übersichtlich veranschaulichen.

Diese Aufgabe können wir beispielsweise wie folgt lösen: Den Zahlen 1, 2, 3, 4, 5, 6 ordnen wir Punkte in der Ebene zu (siehe Bild 4); außerdem sind in Bild 4 zwischen einigen Paaren dieser Punkte Bogen eingezeichnet. Durch eine Linie sind jeweils zwei solche Punkte verbunden, die zwei Zahlen der gegebenen Menge entsprechen, die nicht teilerfremd sind. So haben wir ein Gebilde konstruiert, das aus vier Bogen und sechs Punkten besteht (die Punkte in Bild 4 sind durch kleine Kreise veranschaulicht). Aus dem fertigen Bild ist bereits auf den ersten Blick ersichtlich, welche der in Betracht stehenden Zahlen zueinander teilerfremd sind und wieviele Paare teilerfremder Zahlen es in dieser Menge gibt.

Beispiel 2. Am linken Ufer des Flusses steht ein Fährmann. Er soll mit seinem Kahn eine Ziege, einen Wolf und Heu über den Fluß setzen. Das Boot ist klein, und außer dem Fährmann paßt nur einer der drei genannten Passagiere hinein. Kann der Fährmann Ziege, Wolf und Heu nacheinander über den Fluß setzen, wenn er am Ufer weder die Ziege mit dem Wolf noch die Ziege mit dem Heu allein lassen darf?

Diese alte Aufgabe können wir auf eine sehr anschauliche Weise lösen, die von *D. König* beschrieben worden ist. Zuerst befindet sich die „Vierheit" Fährmann-Ziege-Wolf-Heu am linken Ufer, die wir kurz mit (F, Z, W, H) bezeichnen. Weiter befinden sich am linken Ufer die zulässigen Dreiheiten (F, Z, H), (F, Z, W) und (F, H, W) sowie die Paare (F, Z) und (H, W); selbständig können hier (W), (Z) oder (H) bleiben*). Den Endzustand, bei dem Fährmann, Ziege, Wolf und Heu schon am anderen Ufer sind, bezeichnen wir mit dem Buchstaben 0. Wir haben also alle 10 möglichen Fälle beschrieben, die am linken Ufer des Flusses auftreten können. Man kann jeden von diesen Fällen durch einen Punkt in der Ebene veranschaulichen, wie Bild 5 zeigt. Wir haben hier einige Punkte durch eine Strecke verbunden, um damit auszudrücken, daß man mit einem einzigen Weg des Bootes von einem Zustand in den anderen übergehen kann. Unser Bild gibt schon auf sehr übersichtliche Weise Antwort auf die Frage, die wir oben gestellt haben: Wir gehen streckenweise (in Strecken) von Punkt (F, Z, W, H) zu Punkt 0 über. Man sieht, daß der Fährmann zur Lösung seiner Aufgabe wenigstens siebenmal über den Fluß setzen muß.

In den beiden Beispielen, die hier angeführt wurden, treten zwei ähnliche Gebilde auf; betrachten wir sie darum etwas näher. Durch unsere Bilder ist eine bestimmte Menge von Punkten gegeben, die wir gewöhnlich mit dem Buchstaben

---

*) Am linken Ufer des Flusses ist beispielsweise nicht zulässig das Paar (F, W), denn dann bliebe am rechten Ufer die Ziege mit dem Heu allein.

U bezeichnen. Außerdem wird in den Bildern von Bogen oder Strecken gesprochen, wobei uns Länge und Krümmung dieser Linien wenig interessieren. Es interessiert uns jedoch, welche Elemente aus der Menge U durch diese Linien miteinander verbunden wurden. Jede Verbindungslinie entspricht zwei Elementen aus der Menge U

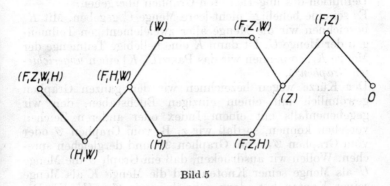

Bild 5

oder ist eine bestimmte Veranschaulichung irgendeiner zweielementigen Untermenge der Menge U. Auch hier können wir von der Menge aller Verbindungslinien in dem gegebenen Bild sprechen, und wir bezeichnen diese Menge in der Regel mit dem Buchstaben K. In der Graphentheorie hat sich für die Elemente der Menge U die Bezeichnung *Knotenpunkte* oder kurz *Knoten* und für die Elemente der Menge K die Bezeichnung *Kanten* eingebürgert. In späteren Betrachtungen werden wir sehen, daß den Kanten mitunter auch eine ganz bestimmte Richtung zugeschrieben wird. Man spricht dann von *gerichteten Kanten*. Diesen Fall lassen wir jedoch vorläufig beiseite — die Kanten in unseren Betrachtungen sind ungerichtet, und wir machen diese Bemerkung an dieser Stelle nur deshalb, damit der Leser die Notwendigkeit der Bezeichnung „ungerichteter Graph" versteht.

Beim Zeichnen der Bilder läßt es sich mitunter nicht vermeiden, daß sich zwei Kanten (veranschaulicht durch Bogen, Strecken, gebrochene Linien usw.) in einem Bild in ihren „inneren" Punkten kreuzen. Da wir die Knoten in unseren Bildern stets durch kleine Kreise veranschaulichen, kann ein solchermaßen neu entstandener Schnittpunkt nicht zu Mißverständnissen Anlaß geben. Wenn wir die Graphen durch räumliche Modelle veranschaulichen könnten, dann ließen sich solche Kantenschnittpunkte vermeiden. Jetzt können wir also schon zu einer genauen Definition des ungerichteten Graphen übergehen.

Es sei eine beliebige nicht-leere Menge U gegeben. Mit K_0 bezeichnen wir die Menge aller zweielementigen Teilmengen der Menge U. Ist dann K eine beliebige Teilmenge der Menge K_0, so nennen wir das Paar $[U, K]$ einen *ungerichteten Graphen**).

Der Kürze wegen bezeichnen wir den ganzen Graphen gewöhnlich mit einem einzigen Buchstaben, den wir gegebenenfalls mit einem Index oder anderen Zeichen versehen können, so daß wir z. B. vom Graphen $\mathscr{G}$ oder vom Graphen $\mathscr{G}_1$, vom Graphen $\mathscr{G}^*$ und dergleichen sprechen. Wollen wir ausdrücken, daß ein Graph $\mathscr{G}$ die Menge U als Menge seiner Knoten und die Menge K als Menge seiner Kanten hat, dann schreiben wir $\mathscr{G} = [U, K]$. Die Elemente der Menge U, für die wir uns die Bezeichnung Knoten vorbehalten haben, bezeichnen wir in der Regel mit kleinen lateinischen Buchstaben, so daß der Graph $\mathscr{G}$ beispielsweise die Knoten x, y_1, w^* und dgl. hat. Wir wissen, daß die Kanten des Graphen eigentlich zweielementige Teilmengen der Menge U sind. Dieser Umstand ermöglicht uns eine kurze und übersichtliche Bezeichnung der Kanten: Eine Kante, die beispielsweise durch ein Paar verschiedener Knoten x und y bestimmt wird, müßte konsequent mit $\{x, y\}$ bezeichnet werden. Eine solche Bezeichnung ist jedoch typographisch unnötig kompliziert, und darum bezeichnen wir sie einfach mit xy; bei einer solchen Schreibweise ist allerdings die Reihenfolge der Buchstaben unwesentlich — man kann von der Kante xy, ebenso gut aber auch von der Kante yx sprechen. Die Ausdrucksweise, die sich in der Graphentheorie eingebür-

---

*) Für unser ganzes Buch gilt folgende Abmachung: Wenn bei der Erläuterung keine Mißverständnisse darüber auftreten können, um welche Graphenart es sich handelt, verzichten wir auf eine nähere Bezeichnung und sprechen nur von einem „Graphen".

gert hat, erinnert sehr an die Tatsachen, die man an den Bildern ablesen kann. So sagen wir beispielsweise, die Kante xy hat die Knoten x und y als ihre *Endknoten* oder der Knoten y *inzidiert* mit der Kante xy und dgl.

Einige Autoren lassen in ihren Betrachtungen auch einen Graphen zu, dessen Knotenmenge leer ist. Dann ist offenbar auch seine Kantenmenge leer; ein solcher Graph $\mathscr{L}$ heißt *leer*. Wir können also schreiben $\mathscr{L} = [\emptyset, \emptyset]$. In

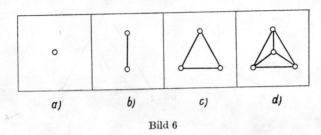

Bild 6

unseren Erörterungen werden allerdings überwiegend Graphen mit einer nicht-leeren Knotenmenge auftreten; wir werden diese Tatsache darum nicht besonders betonen. Wir werden es im Gegenteil immer als Ausnahme aufführen, wenn der leere Graph $\mathscr{L}$ mit zugelassen ist. Ein anderes triviales Beispiel eines Graphen stellt der Graph $\mathscr{G}_1$ dar, dessen Knotenmenge durch ein einziges Element x gebildet wird. Auch in diesem Falle ist die Kantenmenge leer. Es ist also $\mathscr{G}_1 = [\{x\}, \emptyset]$.

Wenn für einen Graphen $\mathscr{G} = [U, K]$ speziell K die Menge aller zweielementigen Teilmengen der Menge U ist, dann sagen wir, $\mathscr{G}$ sei ein *vollständiger* Graph. Beispiele für vollständige Graphen für $|U| = 1$, $|U| = 2$, $|U| = 3$ $|U| = 4$ sehen wir in Bild 6. Es seien Graphen $\mathscr{G}_1 = [U, K_1]$ und $\mathscr{G}_2 = [U, K_2]$ gegeben, die also die gemeinsame Knotenmenge U haben; es sei $K_1 \cap K_2 = \emptyset$ und $[U, K_1 \cup K_2]$ ein vollständiger Graph. Wir sagen dann, die Graphen $\mathscr{G}_1$ und $\mathscr{G}_2$ seien *wechselseitig komplementär*[*]), oder auch, $\mathscr{G}_2$ sei der *Komplementärgraph* zu $\mathscr{G}_1$.

---

[*]) Aus dem Lateinischen: complementum = Ergänzung.

Wir wollen uns diesen Begriff in Bild 7 klarmachen, wo wir wechselseitig komplementäre Graphen mit vier Knoten dargestellt haben.

In den Graphen spielt die Endlichkeit oder die Unendlichkeit der Knotenmenge eine recht wichtige Rolle. Wenn in dem ungerichteten Graphen $\mathscr{G} = [U, K]$ die Menge U endlich ist, dann sagen wir, $\mathscr{G}$ sei ein *endlicher ungerichteter*

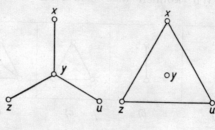

Bild 7

Graph. Wenn die Menge U unendlich ist, dann heißt $\mathscr{G}$ ein *unendlicher ungerichteter* Graph. Für unsere Betrachtungen haben namentlich die Graphen der ersteren Art besondere Bedeutung, während wir die unendlichen ungerichteten Graphen nur am Rande unserer Erläuterungen streifen.

Wenn zwei Graphen $\mathscr{G}_1 = [U_1, K_1]$ und $\mathscr{G}_2 = [U_2, K_2]$ gegeben sind, für die $U_1 \cap U_2$ eine leere Menge ist, dann sagen wir, $\mathscr{G}_1$ und $\mathscr{G}_2$ seien *disjunkte (elementefremde) Graphen*. Wenn von den Graphen $\mathscr{G}_1 = [U_1, K_1]$, $\mathscr{G}_2 = [U_2, K_2]$ sowohl $U_1 = U_2$ als auch $K_1 = K_2$ ist, dann sagen wir, die Graphen $\mathscr{G}_1$ und $\mathscr{G}_2$ sind einander *gleich* und schreiben $\mathscr{G}_1 = \mathscr{G}_2$. Gilt für die Graphen $\mathscr{G}_1$, $\mathscr{G}_2$ nicht $\mathscr{G}_1 = \mathscr{G}_2$, so heißen diese Graphen *verschieden*, und wir drücken dies durch $\mathscr{G}_1 \neq \mathscr{G}_2$ aus.

Übungen

II. 1.1. Wieviele Kanten hat ein endlicher vollständiger Graph mit m Knoten?

II. 1.2. In einer Ebene seien n Kreislinien gegeben, die mit den Zahlen $1, 2, 3, \ldots, n$ numeriert seien. Wir wollen den Graphen $\mathscr{G}_0 = [U, K]$ wie folgt definieren: Es ist $U = \{1, 2, 3, \ldots, n\}$, und es ist $ij \in K$ genau dann, wenn die mit Zahlen i und j bezeichneten Kreislinien wenigstens einen Punkt gemeinsam haben. In Bild 8 sind neun numerierte Kreislinien veranschaulicht; man bilde den entsprechenden Graphen $\mathscr{G}_0$.

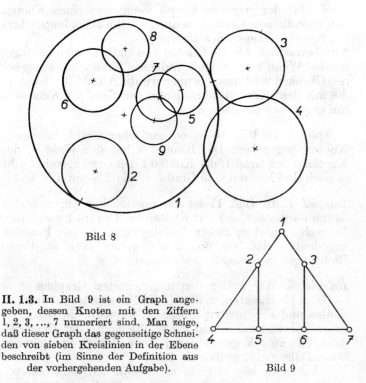

Bild 8

II. 1.3. In Bild 9 ist ein Graph angegeben, dessen Knoten mit den Ziffern 1, 2, 3, ..., 7 numeriert sind. Man zeige, daß dieser Graph das gegenseitige Schneiden von sieben Kreislinien in der Ebene beschreibt (im Sinne der Definition aus der vorhergehenden Aufgabe).

Bild 9

2. Knotengrade und ihre Eigenschaften

Wir wollen uns damit beschäftigen, wieviele Kanten eines gegebenen Graphen $\mathscr{G}$ mit dem fest gewählten Knoten x von $\mathscr{G}$ inzidieren. Wenn endlich viele Kanten existieren, die mit dem Knoten x inzidieren, sagen wir, der Knoten x sei *endlichen Grades**). Ein Graph, bei dem jeder Knoten

---

*) In diesem Begriff ist also auch der Fall eingeschlossen, daß keine Kante mit dem Knoten x inzidiert.

endlichen Grades ist, heißt kurz ein (ungerichteter) *Graph endlichen Grades*. Wenn unendlich viele Kanten mit dem Knoten x inzidieren, so heißt der Knoten x von *unendlichem Grad*. Hat der gegebene Graph wenigstens einen Knoten von unendlichem Grad, so nennen wir ihn einen ungerichteten *Graphen unendlichen Grades*.
Nun betrachten wir die Knoten von endlichem Grad eingehender. Wenn x ein Knoten endlichen Grades eines gegebenen Graphen $\mathscr{G}$ ist, dann nennen wir die Anzahl der Kanten, die mit dem Knoten x inzidieren, den *Grad des Knotens* x (im gegebenen Graphen $\mathscr{G}$).

Beispiel 3. In Bild 10 ist ein endlicher Graph mit sechs Knoten angegeben: Der Knoten x hat den Grad 0, der Knoten y den Grad 1, der Knoten z den Grad 2, weiter gibt es noch drei Knoten vom Grad 3 — die Knoten u, v, w.

Beispiel 4. In Bild 11 ist ein unendlicher ungerichteter Graph dargestellt, der nur Knoten des Grades 1 und 3 hat. Im rechten und im linken Teil des Bildes ist mit Punkten angedeutet, daß wir uns den Graphen auch in diesen Richtungen gezeichnet vorstellen sollen.

Beispiel 5. Wir wollen den ungerichteten Graphen $\mathscr{G} = [U, K]$ betrachten, in dem U die Menge aller natürlichen Zahlen und K ähnlich definiert ist, wie wir es in Beispiel 1 getan haben: Sind x und y zwei Elemente der Menge U, dann gilt $xy \in K$ genau dann, wenn der größte gemeinsame Teiler (x, y) größer als 1 ist.
Wir haben es hier mit einem unendlichen ungerichteten Graphen zu tun. Offenbar inzidiert der Knoten, welcher der natürlichen Zahl 1 entspricht, mit keiner Kante des Graphen $\mathscr{G}$, während jeder andere Knoten dieses Graphen mit unendlich vielen Kanten inzidiert. Ein Knoten unseres Graphen hat also den Grad 0, während alle anderen Knoten des Graphen von unendlichem Grade sind.
Die Knoten des Graphen, die den Grad 0 haben, werden gewöhnlich als *isoliert* bezeichnet. Manche Autoren schließen die Graphen mit isolierten Knoten aus ihren Erörterungen aus. Auf diesem Standpunkt steht z. B. auch das klassische Buch von *D. König* [15]. In den Betrachtungen,

die wir in diesem Buche anstellen, ist jedoch eine solche Einschränkung nicht nötig, und wir werden deshalb stets auch Graphen mit isolierten Knoten zulassen.

Wir wollen nun zwei Sätze über endliche Graphen ableiten.

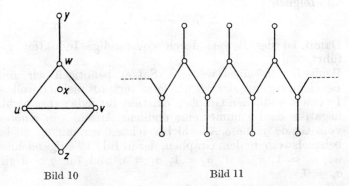

Bild 10   Bild 11

Satz 1. *Es sei ein endlicher Graph $\mathscr{G} = [U, K]$ gegeben. Es seien u die Anzahl der Knoten, k die Anzahl der Kanten und $s_1, s_2, s_3, \ldots, s_u$ die Grade der einzelnen Knoten des Graphen $\mathscr{G}$. Dann gilt*

$$\sum_{i=1}^{u} s_i = 2k\,.$$

Beweis. Wir werden den Satz durch vollständige Induktion nach der Zahl k beweisen. Wenn $k = 0$ ist, dann sind alle Knoten des Graphen $\mathscr{G}$ isoliert, und die Behauptung des Satzes 1 ist offensichtlich richtig. Wir wollen nun annehmen, die Behauptung von Satz 1 sei richtig für jeden Graphen, der k Kanten hat, und nehmen einen beliebigen Graphen $\mathscr{G}^* = [U^*, K^*]$ an, der u Knoten und $k + 1$ Kanten hat. Die Grade seiner Knoten bezeichnen wir der Reihe nach mit $s_1^*, s_2^*, \ldots, s_u^*$. Wir wollen eine beliebige Kante $xy \in K^*$ wählen und sie aus der Menge K^* beseitigen; nach der Beseitigung entstehe die Menge K_0. Nun wollen wir auch den Graphen $\mathscr{G}' = [U^*, K_0]$ betrachten. Der Grad des Knotens x im Graphen $\mathscr{G}'$ ist um 1 niedriger als der Grad dieses Knotens im ursprünglichen Graphen $\mathscr{G}^*$, und dieselbe Behauptung gilt auch für den Knoten y.

Nach der Induktionsvoraussetzung ist also

$$\sum_{i=1}^{u} s_i^* - 2 = 2k$$

und folglich

$$\sum_{i=1}^{u} s_i^* = 2(k+1).$$

Damit ist der Beweis durch vollständige Induktion geführt.

Beim Beweis eines weiteren Satzes benötigen wir eine Bezeichnung, mit der wir uns jetzt vertraut machen wollen. In einem endlichen Graphen existiert für jede ganze nichtnegative Zahl g immer eine endliche Anzahl von Knoten vom Grade g; diese Anzahl bezeichnen wir mit σ_g. So ist beispielsweise in dem Graphen, der in Bild 10 aufgezeichnet ist, $\sigma_0 = 1$, $\sigma_1 = 1$, $\sigma_2 = 1$, $\sigma_3 = 3$, und für $g > 3$ gilt $\sigma_g = 0$.

Es wird uns die Summe $\sum_{g=0}^{\infty} g\sigma_g$ interessieren, in der formal unendlich viele Zahlen zusammengezählt werden. In jedem endlichen Graphen ist jedoch $g\sigma_g$ nur für endlich viele g von 0 verschieden, so daß wir es hier in Wirklichkeit mit einer endlichen Summe zu tun haben. Die Schreibweise $\sum_{g=0}^{\infty}$ behalten wir aus Bequemlichkeit bei, um nicht ausdrücken zu müssen, von welcher Zahl g an bereits alle Summanden gleich null sind. Wir sehen leicht, daß gilt:

$$\sum_{g=0}^{\infty} g\sigma_g = \sum_{i=1}^{u} s_i. \quad (1)$$

Satz 2. *Die Anzahl der Knoten ungeraden Grades eines endlichen Graphen ist immer eine gerade Zahl.*

Beweis. Wenn wir uns an die Bezeichnung halten, die wir vereinbart haben, dann können wir die Anzahl der Knoten ungeraden Grades durch den Ausdruck

$$L = \sum_{j=0}^{\infty} \sigma_{2j+1}$$

bezeichnen.

Nach Satz 1 und nach Formel (1) gilt

$$\sum_{g=0}^{\infty} g\sigma_g = 2k ,$$

so daß wir für die Zahl L

$$L = 2k - \sum_{j=0}^{\infty} 2j(\sigma_{2j} + \sigma_{2j+1})$$

erhalten.
Auf der rechten Seite dieser Formel tritt offensichtlich eine gerade Zahl auf, so daß auch die Zahl L eine gerade Zahl ist. Damit ist Satz 2 bewiesen.

Übungen

II. 2.1. Sieben Freunde, die in Urlaub fuhren, vereinbarten, daß jeder von ihnen an drei von den übrigen sechs eine Ansichtskarte schicken sollte. Kann diese Korrespondenz so organisiert werden, daß jeder nur denjenigen Freunden schreibt, von denen er im Laufe des Urlaubs Ansichtskarten erhält?

II. 2.2. Man entscheide, ob ein Graph mit sechs Knoten existiert, deren Grade der Reihe nach 2, 3, 3, 4, 4, 4 sind*).

II. 2.3. Ist es möglich, daß in einem gegebenen endlichen Graphen mit wenigstens zwei Knoten niemals zwei Knoten den gleichen Grad haben?

II. 2.4. Man entscheide, ob ein Graph endlichen Grades existiert, für den zwei Knoten niemals den gleichen Grad haben.

II. 2.5. Es ist eine endliche Menge N von n Elementen gegeben (wobei $n \geq 1$ ist). Die Menge aller Untermengen der Menge N wollen wir als Menge der Knoten des Graphen $\mathscr{G}$ wählen, wobei wir die Kanten des Graphen $\mathscr{G}$ wie folgt definieren: Zwei Knoten von $\mathscr{G}$ werden gerade dann durch eine Kante verbunden, wenn die entsprechenden Untermengen der Menge N elementefremd sind. Man bestimme die Anzahl der Knoten und die Anzahl der Kanten des Graphen $\mathscr{G}$.

3. Teilgraphen eines gegebenen Graphen

In der Mengenlehre werden in bekannter Weise die Teilmengen einer Menge definiert. Wie die Überschrift dieses

---
*) In der Literatur kann man Arbeiten finden, in denen folgende allgemeine Frage untersucht wird: Welche endliche Folge von natürlichen Zahlen $g_1, g_2, g_3, \ldots, g_u$ kann als Folge von Graden der Knoten eines Graphen angesehen werden. Eine von diesen Arbeiten wurde 1955 von *V. Havel* veröffentlicht (Časopis Pěst. Mat. (80) 1955, No. 4, 477–480).

Abschnittes schon zeigt, werden wir hier den entsprechenden Begriff für einen ungerichteten Graphen studieren.

Wir wollen annehmen, es seien Graphen $\mathscr{G}_1 = [U_1, K_1]$ und $\mathscr{G}_2 = [U_2, K_2]$ so gegeben, daß $U_1 \subseteq U_2$ und zugleich $K_1 \subseteq K_2$ ist. Wir sagen dann, der Graph $\mathscr{G}_1$ sei ein *Teilgraph* des Graphen $\mathscr{G}_2$. Wenn nicht gleichzeitig $U_1 = U_2$ und $K_1 = K_2$ ist, so nennen wir $\mathscr{G}_1$ genauer einen *echten* Teilgraphen des Graphen $\mathscr{G}_2$.

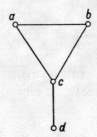

Bild 12

Auf Seite 28 haben wir erläutert, wann wir zwei Graphen als verschieden ansehen. Wir wollen jetzt, da wir in einem weiteren Beispiel die verschiedenen Teilgraphen eines gegebenen Graphen untersuchen werden, diese Definition beachten.

Beispiel 6. In Bild 12 ist ein Graph mit den vier Knoten a, b, c, d dargestellt. Wir wollen alle seine Teilgraphen bestimmen, die keinen isolierten Knoten besitzen.

In dem gegebenen Graphen kann man insgesamt 15 Teilgraphen der geforderten Art bilden, wie Bild 13 zeigt. Wenn wir in unseren Betrachtungen auch den leeren

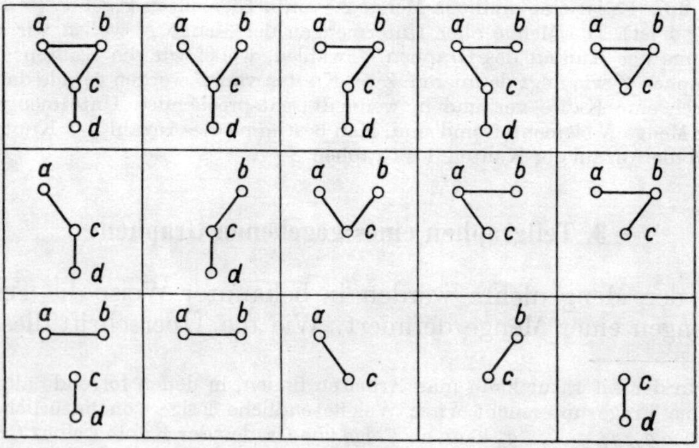

Bild 13

Graphen $\mathscr{L}$ zuließen, dann hätte allerdings der Graph aus Bild 12 insgesamt 16 Teilgraphen ohne isolierte Knoten.
In jedem Graphen $\mathscr{G}$ haben diejenigen Teilgraphen besondere Bedeutung, welche die gleiche Knotenmenge wie der Graph $\mathscr{G}$ haben. Wenn $\mathscr{G} = [U, K]$ ein Graph und $\mathscr{G}^* =$

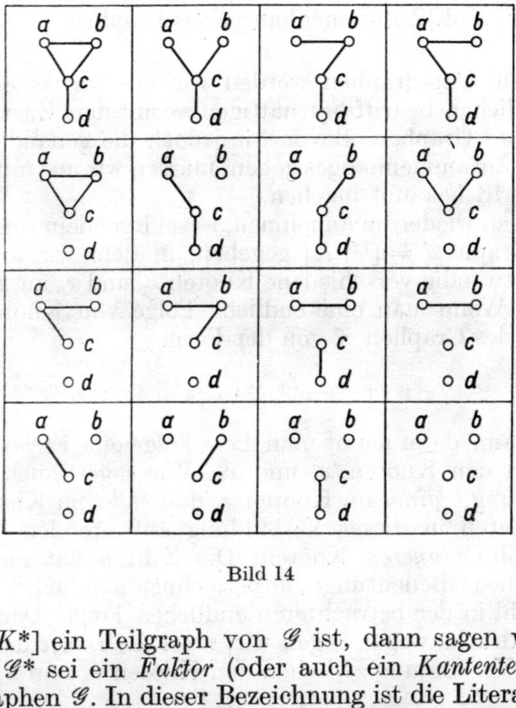

Bild 14

$= [U, K^*]$ ein Teilgraph von $\mathscr{G}$ ist, dann sagen wir, der Graph $\mathscr{G}^*$ sei ein *Faktor* (oder auch ein *Kantenteilgraph*) des Graphen $\mathscr{G}$. In dieser Bezeichnung ist die Literatur zur Graphentheorie nicht einig: So verwendet beispielsweise W. T. *Tutte* in [26] die Bezeichnung „Faktor". Im Russischen kann man bei manchen Autoren die Bezeichnungen „rebernyj graf" und „častičnyj graf" finden.

Beispiel 7. Wieviele verschiedene Faktoren hat der in Bild 12 dargestellte Graph?
Wir sehen ohne Schwierigkeiten ein, daß der betrachtete Graph 16 Faktoren besitzt, die in Bild 14 übersichtlich veranschaulicht sind.

Übungen

II. 3.1. Man bestimme für den in Bild 12 dargestellten Graphen alle Faktoren, die keinen isolierten Knoten besitzen.

II. 3.2. Man bestimme die Anzahl aller Faktoren eines endlichen vollständigen Graphen mit n Knoten.

4. Zusammenhang eines Graphen

In diesem Paragraphen werden wir uns mit einem sehr anschaulichen Begriff beschäftigen — mit dem Zusammenhang eines Graphen. Bevor wir jedoch die genaue Definition des Zusammenhanges geben, müssen wir uns mit einem Hilfsbegriff bekannt machen.

Wir wollen wiederum annehmen, es sei irgendein (ungerichteter) Graph $\mathscr{G} = [U, K]$ gegeben, in dem wir uns zwei nicht notwendig verschiedene Knoten x_0 und x_n ausgewählt denken. Wenn man eine endliche Folge von Knoten und Kanten des Graphen $\mathscr{G}$ von der Form

$$x_0, x_0x_1, x_1, x_1x_2, x_2, \ldots, x_{n-1}, x_{n-1}x_n, x_n \qquad (1)$$

bilden kann, dann nennt man diese Folge eine *Verbindung**) zwischen den Knoten x_0 und x_n. Wir sagen auch: Diese Verbindung *beginnt* im Knoten x_0 und *endet* im Knoten x_n; die weiteren in dieser Verbindung auftretenden Knoten heißen ihre *inneren* Knoten. Die Zahl n hat eine sehr anschauliche Bedeutung; sie bezeichnet nämlich die Kantenanzahl in der betrachteten endlichen Folge. Der Kürze des Ausdrucks wegen sagen wir, n sei die *Länge* der angeführten Verbindung zwischen den Knoten x_0 und x_n.

Beispiel 8. In dem Graphen, den wir in Bild 15 sehen, wählen wir die Knoten a und g aus. Eine der möglichen Verbindungen zwischen diesen beiden Knoten ist in Bild 15 durch verstärkte Linien gekennzeichnet; es ist dies die Folge $a, ab, b, bc, c, cd, d, dh, h, hg, g$, welche die Länge 5 hat. In unserem Graphen existiert jedoch beispielsweise keine Verbindung zwischen den Knoten a und w.

---

*) Hierfür ist in der deutschsprachigen Literatur auch das Wort *Kantenfolge* gebräuchlich.

Der Leser wird folgendes selbst ohne Schwierigkeit einsehen: Wenn zwischen den Knoten x und y eines gegebenen Graphen irgendeine Verbindung existiert, dann existiert auch zwischen den Knoten y und x eine Verbindung. Dieses werden wir in unseren weiteren Betrachtungen oft anwenden.

Unsere Ausdrucksweise wird übersichtlicher, wenn wir für die Bezeichnung einer bestimmten Verbindung in einem

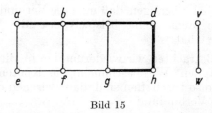

Bild 15

gegebenen Graphen einen einzigen Buchstaben verwenden. So bezeichnen wir z. B. die Verbindung

$$x_0, x_0x_1, x_1, x_1x_2, x_2, x_2x_3, x_3, \ldots, x_{n-1}, x_{n-1}x_n, x_n$$

zwischen den Knoten x_0 und x_n mit $\mathbf{V}_1$ usw. Die Folge der Knoten und Kanten, aus denen sich eine Verbindung zusammensetzt, kann auch auf ein Element — einen einzigen Knoten des gegebenen Graphen — reduziert werden. In diesem Falle sprechen wir von einer Verbindung der *Länge* 0. In jedem Graphen stellt also jeder seiner Knoten eine Verbindung der Länge 0 dar.

Wir wollen in einem gegebenen Graphen drei nicht notwendig verschiedene Knoten x, y, z wählen und annehmen, daß eine Verbindung $\mathbf{V}_1$ zwischen x und y und eine Verbindung $\mathbf{V}_2$ zwischen y und z existiert. Wenn $\mathbf{V}_1$ die Form

$$x, xu_1, u_1, u_1u_2, u_2, \ldots, u_m, u_my, y$$

und $\mathbf{V}_2$ die Form

$$y, yv_1, v_1, v_1v_2, v_2, \ldots, v_n, v_nz, z$$

hat, dann können wir eine Verbindung zwischen x und z
von folgender Form bilden:

$$x, xu_1, u_1, \ldots, u_m, u_my, y, yv_1, v_1, v_1v_2, \ldots, v_n, v_nz, z \, .$$

Diese neue Verbindung bezeichnen wir der Kürze wegen
mit (V_1; V_2), und wir sagen, daß sie durch Zusammensetzung der Verbindungen V_1 und V_2 entstanden ist. Man
sieht, daß die Länge der Verbindung (V_1; V_2) gleich der
Summe der Längen der Verbindungen V_1 und V_2 ist. Der
Leser kann sich überlegen, daß man die Verbindung (V_1; V_2)
bilden kann, auch wenn beispielsweise die Verbindung
V_1 die Länge 0 hat.

Beispiel 9. Betrachten wir wiederum den in Bild 15 dargestellten Graphen. Wir bestimmen alle Knoten x unseres
Graphen, die so beschaffen sind, daß zwischen den Knoten
a und x eine Verbindung

a) der Länge 1; b) der Länge 2 besteht.

a) Man kann nur zwei Verbindungen der Länge 1 bilden,
die im Knoten a beginnen: zum einen die Verbindung a, ab,
b; zum anderen die Verbindung a, ae, e. Hier kann x also
entweder der Knoten b oder e sein.

b) Hier kommen folgende fünf Verbindungen in Betracht:

$$a, ab, b, bc, c \, ;$$
$$a, ab, b, ba, a \, ;$$
$$a, ab, b, bf, f \, ;$$
$$a, ae, e, ef, f \, ;$$
$$a, ae, e, ea, a \, .$$

Für den Knoten x haben wir also drei Möglichkeiten:
Entweder a oder c oder f.

Wir sehen leicht, daß die folgende Behauptung gilt: Wenn
in einem gegebenen Graphen $\mathscr{G}$ zwischen zwei Knoten x
und y irgendeine Verbindung der Länge l existiert, dann
kann diese Verbindung so „verlängert" werden, daß eine
neue Verbindung der Länge $l + 2$ entsteht. Wenn u, uy, y
nämlich die letzten drei Elemente in unserer Verbindung
der Länge l sind, dann entsteht durch Anfügen der weiteren
vier Elemente yu, u, uy, y an diese Verbindung eine Verbindung der Länge $l + 2$.

Zwischen zwei Knoten in einem gegebenen Graphen existiert also entweder keine Verbindung, oder es existieren zwischen ihnen unendlich viele Verbindungen. Im zweiten Falle interessiert uns immer diejenige Verbindung, die die geringste Länge hat. Eine solche Verbindung existiert immer. Wir werden hier jedoch nicht den Existenzbeweis führen. Wenn x und y Knoten sind, zwischen denen eine Verbindung existiert, so bezeichnen wir die Länge einer minimalen Verbindung mit $\varrho(x, y)$.

Beispiel 10. Wir wissen bereits, daß in dem in Bild 15 dargestellten Graphen eine Verbindung zwischen den Knoten a und g besteht; wir wollen $\varrho(a, g)$ bestimmen. Wieviele Verbindungen zwischen a und g haben die Länge $\varrho(a, g)$?

Aus dem vorangegangenen Beispiel wissen wir, daß zwischen a und g weder eine Verbindung der Länge 1 noch eine Verbindung der Länge 2 besteht. Demgegenüber finden wir leicht eine Verbindung der Länge 3, z. B. die Verbindung a, ab, b, bc, c, cg, g. Folglich ist $\varrho(a, g) = 3$. Außer der Verbindung, die wir bereits angeführt haben, kann man jedoch zwischen a und g noch zwei weitere Verbindungen der Länge 3 angeben, nämlich einmal a, ab, b, bf, f, fg, g; zum anderen a, ae, e, ef, f, fg, g.

Aus dem eben behandelten Beispiel ersehen wir: Für jedes Paar verschiedener Knoten x und y, zwischen denen eine Verbindung besteht, ist die Zahl $\varrho(x, y)$ stets eindeutig bestimmt; es kann in dem gegebenen Graphen jedoch mehrere Verbindungen zwischen x und y geben, die die Länge $\varrho(x, y)$ haben.

Wir wollen noch eine besondere Art von Verbindungen betrachten. Im Graphen **𝒢** möge eine Verbindung **W** existieren, in der jeder Knoten des Graphen **𝒢** höchstens einmal auftritt. Dann heißt eine solche Verbindung **W** ein *Weg*. Der Leser sieht, daß die Verbindung zwischen den Knoten a und g, die wir in Bild 15 stark gezeichnet haben, ein Beispiel für einen Weg zwischen den genannten zwei Knoten darstellt. Es wird uns leicht fallen, nunmehr folgenden Satz zu beweisen.

Satz 3. *Im Graphen $\mathscr{G}$ existiere zwischen den Knoten x und y eine Verbindung. Dann gibt es in diesem Graphen zwischen x und y mindestens einen Weg.*

Beweis. Wir suchen in dem Graphen $\mathscr{G}$ zwischen den Knoten x und y eine Verbindung aus, welche die Länge $\varrho(x, y)$ hat. Wir wollen zeigen, daß diese Verbindung **W** (mit minimaler Kantenzahl) bereits der gesuchte Weg ist. Wenn nämlich irgendein Knoten w unseres Graphen in **W** wenigstens zweimal aufträte, könnten wir damit **W** in drei Teile einteilen: den Teil $\mathbf{W_1}$ (zwischen x und w), den Teil $\mathbf{W_2}$ (zwischen w und w) und den Teil $\mathbf{W_3}$ (zwischen w und y). Die Zusammensetzung ($\mathbf{W_1}$; $\mathbf{W_3}$) der Verbindungen $\mathbf{W_1}$ und $\mathbf{W_3}$ hätte dann offensichtlich eine geringere Länge als $\varrho(x, y)$. Dies steht jedoch im Widerspruch zur Definition der Zahl $\varrho(x, y)$, und der Beweis des Satzes ist damit erbracht.

Nun können wir an die Definition des zusammenhängenden Graphen gehen. Ein Graph $\mathscr{G}$ heißt *zusammenhängend*, wenn zwischen jeweils zwei seiner Knoten x und y wenigstens eine Verbindung existiert. In Übereinstimmung mit dieser Definition betrachten wir auch den Graphen $\mathscr{G} = [\{u\}, \emptyset]$ als zusammenhängend. In Bild 12 ist ein zusammenhängender Graph angegeben, während der Graph in Bild 15 offensichtlich nicht zusammenhängend ist.

Einen sehr anschaulichen Sinn hat der Satz, den wir im folgenden aussprechen und beweisen.

Satz 4. *Es sei ein zusammenhängender Graph $\mathscr{G}$ und in ihm ein Knoten x gegeben, der 1. Grades ist. Wenn wir aus dem Graphen $\mathscr{G}$ den Knoten x und die mit ihm inzidente Kante xy entfernen, erhalten wir einen Teilgraphen $\mathscr{G}_1$, der gleichfalls zusammenhängend ist.*

Beweis. In dem Graphen $\mathscr{G}$ wollen wir zwei nicht notwendig verschiedene Knoten v und w auswählen, die sich beide vom Knoten x unterscheiden. Diese Auswahl kann man mit Sicherheit vornehmen, denn $\mathscr{G}$ enthält wenigstens zwei Knoten. Da $\mathscr{G}$ zusammenhängend ist, existiert zwischen v und w eine bestimmte Verbindung. Nach dem vorangegangenen Satz wissen wir, daß zwischen den genannten

Knoten auch ein Weg **W** existiert. Wenn x zu **W** gehören würde, ginge ihm hier die Kante yx voraus, und xy würde folgen. Der Knoten y würde also mindestens zweimal auf **W** liegen; dies widerspricht jedoch der Definition des Weges.

Aus der bisherigen Betrachtung ist ersichtlich, daß der gesamte Weg **W** zu dem Teilgraphen $\mathscr{G}_1$ gehört. Da v und w als beliebige Knoten des Teilgraphen $\mathscr{G}_1$ ausgewählt waren, ersehen wir daraus, daß der Teilgraph $\mathscr{G}_1$ zusammenhängend ist. Damit ist der Beweis des Satzes erbracht.

Übungen

II. 4.1. Es sei $\mathscr{G}_1$ ein Faktor eines Graphen $\mathscr{G}_2$. Ist $\mathscr{G}_1$ ein zusammenhängender Graph, so ist auch $\mathscr{G}_2$ ein zusammenhängender Graph. Man beweise das!

II. 4.2. $\mathscr{G}$ sei ein endlicher vollständiger Graph mit n Knoten ($n \geqq 2$). Man wähle in $\mathscr{G}$ zwei Knoten x und y aus und bestimme die Anzahl aller Wege im Graphen $\mathscr{G}$, die in x beginnen und in y enden.

5. Komponenten eines Graphen

Wir wollen wieder von einem gegebenen Graphen $\mathscr{G}$ ausgehen, in dem wir einen bestimmten Knoten x auswählen. Unter der zum Knoten x gehörigen *Komponente*[*]) des Graphen $\mathscr{G}$ verstehen wir den wie folgt definierten Teilgraphen $\mathscr{G}^{(x)}$ von $\mathscr{G}$: Zum Graphen $\mathscr{G}^{(x)}$ gehören alle die Knoten und Kanten des Graphen $\mathscr{G}$, die mindestens einer Verbindung im Graphen $\mathscr{G}$ angehören, die in dem Knoten x beginnt[**]).

Es ist allerdings möglich, daß in $\mathscr{G}$ nur eine Verbindung (der Länge 0) existiert, die im Knoten x beginnt. In diesem Falle ist $\mathscr{G}^{(x)} = [\{x\}, \emptyset]$, und unsere Komponente enthält einen einzigen isolierten Knoten x und keine Kante.

---

[*]) Das Wort „Komponente" stammt aus dem Lateinischen (compono = ich setze zusammen).

[**]) Wir pflegen auch kurz zu sagen, $\mathscr{G}^{(x)}$ sei der maximale zusammenhängende Teilgraph des Graphen $\mathscr{G}$, der x als Knoten enthält. Mit dem Wort „maximal" bezeichnen wir hier den Umstand, daß $\mathscr{G}^{(x)}$ kein echter Teilgraph eines zusammenhängenden Teilgraphen des Graphen $\mathscr{G}$ ist.

Beispiel 11. In dem Graphen, der in Bild 15 dargestellt ist, wählen wir den Knoten *a* und bilden die Komponente, die zum Knoten *a* gehört.
Die betrachtete Komponente setzt sich aus den Knoten *a, b, c, d, e, f, g, h* und aus zehn Kanten zwischen diesen Knoten zusammen, wie aus Bild 15 ersichtlich ist.
In den weiteren Erläuterungen formulieren und beweisen wir einen Satz, der einen sehr anschaulichen Inhalt hat. Beim Beweis des Satzes können wir uns allerdings nicht nur auf die Anschauung stützen, sondern müssen von den schon angeführten Definitionen ausgehen. Wir empfehlen dem Leser, sich bei der Lektüre des Beweises eine Skizze anzufertigen. Die Skizze kann zwar nur eine der möglichen Situationen erfassen, erleichtert aber das Verständnis des Beweises sehr.

Satz 5. *In dem Graphen $\mathscr{G}$ wählen wir zwei Knoten x und z aus und bilden sowohl die Komponente $\mathscr{G}^{(x)}$, die zum Knoten x gehört, als auch die Komponente $\mathscr{G}^{(z)}$, die zum Knoten z gehört. Dann sind die Komponenten $\mathscr{G}^{(x)}$ und $\mathscr{G}^{(z)}$ entweder zwei disjunkte Graphen, oder $\mathscr{G}^{(x)}$ ist gleich $\mathscr{G}^{(z)}$.*

Beweis. Wenn $\mathscr{G}^{(x)}$ und $\mathscr{G}^{(z)}$ disjunkte Graphen sind, dann sind wir mit dem Beweis fertig. Wir wollen also annehmen, daß ein Knoten y existiert, der sowohl zur Komponente $\mathscr{G}^{(x)}$ als auch zur Komponente $\mathscr{G}^{(z)}$ gehört, und beweisen, daß dann $\mathscr{G}^{(x)} = \mathscr{G}^{(z)}$ ist. Wir wählen dazu einen beliebigen Knoten u (bzw. eine beliebige Kante vw) der Komponente $\mathscr{G}^{(z)}$ und zeigen, daß dieser Knoten (bzw. die Kante) auch zu $\mathscr{G}^{(x)}$ gehört. Im Graphen $\mathscr{G}$ kann man eine Verbindung **V** bilden, die im Knoten z beginnt und die den gewählten Knoten u (bzw. die Kante vw) enthält. Wir bezeichnen mit $\mathbf{V}_1$ eine Verbindung zwischen x und y, mit $\mathbf{V}_2$ eine Verbindung zwischen y und z. Die Verbindung $(\mathbf{V}_1; \mathbf{V}_2)$ bezeichnen wir mit $\mathbf{V}_3$; diese ist eine Verbindung zwischen x und z. Die Verbindung $(\mathbf{V}_3; \mathbf{V})$ beginnt, wie man sieht, in x und enthält den Knoten u (bzw. die Kante vw). Daraus folgt, daß u (bzw. vw) zur Komponente $\mathscr{G}^{(x)}$ gehören.
Wir haben noch die Frage zu erörtern, ob jeder Knoten (jede Kante) der Komponente $\mathscr{G}^{(x)}$ auch zu $\mathscr{G}^{(z)}$ gehört. Es ist jedoch uns überlassen, welche der zur Betrachtung

stehenden Komponenten wir mit $\mathscr{G}^{(x)}$ und welche wir mit $\mathscr{G}^{(z)}$ bezeichnen. Wenn wir uns also vorstellen, daß wir die Bezeichnung der Komponenten geändert haben, erhalten wir damit gleich das Ergebnis, daß jeder Knoten (jede Kante) aus $\mathscr{G}^{(x)}$ zu $\mathscr{G}^{(z)}$ gehört. Es ist also $\mathscr{G}^{(x)} = \mathscr{G}^{(z)}$, und der Beweis ist damit geliefert.

Bei der Definition der Komponente haben wir diesen Begriff auf einen bestimmten Knoten x bezogen. Wählen wir jedoch in einer Komponente $\mathscr{G}^{(x)}$ einen weiteren Knoten x_1 und bilden wir die Komponente, die zum Knoten x_1 gehört, dann erhalten wir erneut die Komponente $\mathscr{G}^{(x)}$ — wie aus Satz 5 hervorgeht. Der Knoten, von dem wir bei der Definition der Komponente ausgegangen sind, spielt also keine so wichtige Rolle, wie es auf den ersten Blick scheinen könnte. Wenn es nicht unbedingt erforderlich ist, brauchen wir also bei den weiteren Erläuterungen nicht immer anzuführen, zu welchem von seinen Knoten die betrachtete Komponente gehört. Die Komponenten des gegebenen Graphen stellen einen sehr wichtigen und sehr anschaulichen Typ eines Teilgraphen dar. Es läßt sich leicht beweisen, daß der zusammenhängende Graph $\mathscr{G}$ eine einzige Komponente hat, nämlich den ganzen Graphen $\mathscr{G}$. Wenn der Graph $\mathscr{G}$ kein zusammenhängender Graph ist, dann setzt sich $\mathscr{G}$ wenigstens aus zwei Komponenten zusammen. Jeder endliche Graph hat endlich viele Komponenten, während der unendliche Graph endlich oder unendlich viele Komponenten haben kann. Alle diese Behauptungen könnten wir exakt beweisen, des beschränkten Umfanges dieses Buches wegen sehen wir jedoch davon ab.

Dem Leser, der beim Studium der Mathematik schon den metrischen Räumen begegnet ist, kommt sicher die Symbolik $\varrho(a, b)$ bekannt vor, die wir für die Länge des kürzesten Weges eingeführt haben. Wir wollen uns damit etwas näher beschäftigen. In der Mathematik treten oft Mengen auf, in denen die Entfernung oder die Abweichung zwischen zwei beliebigen Elementen definiert wird. In der ebenen analytischen Geometrie ist z. B. die Entfernung der Punkte (x_1, y_1) und (x_2, y_2) durch den Ausdruck

$$\sqrt{(x_1 - x_2)^2 + (y_1 - y_2)^2}$$

gegeben; die Entfernung zwischen zwei Städten in unserer Republik können wir auch dadurch festlegen, daß wir den Fahrpreis angeben, der für eine Eisenbahnreise von der einen Stadt nach der anderen zu bezahlen ist. Auf welche Weise wird der Begriff der Entfernung in der Mathematik studiert?

Es sei eine nicht-leere Menge P gegeben sowie eine Funktion ϱ, die für jedes $x \in P$ und jedes $y \in P$ eine reelle Zahl $\varrho(x, y)$ so bestimmt, daß die folgenden Bedingungen erfüllt sind:

1. Für jedes $x \in P$ gilt $\varrho(x, x) = 0$.
2. Wenn $x \in P, y \in P, x \neq y$ ist, dann ist $\varrho(x,y) = \varrho(y,x) > 0$.
3. Wenn $x \in P$, $y \in P$, $z \in P$ ist, dann ist $\varrho(x, z) \leq \varrho(x, y) + \varrho(y, z)$.

Wir nennen die Funktion ϱ dann eine *Metrik* in der Menge P; die Menge P und die Funktion ϱ zusammen bezeichnen wir als *metrischen Raum*. Die Elemente eines metrischen Raumes heißen gewöhnlich *Punkte*. Ein metrischer Raum ist also z. B. die Ebene, wenn die Metrik durch die oben angegebene Formel gegeben ist, oder die Menge aller Städte in unserer Republik, wenn die Metrik beispielsweise durch den Eisenbahnfahrpreis bestimmt wird usw.

Uns wird hier das Beispiel eines metrischen Raumes interessieren, den wir wie folgt bilden: Wir nehmen einen beliebigen zusammenhängenden Graphen $\mathscr{G}$ an; für seine Knoten x, y definieren wir $\varrho(x, y)$ als die Länge der kürzesten Verbindung zwischen x und y (wie es übrigens bereits in den obenstehenden Betrachtungen eingeführt wurde). Dann ist die Funktion ϱ eine Metrik in der Knotenmenge des Graphen $\mathscr{G}$.

Um das einzusehen, genügt es, alle drei Bedingungen in der Definition einer Metrik zu prüfen. Die erste Bedingung ist erfüllt; denn für jeden Knoten x ist unter allen Verbindungen, die in x beginnen und enden, die kürzeste Verbindung diejenige der Länge 0. Auch die zweite Bedingung ist erfüllt; denn für je zwei Knoten x, y ist $\varrho(x, y)$ eine natürliche Zahl, und die Beziehung $\varrho(x, y) = \varrho(y, x)$ ist ebenfalls offensichtlich. Betrachten wir nun die dritte Bedingung, die mitunter als *Dreiecksungleichung* bezeichnet wird.

Wir wollen mit V_1 eine Verbindung zwischen x und y von der Länge $\varrho(x, y)$ bezeichnen und mit V_2 eine Verbindung zwischen y und z von der Länge $\varrho(y, z)$. Die Verbindung $(V_1; V_2)$ beginnt in x, endet in z und hat offensichtlich die Länge

$$\varrho(x, y) + \varrho(y, z) \, .$$

Wenn $(V_1; V_2)$ eine kürzeste Verbindung zwischen x und z ist, dann gilt

$$\varrho(x, z) = \varrho(x, y) + \varrho(y, z) \, .$$

Im entgegengesetzten Falle ist die Ungleichung

$$\varrho(x, z) < \varrho(x, y) + \varrho(y, z)$$

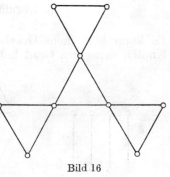

Bild 16

erfüllt. Die Dreiecksungleichung ist damit bewiesen. Insgesamt haben wir festgestellt, daß die Knotenmenge des zusammenhängenden Graphen zusammen mit der Funktion ϱ einen metrischen Raum bildet. Wir wollen allerdings noch bemerken, daß die Metrik hier nur ganze nichtnegative Werte annimmt.

In einem zusammenhängenden Graphen $\mathscr{G}$ kann es mitunter geschehen, daß eine natürliche Zahl m so existiert, daß für zwei beliebige Knoten x, y unseres Graphen $\varrho(x, y) < m$ gilt. In diesem Falle nimmt die Metrik nur endlich viele Werte an, und man kann den größten von ihnen auswählen; dieser maximale Wert heißt der *Durchmesser* des Graphen $\mathscr{G}$. Man sieht sofort, daß von einem Durchmesser gesprochen werden kann, wenn $\mathscr{G}$ ein endlicher Graph ist. Wenn $\mathscr{G}$ nicht endlich ist, dann existiert entweder ein Durchmesser des Graphen (nach der obigen Definition), oder die Metrik ϱ nimmt unendlich viele Werte an. In diesem zweiten Falle sagen wir auch, der betrachtete Graph habe einen *unendlichen Durchmesser*. Diesen Begriffen begegnen wir noch in den Übungen.

Übungen

II. 5.1. Wenn $\mathscr{G}^{(x)}$ eine Komponente des Graphen $\mathscr{G}$ ist, dann ist $\mathscr{G}^{(x)}$ ein zusammenhängender Graph. Man beweise das!

II. 5.2. Man bestimme den Durchmesser eines vollständigen Graphen.

II. 5.3. Man bestimme den Durchmesser des in Bild 16 dargestellten Graphen.

II. 5.4. Man gebe ein Beispiel für einen unendlichen zusammenhängenden Graphen an, dessen Durchmesser unendlich ist.

6. Reguläre Graphen

Es kann bei einem Graphen geschehen, daß alle seine Knoten denselben Grad haben, der gleich der Zahl g ist.

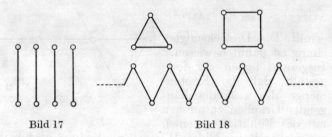

Bild 17   Bild 18

Einen solchen Graphen bezeichnet man als *regulären Graphen g-ten Grades*. Der Graph $\mathscr{G} = [U, \emptyset]$ ist ein regulärer Graph nullten Grades. Dieser Fall ist für unsere weiteren Betrachtungen, im ganzen gesehen, ohne Interesse, und auch die regulären Graphen ersten Grades sind so übersichtlich, daß wir uns hier nicht eingehender über sie zu äußern brauchen. Ein Beispiel eines regulären Graphen ersten Grades sehen wir in Bild 17.

Etwas komplizierter ist schon der Fall $g = 2$. Ein Beispiel eines unendlichen regulären Graphen zweiten Grades ist in Bild 18 gegeben. Der dargestellte Graph besteht aus drei Komponenten: eine enthält drei Knoten, die zweite vier Knoten, und die dritte hat unendlich viele Knoten.

Ein zusammenhängender endlicher regulärer Graph zweiten Grades heißt ein *Kreis*. Man sieht, daß z. B. zwei Komponenten des Graphen in Bild 18 Kreise sind, während

die dritte Komponente ein unendlicher Graph ist, also hier kein Kreis vorliegt. Die Zahl der Knoten, aus denen sich ein bestimmter Kreis zusammensetzt, nennen wir die *Länge des Kreises*. Es ist klar, daß kein Kreis der Länge 1 oder 2 existiert; es existieren jedoch Kreise der Länge 3, 4, 5, 6 … . Den Kreis der Länge 3 bezeichnen manche Autoren auch als *Dreieck*, den Kreis der Länge 4 als *Viereck* usw.
Wir wollen nun endliche reguläre Graphen ungeraden Grades betrachten. Mit Leichtigkeit läßt sich folgender Satz beweisen:

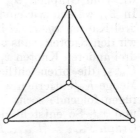

Bild 19

Satz 6. *Die Anzahl der Knoten eines endlichen regulären Graphen ungeraden Grades ist immer eine gerade Zahl.*

Beweis. Nach Satz 2 ist die Anzahl der Knoten ungeraden Grades in jedem endlichen Graphen stets eine gerade Zahl. In unserem Falle sind alle Knoten des Graphen ungeraden Grades, und daraus folgt die Behauptung unseres Satzes.

Eine Reihe interessanter Eigenschaften haben die regulären Graphen dritten Grades. Wir wollen uns hier auf die endlichen Graphen beschränken. Nach dem vorhergehenden Satz hat jeder dieser Graphen eine gerade Knotenzahl. Es ist gleich zu sehen, daß kein regulärer Graph dritten Grades existiert, der nur zwei Knoten hat. Bild 19 zeigt uns den Fall eines Graphen mit vier Knoten. Eine weitere Information über endliche reguläre Graphen dritten Grades gibt uns folgender Satz:

Satz 7. *Es sei eine gerade natürliche Zahl $m \geq 4$ gegeben. Dann existiert ein regulärer Graph dritten Grades $\mathscr{G}_m = [U_m, K_m]$ so, daß $|U_m| = m$ ist.*

Beweis. Wir werden den Beweis mit Hilfe der vollständigen Induktion führen. Für $m = 4$ ist nach Bild 19 die Existenz eines Graphen $\mathscr{G}_m$ klar. Wir wollen annehmen, daß wir die Existenz eines Graphen $\mathscr{G}_m$ bereits für eine bestimmte gerade natürliche Zahl m bewiesen haben. Wir wollen nun einen Graphen $\mathscr{G}_{m+2} = [U_{m+2}, K_{m+2}]$ bilden. Die Konstruktion des Graphen $\mathscr{G}_{m+2}$ beschreiben wir dadurch, daß wir vom Graphen $\mathscr{G}_m$ ausgehen und wie folgt verfahren: In $\mathscr{G}_m$ wählen wir einen gewissen Knoten x, mit dem die drei Kanten xy, xz, xt inzidieren. Aus der Menge U_m lassen wir den Knoten x aus und fügen dem entstandenen Teil die drei anderen Knoten x_1, x_2, x_3 hinzu; so entsteht die Menge U_{m+2}, die offensichtlich $m + 2$ Elemente hat. Aus der Menge K_m entfernen wir zugleich die Kanten xy, xz, xt und fügen folgende sechs Kanten an: x_1x_2, x_2x_3, x_3x_1, x_1y, x_2z und x_3t. So entsteht die Menge K_{m+2}. Der so gewonnene Graph $\mathscr{G}_{m+2} = [U_{m+2}, K_{m+2}]$ ist offensichtlich ein regulärer Graph dritten Grades und enthält $m + 2$ Knoten. Damit ist unser Satz durch vollständige Induktion bewiesen.

Die Bedeutung der regulären Graphen wird noch in den folgenden Betrachtungen erläutert, wenn wir die regulären Faktoren des gegebenen Graphen studieren werden.

Übungen

II. 6.1. Man bestimme alle Kreise, die Teilgraph des Graphen aus Bild 19 sind!

II. 6.2. Man gebe ein Beispiel für einen unendlichen zusammenhängenden regulären Graphen dritten Grades an!

II. 6.3. Im Raum ist der Würfel $ABCDA'B'C'D'$ gegeben. Seine Ecken können wir als die Knoten eines bestimmten Graphen betrachten, wobei die Kanten des Graphen die Kanten des Würfels darstellen. Man stelle diesen Graphen auf die übliche Weise in der Ebene dar und zeige, daß dies ein regulärer Graph dritten Grades ist. Man bestimme seinen Durchmesser!

II. 6.4. Im Raum ist ein reguläres Oktaeder gegeben. Seine Ecken können wir als die Knoten eines Graphen betrachten, wobei die Kanten des Graphen die Kanten des Oktaeders darstellen. Man stelle diesen Graphen auf die übliche Weise in der Ebene dar und zeige, daß dies ein regulärer Graph vierten Grades ist. Man bestimme seinen Durchmesser!

II. 6.5. $\mathscr{G} = [U, K]$ sei ein endlicher regulärer Graph g-ten Grades; es ist zu beweisen, daß dann $2|K| = g|U|$ gilt.

II. 6.6. Man bestimme, wieviele verschiedene Kreise in einem endlichen vollständigen Graphen mit n Knoten existieren ($n \geq 3$).

7. Bäume und Gerüste eines Graphen

Der Begriff des Kreises, dem wir im vorangegangenen Kapitel begegnet sind, spielt in der Graphentheorie eine ziemlich bedeutende Rolle. In Bild 20 sehen wir ein Beispiel für einen Graphen, der keinen Kreis als Teilgraphen enthält. Die Graphen dieser Art haben eine Reihe interessanter und wichtiger Eigenschaften, und deshalb machen wir uns mit ihnen in diesem Kapitel etwas näher bekannt.

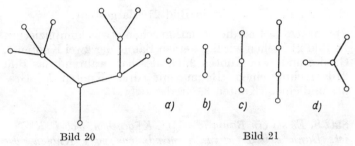

Bild 20 Bild 21

Im vorigen Jahrhundert haben besonders *A. Cayley*, *G. Kirchhoff* und *G. K. Ch. Staudt* diese Graphen studiert. Im Jahre 1847 stießen Kirchhoff und Staudt gleichzeitig auf sie, wenn auch auf verschiedenen Wegen: der erste bei physikalischen Untersuchungen über die Leitung des elektrischen Stromes, der zweite bei mathematischen Betrachtungen in Zusammenhang mit dem sogenannten *Eulerschen Polyedersatz*. Unabhängig von beiden untersuchte A. Cayley ab 1857 diese Gebilde; denn sie stehen in engem Zusammenhang mit einigen Strukturformeln in der organischen Chemie.

Ein endlicher zusammenhängender Graph, der als Teilgraphen keinen Kreis enthält, heißt ein *Baum*. Diese Bezeichnung ist wirklich sehr anschaulich, denn die Skizze dieses Graphen erinnert mitunter etwas an das Bild eines Baumes.

Beispiel 12. Wir wollen einen Baum $\mathscr{B} = [U, K]$ veranschaulichen, für den a) $|U| = 1$; b) $|U| = 2$; c) $|U| = 3$; d) $|U| = 4$ ist.

a) Der Baum, in dem $|U| = 1$ ist, wird in Bild 21a gezeigt. Wir wissen bereits, daß manche Autoren (z. B. *D. König*) bei den Graphen die Existenz isolierter Knoten nicht zulassen. Wenn wir uns diesem Standpunkt anschließen würden, müßten wir auch den Baum, in dem $|U| = 1$ ist, aus unseren Betrachtungen ausschließen. Diese Einschränkung erscheint jedoch aus unserer Sicht überflüssig.

b) Den Fall $|U| = 2$ sehen wir in Bild 21b. Dieser Baum weist eine einzige Kante auf.

c) Der Fall $|U| = 3$ ist in Bild 21c dargestellt.

d) Für $|U| = 4$ ist die Situation schon etwas komplizierter. In Bild 21d sehen wir links einen Baum, der zwei Knoten 1. Grades und zwei Knoten 2. Grades hat, während das Bild 21d rechts einen Baum mit drei Knoten 1. Grades und einem Knoten 3. Grades zeigt.

Satz 8. *Es sei ein Baum $\mathscr{B} = [U, K]$ gegeben, wobei $|K| \geqq 1$ ist. Dann existieren in $\mathscr{B}$ mindestens zwei Knoten, die 1. Grades sind.*

Beweis. Die Länge jedes Weges im Graphen $\mathscr{B}$ ist offenbar höchstens gleich der Zahl $|K|$. Wir wollen in $\mathscr{B}$ einen Weg von größter Länge aussuchen und ihn mit $\mathbf{W}_{max}$ und seine Länge mit l_{max} bezeichnen. $\mathbf{W}_{max}$ beginne in dem Knoten x und ende im Knoten y. Da $\mathscr{B}$ wenigstens eine Kante enthält, gilt $l_{max} > 0$, und die Knoten x und y sind verschieden. Wir wollen noch beweisen, daß diese beiden Knoten vom 1. Grade sind. Offenbar genügt es, dies z. B. nur vom Knoten x zu beweisen; den Beweis führen wir indirekt. Wir nehmen an, es sei x mindestens vom 2. Grade; dann existiert eine Kante wx, die nicht zu $\mathbf{W}_{max}$ gehört. Der Knoten w kann nicht zu $\mathbf{W}_{max}$ gehören, denn dann enthielte $\mathscr{B}$ einen Kreis. Den Weg w, wx, x, wollen wir kurz mit $\mathbf{W}$ bezeichnen und den Weg $(\mathbf{W}; \mathbf{W}_{max})$ bilden. Seine Länge beträgt $l_{max} + 1$. Dies ist jedoch ein Widerspruch zu der Wahl der Zahl l_{max}. Damit ist der Beweis vollendet.

Der Satz, den wir eben bewiesen haben, sagt uns, daß jeder Baum mit wenigstens einer Kante mindestens zwei Knoten 1. Grades hat. Wir können leicht einen Baum konstruieren, der genau zwei Knoten 1. Grades hat. Einen solchen Baum (den man mitunter als „Schlange" bezeichnet) sehen wir in Bild 22 dargestellt. Wir können uns auch die Frage vorlegen, wieviele Knoten 1. Grades in einem gegebenen Baum $\mathscr{B} = [U, K]$ maximal existieren können. Für $|U| = 1$ existiert keiner, für $|U| = 2$ existieren zwei und für $|U| \geqq 3$ schließlich existieren maximal $|U| - 1$ Knoten. In diesem letzten Falle, der zuweilen auch als „Stern" bezeichnet wird, ist nur ein Knoten nicht vom 1. Grade, er hat nämlich den Grad $|U| - 1$ (in Bild 23 haben wir den Fall $|U| = 7$ dargestellt).

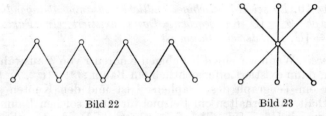

Bild 22 Bild 23

Satz 9. *Es sei ein Baum $\mathscr{B} = [U, K]$ gegeben; dann gilt*

$$|K| = |U| - 1. \tag{1}$$

Beweis. Wir wenden vollständige Induktion nach der Knotenanzahl an.

Wenn $|U| = 1$ ist, dann wissen wir bereits, daß der betrachtete Baum keine Kante enthält, also $|K| = 0$ ist. (1) ist also in diesem Falle erfüllt.

Wir wollen annehmen, es gilt für eine bestimmte natürliche Zahl n: Jeder Baum $\mathscr{B} = [U, K]$, in dem $|U| = n$ ist, erfüllt (1). Unter dieser Voraussetzung wollen wir den Baum $\mathscr{B}_1 = [U_1, K_1]$ betrachten, in dem $|U_1| = n + 1$ ist. Nach dem vorangehenden Satz können wir in $\mathscr{B}_1$ einen Knoten x angeben, der 1. Grades ist; wir wollen mit xy die mit diesem Knoten x inzidente Kante bezeichnen. Wenn wir aus $\mathscr{B}_1$ den Knoten x und die Kante xy entfernen, erhalten wir einen Teilgraphen von $\mathscr{B}_1$, der gemäß Satz 4 zusammenhängend ist. Dieser Teilgraph kann selbstverständlich keinen Kreis enthalten, ist also ein Baum; wir wollen ihn mit $\mathscr{B}_2 = [U_2, K_2]$ bezeichnen. Offenbar ist $|U_2| = n$, so daß wir die Induktionsvoraussetzung anwenden können. Nach dieser Voraussetzung ist $|K_2| = |U_2| - 1$. Wir sehen auch, daß $|U_1| = |U_2| + 1$, $|K_1| = |K_2| + 1$ gilt. Aus allen drei Beziehungen geht hervor, daß $|K_1| = |U_1| - 1$ ist. Damit ist der Induktionsschritt durchgeführt und der Beweis unseres Satzes geliefert.

In einem weiteren Satz wollen wir zeigen, welche wichtige Rolle die Bäume beim Studium der endlichen zusammenhängenden Graphen spielen.

Satz 10. *Es sei ein beliebiger endlicher zusammenhängender Graph $\mathscr{G} = [U, K]$ gegeben. Dann existiert ein Faktor $\mathscr{B} = [U, K_1]$, der ein Baum ist.*

Beweis. Wenn wir einen beliebigen Knoten x von $\mathscr{G}$ auswählen, dann existiert offensichtlich ein Baum $\mathscr{B}^* = [U^*, K^*]$, der ein Teilgraph des Graphen $\mathscr{G}$ ist und den Knoten x enthält. Wir erhalten ein Beispiel für einen solchen Baum, wenn wir $U^* = \{x\}$, $\mathscr{B}^* = [U^*, \emptyset]$ setzen. Da der Graph $\mathscr{G}$ endlich ist, können wir in ihm einen solchen Baum aussuchen, der eine möglichst große Knotenzahl des Graphen $\mathscr{G}$ enthält. Wenn es mehrere solche Bäume gibt, wählen wir einen beliebigen von ihnen aus. Wir wollen jetzt zeigen, daß die Menge U selbst die Knotenmenge dieses Baumes bildet. Der Beweis wird indirekt geführt. Es sei $\mathscr{B}_{\max} = [U_{\max}, K_{\max}]$ ein Baum mit größtmöglicher Knotenzahl, der ein Teilgraph von $\mathscr{G}$ ist, und es sei $x \in U_{\max}$. Weiter existiere ein Knoten $y \in U$ mit $y \notin U_{\max}$. Da $\mathscr{G}$ zusammenhängend ist, existiert ein Weg **W** zwischen x und y. Wegen $x \in U_{\max}$, $y \notin U_{\max}$ gibt es auf **W** eine Kante vw mit $v \in U_{\max}$, $w \notin U_{\max}$. Nun wollen wir den Baum $\mathscr{B}_{\max}$ durch den Knoten w und die Kante vw ergänzen. Wir erhalten so einen Teilgraphen des gegebenen Graphen $\mathscr{G}$, der offenbar ein Baum ist, jedoch mehr Knoten als der Baum $\mathscr{B}_{\max}$ enthält. Dieses Ergebnis steht jedoch im Widerspruch zu der Definition des Baumes $\mathscr{B}_{\max}$. Der Beweis des Satzes ist damit erbracht.

In Satz 10 haben wir bewiesen, daß in jedem endlichen zusammenhängenden Graphen $\mathscr{G} = [U, K]$ ein Baum $\mathscr{B}$ als

Faktor enthalten ist. Ein solcher Teilgraph $\mathscr{B} = [U, K_1]$ heißt ein *Gerüst* des Graphen $\mathscr{G}$. Wenn der Graph $\mathscr{G}$ selbst ein Baum ist, dann existiert in ihm ein einziges Gerüst, nämlich $\mathscr{G}$ selbst. Im allgemeinen Falle ist das Gerüst des Graphen $\mathscr{G}$ jedoch nicht eindeutig bestimmt. Das ist aus Bild 24 ersichtlich. Im Teil a) dieses Bildes sind die Kanten eines solchen Gerüstes mit dicken Linien gekennzeichnet, im Teil b) ist ein anderes Gerüst dieses Graphen gezeigt.

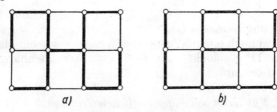

Bild 24

Es entsteht die Frage, wie die Anzahl aller Gerüste eines gegebenen endlichen zusammenhängenden Graphen bestimmt werden kann. Ist die Knotenzahl des gegebenen Graphen genügend klein, so finden wir die Antwort leicht dadurch, daß wir eine Skizze eines solchen Graphen anfertigen und systematisch alle Möglichkeiten durchgehen, die in Betracht kommen. Dieses Verfahren versagt allerdings, wenn der Graph eine größere Knotenzahl hat. In einem solchen Falle existieren nämlich im allgemeinen viele Gerüste, und überdies wird eine Skizze bei größerer Knotenzahl unübersichtlich. Es sind jedoch Methoden zur Bestimmung der Gerüstzahl mit Hilfe einer Determinante bekannt. Diejenigen Leser, die sich für diese Frage interessieren, verweisen wir z. B. auf das Buch von *C. Berge* [3], in dem sich Näheres findet. Es zeigt sich auch, daß man bei manchen wichtigen Graphentypen aus der Determinante eine einfache Formel für die Gerüstanzahl ableiten kann. So wird beispielsweise für einen vollständigen Graphen mit n Knoten die Gerüstanzahl durch die Zahl n^{n-2} ausgedrückt, ein Ergebnis, das im Jahre 1889 bereits *A. Cayley* bekannt war.

Wir wollen nochmals zu den Sätzen 9 und 10 zurückkehren, aus denen wir eine interessante Schlußfolgerung ziehen können.

Satz 11. *Für einen beliebigen endlichen zusammenhängenden Graphen $\mathscr{G} = [U, K]$ gilt die Ungleichung*

$$|K| - |U| + 1 \geq 0 .$$

Beweis. Nach Satz 10 bilden wir in $\mathscr{G}$ ein Gerüst $\mathscr{B} = [U, K_1]$. Nach Satz 9 ist $|K_1| = |U| - 1$. Da $K_1 \subseteq K$ ist, gilt $|K_1| \leq |K|$. Daraus folgt $|U| - 1 \leq |K|$, wodurch die Behauptung bewiesen ist.

Man kann noch einen allgemeineren Satz beweisen, als dies in Satz 11 geschieht, der sich auf zusammenhängende Graphen beschränkt.

Satz 12. *Für einen beliebigen endlichen Graphen $\mathscr{G} = [U, K]$, der sich aus k Komponenten zusammensetzt, gilt die Ungleichung $|K| - |U| + k \geq 0$.*

Beweis. Wir wollen die i-te Komponente des Graphen $\mathscr{G}$ kurz mit $\mathscr{G}_i = [U_i, K_i]$ bezeichnen. Da jeder Graph $\mathscr{G}_i$ endlich und zusammenhängend ist, gilt von ihm nach dem vorstehenden Satz die Ungleichung $|K_i| - |U_i| + 1 \geq 0$. Weiter ist offensichtlich, daß gilt

$$\sum_{i=1}^{k} |U_i| = |U| \; ; \quad \sum_{i=1}^{k} |K_i| = |K| . \tag{1}$$

Wenn wir nun die k Ungleichungen

$$|K_1| - |U_1| + 1 \geq 0 ,$$
$$|K_2| - |U_2| + 1 \geq 0 ,$$
$$\dots\dots\dots\dots\dots\dots\dots\dots$$
$$|K_k| - |U_k| + 1 \geq 0$$

addieren, erhalten wir mit Rücksicht auf die Gleichungen (1) direkt die Bestätigung des Satzes 12. Damit ist der Beweis geliefert.

Wir bezeichnen $|K| - |U| + k$ mit $\nu(\mathscr{G})$. Ist $\mathscr{G} = [U, K]$ ein endlicher Graph mit k Komponenten, so wird die Zahl $\nu(\mathscr{G})$ gewöhnlich die *zyklomatische Zahl* des Graphen $\mathscr{G}$ genannt. In dieser Bezeichnung ist sich die Literatur zur Graphentheorie freilich nicht einig; manche Autoren gebrauchen für die Zahl $v(\mathscr{G})$ beispielsweise die Bezeichnung *Bettische Zahl* usw.

Übungen

II. 7.1. Es seien $\mathscr{G}_1$, $\mathscr{G}_2$ endliche Graphen, wobei $\mathscr{G}_1$ ein Teilgraph von $\mathscr{G}_2$ und $\mathscr{G}_2$ zusammenhängend ist. Enthält $\mathscr{G}_1$ keinen Kreis, dann existiert ein den Graphen $\mathscr{G}_1$ enthaltendes Gerüst des Graphen $\mathscr{G}_2$. Man beweise dies! (Nach *A. Kotzig*.)

II. 7.2. Ist es möglich, daß in einem endlichen zusammenhängenden Graphen zwei Gerüste existieren, die keine gemeinsame Kante haben?

II. 7.3. Man zeige, daß die Strukturformel des Paraffins C_nH_{2n+2} (für jedes n) ein Baum ist. (Wir erinnern daran, daß das Wasserstoffatom einwertig ist, das Kohlenstoffatom vierwertig.)

II. 7.4. Es seien n natürliche Zahlen $g_1, g_2, g_3, \ldots, g_n$ ($n \geqq 2$) gegeben. Die notwendige und hinreichende Bedingung dafür, daß ein Baum $\mathscr{B} = [U, K]$ von der Art existiert, daß $|U| = n$ und daß die Zahlen $g_1, g_2, g_3, \ldots, g_n$ der Reihe nach die Grade der einzelnen Knoten dieses Baumes sind, ist die Gültigkeit der Gleichung

$$\sum_{i=1}^{n} g_i = 2n - 2 \, .$$

Man beweise dies!

8. Bewertete Graphen

Bei vielen praktischen Fragestellungen begegnen wir den sogenannten *bewerteten Graphen*. Dieser Begriff soll hier erläutert werden. Ist in einem gegebenen Graphen jeder Kante eine reelle oder allgemeiner eine komplexe Zahl zugeordnet, so sagen wir, der Graph sei *kantenmäßig bewertet*. Die Zahl, die jeder Kante des Graphen zugeordnet ist, kann unterschiedliche konkrete Bedeutung haben. Wenn die Knoten des Graphen beispielsweise als Städte auf der Landkarte gedeutet werden, dann können die den Kanten zugeordneten Zahlen beispielsweise die Entfernungen dieser Städte oder die maximale Lastmenge bedeuten, die in einer gegebenen Zeitspanne zwischen den Städten hin- und hertransportiert werden kann usw. In dieser Interpretation sind allerdings alle Zahlen nichtnegativ, und wir sprechen dann auch von einer *nichtnegativen Kantenbewertung* des

Graphen $\mathscr{G}$. In einem aus der Physik genommenen Beispiel kann die Bewertung der Kanten den Widerstand des Leiters, die Kapazität, die Induktivität usw. bedeuten.

Satz 13. *Es sei ein endlicher zusammenhängender Graph $\mathscr{G}$ gegeben, der kantenmäßig durch positive Zahlen bewertet sei. Wir wollen mit $\mathscr{K}$ einen zusammenhängenden Faktor des Graphen $\mathscr{G}$ bezeichnen, für den die Summe der Kantenwerte minimal ist. Dann ist $\mathscr{K}$ ein Gerüst des Graphen $\mathscr{G}$.*

Beweis. Es braucht nur bewiesen zu werden, daß $\mathscr{K}$ keinen Kreis enthält. Wir wollen also annehmen, daß in $\mathscr{K}$ ein Kreis existiert; in diesem wählen wir die Kante xy aus, die mit der Zahl c bewertet sei. Entfernt man xy aus dem Faktor $\mathscr{K}$, erhält man einen neuen Faktor $\mathscr{K}'$, der offensichtlich ebenfalls zusammenhängend ist. Die Summe der Kantenwerte des Faktors $\mathscr{K}'$ ist jedoch um c geringer als die Summe der Kantenwerte des Faktors $\mathscr{K}$. Dies ist ein Widerspruch, und der Satz ist damit bewiesen.

Es erhebt sich die Frage, wann ein solcher minimaler Faktor $\mathscr{K}$ eindeutig bestimmt ist. Das ist dann der Fall, wenn in dem ursprünglichen Graphen $\mathscr{G}$ sämtliche Kanten verschieden bewertet sind. Diese Bedingung wird in der Praxis eigentlich immer erfüllt. Bedeuten die Kantenwerte z. B. die Entfernungen der Städte oder die Transportlasten, dann kann man niemals von „genau" gleichen Entfernungen, Lasten usw. sprechen. Die angeführte Bedingung für die Eindeutigkeit ist allerdings nur hinreichend, aber nicht notwendig. So sehen wir beispielsweise in Bild 25 einen kantenmäßig bewerteten Graphen; mit dickgezogenen Strichen ist in ihm der Faktor $\mathscr{K}$ dargestellt, von dem Satz 13 spricht; man sieht sogleich, daß dies der einzige Faktor mit der genannten Eigenschaft ist.

Es wird den Leser vielleicht interessieren, daß O. Borůvka bereits im Jahre 1926 in [6] elektrische Netzwerke mit minimaler Länge studiert hat und daß sich auch in den folgenden Jahren eine Reihe von Autoren ähnlichen Problemen sowie dem Auffinden von Algorithmen für die Konstruktion minimaler Faktoren gewidmet hat. Darauf kommen wir noch in den historischen Bemerkungen am

Schluß dieses Buches zurück. Wir können hier jedoch auch das sog. *Rundreiseproblem* nicht übergehen, das gleichfalls mit den kantenmäßig bewerteten Graphen zusammenhängt. Ein Geschäftsreisender soll durch eine Reihe auf der Landkarte bestimmter Städte fahren und dann in die Stadt zurückkehren, von der er aufgebrochen war. Dabei sollen die Reisekosten so niedrig wie möglich

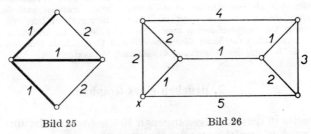

Bild 25　　　　　　　Bild 26

liegen. Die Städte, die der Reisende zu besuchen hat, können wir uns als Knoten eines bestimmten Graphen vorstellen. Kanten lassen wir zwischen denjenigen Städtepaaren zu, zwischen denen eine direkte Zug-, Autobus-, Flug- oder andere Verbindung besteht. Die Kanten werden hier dadurch bewertet, daß wir ihnen den Fahrpreis zuordnen (gegebenenfalls zusammen mit weiteren Ausgaben). Man sieht leicht ein, daß der Reisende manchmal seine Strecke so wählen kann, daß er gerade einmal in jede Stadt kommt; in anderen Fällen muß er auf der Reise nochmals in eine Stadt fahren, in der er schon gewesen ist, damit die Bedingung minimaler Auslagen erfüllt wird.
Zum Abschluß dieses Kapitels sei noch bemerkt, daß man zuweilen auch *knotenmäßig bewertete Graphen* betrachtet. In diesem Falle ist offenbar jedem Knoten eines Graphen eine bestimmte Zahl zugeordnet, die z. B. die Einwohnerzahl einer Stadt oder die Zahl der Eisenbahnwagen bedeuten kann, die an einem Tage eine Eisenbahnstation maximal durchlaufen können.

Übungen

II. 8.1. Der Geschäftsreisende (aus der Stadt x) soll durch sechs Städte fahren, die in Bild 26 als Knoten des Graphen dargestellt sind. Die

Kantenwerte sind hier die mit der Reise zwischen zwei Städten verbundenen Auslagen. Man suche die Strecke aus, für welche die Auslagen des Reisenden am niedrigsten liegen.

II. 8.2. Man numeriere die Kanten eines Würfels mit den Zahlen 1, 2, 3, ..., 11, 12 so, daß jeweils verschiedene Kanten mit verschiedenen Zahlen bezeichnet sind und daß die Summe von vier Zahlen auf den Kanten jeder Fläche konstant ist.

II. 8.3. In der Ebene ist ein regelmäßiges Sechseck gegeben. Seine Ecken wollen wir als die Knoten eines vollständigen Graphen ansehen; die Kanten dieses Graphen seien mit Zahlen bewertet, welche die Entfernung der entsprechenden zwei Ecken des Sechsecks bedeuten. Man suche von allen Gerüsten dieses bewerteten Graphen dasjenige aus, in dem die Summe der Bewertung a) minimal; b) maximal ist.

9. Brücken eines Graphen

Bereits in den vorangegangenen Betrachtungen ist uns klar geworden, welche große Bedeutung in einem gegebenen Graphen die Kreise haben. In diesem Abschnitt werden wir diejenigen Kanten eines Graphen betrachten, die zu keinem seiner Kreise gehören. Solche Kanten heißen *Brücken* des Graphen $\mathscr{G}$. Ist z. B. der betrachtete Graph ein Baum mit wenigstens zwei Knoten, so ist jede seiner Kanten eine Brücke. Ein anderes Beispiel sehen wir in Bild 27. Hier wird ein zusammenhängender Graph dargestellt, der kein Baum ist; seine Kante xy ist in keinem Kreis enthalten und stellt also eine Brücke dieses Graphen dar.

Satz 14. $\mathscr{G} = [U, K]$ *sei ein zusammenhängender Graph und xy sei eine Brücke des Graphen $\mathscr{G}$. Wir betrachten denjenigen Teilgraphen $\mathscr{G}_1 = [U, K_1]$ des Graphen $\mathscr{G}$, der aus dem Graphen $\mathscr{G}$ durch Entfernung der Kante xy entsteht. Dann ist der Graph $\mathscr{G}_1$ nicht zusammenhängend.*

Beweis. Wir nehmen an, der Graph $\mathscr{G}_1$ sei zusammenhängend, und werden sehen, daß sich daraus ein Widerspruch ergibt. Zunächst betrachten wir in $\mathscr{G}_1$ einen Weg **W** zwischen den Knoten x und y. Dann existiert in $\mathscr{G}$ gleichfalls der Weg **W** zwischen x und y; die Knoten und Kanten dieses Weges bilden im Graphen $\mathscr{G}$ zusammen mit der Kante xy einen Kreis des Graphen. Dies ist jedoch nicht möglich;

denn wir haben angenommen, daß xy eine Brücke des Graphen $\mathscr{G}$ ist. Der Graph $\mathscr{G}_1$ ist also nicht zusammenhängend. Damit ist der Beweis des Satzes geliefert.
Die Behauptung des Satzes 14 können wir noch in deutlicherer Form aussprechen. Es läßt sich nämlich leicht beweisen, daß der Graph $\mathscr{G}_1$ gerade zwei Komponenten hat.

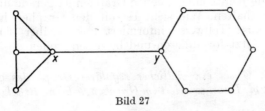

Bild 27

Den Beweis dieser sehr anschaulichen Tatsache überlassen wir dem Leser als eine leichte Übung. Wir werden hier gleichfalls nicht nachweisen, daß die Knoten x und y, von denen in Satz 14 die Rede ist, jeder in einer anderen Komponente des neu entstandenen Graphen $\mathscr{G}_1$ liegen. Wir sehen von einem detaillierten Beweis nicht deshalb ab, weil es schwierig wäre, ihn zu führen, sondern weil es sich hier um sehr anschauliche Dinge handelt. Wir wollen jedoch noch weitere Eigenschaften der Brücken in dem gegebenen Graphen anführen.

Satz 15. *Jedes Gerüst eines endlichen zusammenhängenden Graphen enthält alle Brücken des Graphen.*

Beweis. Wir werden die Behauptung indirekt beweisen. Wir wollen annehmen, daß in dem endlichen zusammenhängenden Graphen $\mathscr{G}$ eine Brücke xy existiert und daß man in dem Graphen $\mathscr{G}$ ein Gerüst $\mathscr{K}$ bilden kann, zu dem die Kante xy nicht gehört. Aus dem Graphen $\mathscr{G}$ entfernen wir die Brücke xy; nach dem vorstehenden Satz wissen wir, daß dadurch ein Graph $\mathscr{G}_1$ entsteht, der nicht zusammenhängend ist. Andererseits ist $\mathscr{K}$ ein Teilgraph von $\mathscr{G}_1$; nach der Übung 4.1 auf Seite 41 ergibt sich aus dem Zusammenhang des Graphen $\mathscr{K}$ auch der Zusammenhang des Graphen $\mathscr{G}_1$. Dies ist ein Widerspruch, und damit ist der Satz bewiesen.
Es erhebt sich natürlich die Frage, ob endliche reguläre

Graphen existieren, die Brücken besitzen. Wenn wir von
dem ganz trivialen Fall eines Graphen nullten Grades
absehen, erkennen wir, daß auch bei den Graphen ersten
und zweiten Grades die Antwort einfach ist. Bei den
Graphen ersten Grades ist jede Kante eine Brücke, während
bei den Graphen zweiten Grades keine Brücke existiert,
denn jede Kante eines solchen Graphen ist gerade in einem
Kreis enthalten. Wie sieht es mit den Graphen höheren
Grades aus? Teilweise informiert uns darüber der Satz,
den wir jetzt formulieren und beweisen wollen.

Satz 16. *$\mathcal{G}$ sei ein endlicher regulärer Graph des geraden
Grades $2m$. Dann existiert im Graphen $\mathcal{G}$ keine Brücke.*

Beweis. Wir werden wiederum indirekt vorgehen und
nehmen an, daß in einem endlichen regulären Graphen $\mathcal{G}$,
der $2m$-ten Grades ist, eine Brücke xy existiert. Wir wollen
die Komponente, in der die Kante xy liegt, mit $\mathcal{G}_0$ bezeichnen
und aus $\mathcal{G}_0$ die Kante xy entfernen. Der Graph $\mathcal{G}_1$, der nach
dieser Modifizierung aus der Komponente $\mathcal{G}_0$ entsteht, ist
nicht zusammenhängend, wobei die Knoten x und y jeder
in einer anderen Komponente des neu entstandenen
Graphen $\mathcal{G}_1$ liegen. Betrachten wir nunmehr die Grade der
einzelnen Knoten in $\mathcal{G}_1$. Jeder von den Knoten x und y hat
den Grad $2m - 1$, während die anderen Knoten aus $\mathcal{G}_1$
den Grad $2m$ haben. Die Komponente des Graphen $\mathcal{G}_1$, die
zum Knoten x gehört, hat also einen Knoten ungeraden
Grades, und ihre anderen Knoten sind geraden Grades. Das
ist jedoch ein Widerspruch zu Satz 2. Damit ist der Beweis
des Satzes erbracht.

Der Satz, den wir eben behandelt haben, beantwortet
unsere Frage für den Fall eines endlichen regulären Graphen
geraden Grades. Für den Fall ungeraden Grades begnügen
wir uns hier mit der Feststellung, daß man einen endlichen
regulären Graphen ungeraden Grades bilden kann, der
Brücken enthält. In Bild 28 zeigen wir einen Graphen
dritten Grades mit einer Brücke und in Bild 29 einen
Graphen fünften Grades mit einer Brücke.
Wir wollen noch bemerken, daß manche Autoren eine
Brücke anders als wir definieren. So versteht beispiels-

weise *D. König* in seinem Lehrbuch [15] unter einer Brücke eines Graphen im wesentlichen dasselbe wie wir, betrachtet aber die Kante, die mit dem Knoten 1. Grades inzidiert, nicht als Brücke. Dies befindet sich übrigens in Übereinstimmung mit der Gesamtkonzeption von *König*,

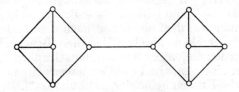

Bild 28

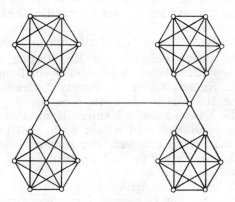

Bild 29

denn dieser Autor läßt — wie wir bereits wissen — keine isolierten Knoten zu; wenn wir jedoch die Kante der betrachteten Art beseitigen, entsteht eine Komponente mit einem einzigen isolierten Knoten.

Übungen

II. 9.1. Man entscheide, ob in einem unendlichen regulären Graphen geraden Grades Brücken existieren können.

II. 9.2. Zu jeder geraden Zahl $n \geq 10$ existiert ein regulärer Graph 3. Grades mit mindestens einer Brücke, der n Knoten hat. Man beweise dies.

10. Artikulationen

Wir haben bereits gesehen, welche Rolle die Brücken beim Studium des Zusammenhanges eines gegebenen Graphen spielen. Anschaulich können wir dies folgendermaßen ausdrücken: Wenn ein gegebener zusammenhängender Graph eine Brücke hat, dann teilt ihn diese Brücke so in zwei Teile ein, daß man von dem einen Teil nach dem anderen nicht anders gelangen kann als eben über diese Brücke. In diesem Absatz werden diejenigen Knoten eines Graphen betrachtet, die in ihm eine ähnliche Funktion haben wie die Brücken. Jeder solche Knoten heißt eine Artikulation*).

Sie ist folgendermaßen definiert: Es seien ein Graph $\mathscr{G}$ und in ihm ein Knoten x gegeben. Nehmen wir an, daß in $\mathscr{G}$ zwei Kanten xy_1 und xy_2 existieren, die nicht beide zu ein und demselben Kreis des Graphen $\mathscr{G}$ gehören. Dann sagen wir, der Knoten x sei eine *Artikulation* des Graphen $\mathscr{G}$.

Wir wollen einige Beispiele zur Erläuterung des neuen Begriffes anführen. Wenn der Graph $\mathscr{G}$ ein Baum ist und in ihm ein Knoten x von mindestens 2. Grade existiert, dann ist x eine Artikulation des Graphen $\mathscr{G}$; wir haben nämlich die Existenz zweier Kanten, die mit dem Knoten x inzidieren, garantiert, und wissen auch, daß in unserem Graphen kein Kreis existiert. Ein anderes Beispiel einer Artikulation sehen wir in Bild 30, in dem der Knoten a eine Artikulation ist.

Um die Bedeutung der Artikulationen für einen gegebenen Graphen untersuchen zu können, formulieren und beweisen wir zunächst einen Hilfssatz.

Satz 17. *In einem Graphen $\mathscr{G}$ seien drei Kanten $x_1 x_2$, $y_1 y_2$, $z_1 z_2$ gegeben, und es existiere einmal ein Kreis O_1, auf dem die Kanten $x_1 x_2$ und $y_1 y_2$ liegen, zum anderen ein Kreis O_2, auf dem die Kanten $y_1 y_2$ und $z_1 z_2$ liegen. Dann existiert in dem gegebenen Graphen $\mathscr{G}$ gleichfalls ein Kreis O_3, auf dem die Kanten $x_1 x_2$ und $z_1 z_2$ liegen.*

Beweis. Zunächst setzen wir $O_1 = [U_1, K_1]$ und $O_2 = [U_2, K_2]$ und bilden den Durchschnitt $U_1 \cap U_2$, der nach den Voraus-

---

*) Aus dem lateinischen articulus = Gelenk, Biegung.

setzungen unseres Satzes wenigstens zwei Elemente hat. Zwischen jeweils zwei Elementen v und w dieses Durchschnittes wollen wir auf dem Kreis $\mathcal{O}_1$ den Weg bilden, der die Kante x_1x_2 enthält. Nun suchen wir im Durchschnitt $U_1 \cap U_2$ dasjenige Paar verschiedener Knoten v_0 und w_0, für das der erwähnte Weg die geringste Länge hat. Diesen minimalen Weg in $\mathcal{O}_1$ bezeichnen wir mit $\mathbf{W}_1$, und wir bilden in $\mathcal{O}_2$ noch den Weg $\mathbf{W}_2$ zwischen v_0 und w_0, der die Kante z_1z_2 enthält. Man sieht ohne Schwierigkeit ein, daß die Wege $\mathbf{W}_1$ und $\mathbf{W}_2$ in dem gegebenen Graphen $\mathcal{G}$ nur die Knoten v_0 und w_0 gemeinsam haben. Nun haben wir nur noch den Teilgraphen $\mathcal{O}_3$ zu bilden; seine Knotenmenge stellen diejenigen Knoten dar, die entweder auf $\mathbf{W}_1$ oder auf $\mathbf{W}_2$ liegen, und die Kantenmenge bilden die Kanten, die entweder auf $\mathbf{W}_1$ oder auf $\mathbf{W}_2$ liegen. Man sieht, daß $\mathcal{O}_3$ ein Kreis des Graphen $\mathcal{G}$ ist, der gleichzeitig die Kanten x_1x_2 und z_1z_2 enthält. Damit ist der Beweis unseres Satzes erbracht.

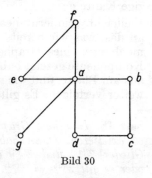

Bild 30

Wir wollen jetzt einen Begriff definieren, bei dem sich die Bedeutung des Hilfssatzes zeigt, den wir soeben bewiesen haben. Zunächst machen wir uns hier mit einem Teilgraphen des gegebenen Graphen bekannt, der als Glied des Graphen bezeichnet wird. Wir beschreiben nur die Kanten dieses Teilgraphen. Der Teilgraph enthält weiterhin gerade diejenigen Knoten des gegebenen Graphen, mit denen die genannten Kanten inzidieren. Wir nehmen an, daß ein Graph $\mathcal{G}$ gegeben ist, der eine Kante ab enthält, und definieren das zur Kante ab gehörige *Glied* wie folgt: Wenn ab eine Brücke des Graphen $\mathcal{G}$ ist, dann hat das Glied $\mathcal{G}^{(ab)}$ die einzige Kante ab. Wenn ab keine Brücke ist, dann konstruieren wir $\mathcal{G}^{(ab)}$ so, daß wir in $\mathcal{G}$ alle die Kreise bilden, die die Kante ab enthalten, und fassen alle Kanten dieser Kreise zum Teilgraphen $\mathcal{G}^{(ab)}$ zusammen.

Wir wollen den Begriff wiederum näher erläutern und kehren zu diesem Zweck noch einmal zu Bild 30 zurück.

In ihm betrachten wir das zur Kante *ab* gehörige Glied. Dies ist offenbar ein Kreis von der Länge 4, der in unserem Bild die Knoten *a, b, c, d* hat. Wir wollen noch das zur Kante *ef* sowie weiterhin das zur Kante *ag* gehörige Glied bilden. Im ersten Falle erhalten wir einen Kreis mit den Knoten *a, e, f*, im zweiten Falle hat das Glied nur die einzige Kante *ag*.

Vielleicht erinnern diese Betrachtungen manchen Leser an das, was wir bereits bei der Untersuchung des Zusammenhangs eines Graphen und bei der Definition einer Komponente gezeigt haben. Dieser Vergleich ist hier durchaus am Platze, und wir werden die entsprechende Analogie weiter verfolgen. Es gilt nämlich folgender Satz:

Satz 18. *In einem Graphen $\mathscr{G}$ mögen zwei Kanten ab und cd existieren. Dann haben die diesen Kanten zugehörigen Glieder $\mathscr{G}^{(ab)}$ und $\mathscr{G}^{(cd)}$ entweder keine gemeinsame Kante, oder es gilt $\mathscr{G}^{(ab)} = \mathscr{G}^{(cd)}$.*

Beweis. Wenn die Glieder $\mathscr{G}^{(ab)}$ und $\mathscr{G}^{(cd)}$ keine gemeinsame Kante haben, dann sind wir mit dem Beweis fertig. Wir wollen also voraussetzen, daß in dem Graphen $\mathscr{G}$ eine Kante *xy* existiert, die gleichzeitig beiden betrachteten Gliedern angehört. Es existiert also in $\mathscr{G}$ ein Kreis $\mathcal{O}_1$, welcher die Kanten *ab* und *xy* umfaßt, und es existiert hier auch ein Kreis $\mathcal{O}_2$, welcher *xy* und zugleich *cd* umfaßt. Aus der Existenz der Kreise $\mathcal{O}_1$ und $\mathcal{O}_2$ folgt nach Satz 17, daß man in unserem Graphen einen Kreis $\mathcal{O}_3$ finden kann, auf dem gleichzeitig die Kanten *ab* und *cd* liegen. Daraus ist ersichtlich, daß *ab* zu $\mathscr{G}^{(cd)}$ und *cd* zu $\mathscr{G}^{(ab)}$ gehört. Wir erkennen jedoch auch leicht, daß $\mathscr{G}^{(ab)} = \mathscr{G}^{(cd)}$ gilt. Wenn wir nämlich in $\mathscr{G}^{(ab)}$ eine beliebige Kante *vw* wählen, dann können wir einen Kreis $\mathcal{O}_4$ bilden, auf dem gleichzeitig *ab* und *vw* liegen. Nach Satz 17 folgt aus der Existenz der Kreise $\mathcal{O}_3$ und $\mathcal{O}_4$ die Existenz des Kreises $\mathcal{O}_5$, auf dem *cd* und zugleich *vw* liegen. Daraus ist zu ersehen, daß die gewählte Kante *vw* auch zu $\mathscr{G}^{(cd)}$ gehört. In ähnlicher Weise sehen wir ein, daß jede Kante des Gliedes $\mathscr{G}^{(cd)}$ auch zu dem Glied $\mathscr{G}^{(ab)}$ gehört. Damit ist der Beweis des Satzes erbracht.

Hier besteht allerdings ein Unterschied im Vergleich zu dem, was wir beim Studium der Komponenten eines gegebenen Graphen festgestellt haben. Zwei Glieder des Graphen, die keine gemeinsame Kante haben, müssen nicht disjunkt sein. Es kann nämlich in dem gegebenen Graphen ein Knoten existieren, der beiden Gliedern des betrachteten Graphen gemeinsam ist. Wir haben dies übrigens schon in Bild 30 gesehen, wo die Artikulation a allen drei Gliedern des Graphen angehört.

Satz 19. *Ein Knoten x ist genau dann eine Artikulation eines Graphen $\mathscr{G}$, wenn mit ihm zwei Kanten xy_1 und xy_2 inzidieren, wobei jede von ihnen zu einem anderen Glied des Graphen gehört.*

Beweis. Wenn xy_1 und xy_2 zu verschiedenenen Gliedern von $\mathscr{G}$ gehören, dann existiert kein Kreis, der diese beiden Kanten gleichzeitig enthält; x ist also eine Artikulation. Wenn umgekehrt x eine Artikulation des Graphen $\mathscr{G}$ ist, dann kann man in $\mathscr{G}$ Kanten xy_1 und xy_2 finden, die nicht gleichzeitig demselben Kreis des Graphen $\mathscr{G}$ angehören. Das der Kante xy_1 zugehörige Glied enthält also nicht die Kante xy_2; damit ist der Beweis geliefert.

Übungen

II. 10.1. Wenn ein zusammenhängender Graph $\mathscr{G} = [U, K]$, in dem $|U| \geq 3$ ist, eine Brücke enthält, dann enthält $\mathscr{G}$ wenigstens eine Artikulation. Man beweise das!

II. 10.2. Wenn ein endlicher regulärer Graph dritten Grades eine Brücke enthält, dann enthält er auch eine Artikulation. Man beweise das!

II. 10.3. Man bilde ein Beispiel für einen regulären Graphen vierten Grades mit einer Artikulation.

II. 10.4. Es sei $\mathscr{G}$ ein endlicher zusammenhängender Graph und x ein Knoten. Es existiert genau dann in $\mathscr{G}$ ein Gerüst, in welchem x ein Knoten ersten Grades ist, wenn x keine Artikulation in $\mathscr{G}$ ist. Man beweise das!

II. 10.5. Enthält ein Graph mit $2n + 1$ Knoten keinen Kreis gerader Länge, dann hat er höchstens $3n$ Kanten. Enthält ein Graph mit $2n$ Knoten keinen Kreis gerader Länge, dann hat er höchstens $3n - 2$ Kanten. Man beweise das!*)

---

*) Nach *P. Erdös*, Canadian Math. Bulletin, 1958, 112.

11. Knoten- und Kantenzusammenhangszahl

Wir haben bereits gesehen, daß die Artikulationen und die Brücken eines Graphen für das Studium des Zusammenhanges des Graphen eine besondere Bedeutung haben. Grob gesagt, bei Entfernung der Artikulation oder der Brücke aus einem zusammenhängenden Graphen wird der Zusammenhang dieses Graphen geändert. Es ist offensichtlich, daß statt einer Artikulation oder einer Brücke einfach eine beliebige Menge von Knoten oder Kanten betrachtet werden kann, nach deren Entfernung der Zusammenhang des Graphen gestört wird. Mit einer solchen Verallgemeinerung werden wir uns in diesem Abschnitt beschäftigen.

Wir wollen annehmen, daß ein endlicher zusammenhängender Graph $\mathscr{G} = [U, K]$ und in ihm zwei Knoten x und y gegeben seien. Wir nehmen weiter an, daß eine nicht-leere Menge $A \subseteq U$ existiert, zu der keiner von den Knoten x, y gehört und daß jede Verbindung zwischen den Knoten x und y wenigstens einen Knoten aus der Menge A enthält. Wenn im Graphen $\mathscr{G}$ eine solche Menge A existiert, dann sagen wir, A sei ein *Knotenschnitt* des Graphen $\mathscr{G}$ zwischen den Knoten x und y. Anschaulich könnten wir die Bedeutung des Knotenschnittes auch so ausdrücken, daß der Zusammenhang des Graphen $\mathscr{G}$ dadurch gestört wird, daß wir aus $\mathscr{G}$ alle Knoten der Menge A entfernen sowie alle Kanten, die mit diesen Knoten inzident sind.

Wenn zwischen den Knoten x und y eines zusammenhängenden Graphen $\mathscr{G}$ ein Knotenschnitt existiert, dann wählen wir denjenigen Schnitt aus, der die kleinste Zahl von Elementen hat, und bezeichnen ihn mit A_{min}. Die Zahl $|A_{min}|$ heißt *Knotenzusammenhangszahl zwischen den Knoten x und y* und wird mit $u(x, y)$ bezeichnet.

Wann ist es nicht möglich, zwischen den zwei Knoten x und y eines endlichen zusammenhängenden Graphen $\mathscr{G} = [U, K]$ einen Knotenschnitt zu finden? Dies ist offenbar genau dann der Fall, wenn die Knoten x, y beide mit derselben Kante des Graphen $\mathscr{G}$ inzidieren. Auch in diesem Falle werden wir jedoch von der Knotenzusammenhangszahl zwischen x und y sprechen und $u(x, y) = |U| - 1$ setzen*).

Auf diese Weise wird also die Knotenzusammenhangszahl zwischen zwei beliebigen Knoten des endlichen zusammenhängenden Graphen $\mathscr{G}$ definiert. Wir wollen nun in $\mathscr{G}$ zwei Knoten x_0 und y_0 aussuchen, für die die Zahl $u(x_0, y_0)$ minimal ist; diese minimale Zahl nennen wir die *Knotenzusammenhangszahl des Graphen $\mathscr{G}$*.

Beispiel 13. In Bild 31 sehen wir einen Graphen mit den fünf Knoten a, b, c, d, e. Wir wollen die Knotenzusammenhangszahl zwischen jeweils zwei Knoten bestimmen. Einen Überblick gibt uns hier am besten eine quadratische Tafel, die in unserem Falle 25 Felder hat. Die Felder,

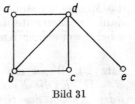

Bild 31

die in einer Diagonale dieses Quadrates liegen, sind mit einem Strich versehen, während in den anderen Feldern natürliche Zahlen stehen, die immer die Knotenzusammenhangszahl zwischen dem entsprechenden Knotenpaar bedeuten. Wir haben also folgende Tafel:

	a	b	c	d	e
a	–	4	2	4	1
b	4	–	4	4	1
c	2	4	–	4	1
d	4	4	4	–	4
e	1	1	1	4	–

---

*) Weshalb wir die Knotenzusammenhangszahl für diesen Fall gerade auf solche Weise definieren, wird der Leser beim Studium der weiteren Sätze und der Übungen einsehen. Die Definition wurde nämlich so gewählt, daß sich dann die Eigenschaften dieses Begriffes übersichtlich beschreiben lassen.

Man sieht, daß unsere Tafel zu der von der linken oberen zur rechten unteren Ecke führenden Diagonale symmetrisch ist. Diese Symmetrie folgt übrigens ganz allgemein aus der Beziehung $u(x, y) = u(y, x)$, die in jedem zusammenhängenden Graphen für jeweils zwei seiner Knoten erfüllt ist. Wir können auch leicht aus der Tafel ersehen, daß die Knotenzusammenhangszahl unseres Graphen 1 ist. Wir wollen beachten, daß unser Graph die Artikulation d hat; die Menge $\{d\}$ stellt den Knotenschnitt mit der kleinsten Zahl der Elemente dar, die man in unserem Graphen zwischen zwei seiner Knoten bilden kann.

Satz 20. *Wenn ein endlicher zusammenhängender Graph $\mathscr{G} = [U, K]$ die Knotenzusammenhangszahl u hat, dann hat jeder Knoten des Graphen $\mathscr{G}$ einen Grad, der wenigstens gleich der Zahl u ist.*

Beweis. Wir wählen im Graphen $\mathscr{G}$ einen beliebigen Knoten x aus und bezeichnen mit $xy_1, xy_2, xy_3, \ldots, xy_k$ alle Kanten des Graphen $\mathscr{G}$, die mit dem Knoten x inzidieren. Wir setzen $A = \{y_1, y_2, y_3, \ldots, y_k\}$. Wenn $U = A \cup \{x\}$ gilt, d. h. wenn der Graph $\mathscr{G}$ außer den Knoten aus der Menge A und dem Knoten x keinen weiteren Knoten hat, dann ist $u(x, y_1) = |U| - 1 = k$ und also $k \geqq u$. Wenn jedoch $U \neq A \cup \{x\}$ ist, dann existiert ein weiterer Knoten z, für den $z \in A \cup \{x\}$ nicht gilt. Die Menge A ist also offensichtlich ein Knotenschnitt zwischen x und z, so daß $k \geqq u(x, z)$ ist. Weiterhin ist jedoch $u(x, z) \geqq u$, so daß insgesamt auch hier $k \geqq u$ gilt. Die Zahl k ist aber der Grad des Knotens x im Graphen $\mathscr{G}$; wir haben also bewiesen, daß dieser Grad stets größer als die Knotenzusammenhangszahl des Graphen $\mathscr{G}$ oder wenigstens ebenso groß wie diese ist.

Nun werden wir den Zusammenhang des Graphen von einem anderen Gesichtspunkt aus untersuchen, der sich uns anbietet, wenn wir den Begriff der Brücke verallgemeinern. Wir werden also die Kantenzusammenhangszahl des endlichen zusammenhängenden Graphen $\mathscr{G} = [U, K]$ definieren. Zunächst wollen wir jedoch den Begriff des Kantenschnittes zwischen zwei Knoten eines Graphen einführen. In dem Graphen $\mathscr{G}$ sei zu zwei Knoten x und y

eine Menge $B \subseteq K$ so gewählt, daß jede Verbindung zwischen den Knoten x und y wenigstens eine Kante aus der Menge B enthält. Eine solche Menge B nennen wir den *Kantenschnitt* zwischen den Knoten x und y. Wir könnten den Kantenschnitt anschaulich dadurch charakterisieren, daß der Zusammenhang zwischen x und y gestört wird, wenn wir aus dem Graphen $\mathscr{G}$ alle Kanten des Schnittes entfernen. Dies zeigt zugleich auch die Beziehung zwischen einem Kantenschnitt und einer Brücke, mit der wir uns schon beschäftigt haben.

Wir sehen, daß zwischen je zwei Knoten eines Graphen stets ein Kantenschnitt existiert. Einen dieser trivialen Kantenschnitte bildet z. B. die Menge K selbst. Uns wird allerdings wiederum ein solcher Kantenschnitt zwischen den Knoten x und y interessieren, der von allen möglichen Kantenschnitten die kleinste Zahl von Elementen hat. Einen solchen Kantenschnitt wollen wir mit B_{min} bezeichnen und die Zahl $|B_{min}|$ die *Kantenzusammenhangszahl zwischen den Knoten x und y* nennen; wir bezeichnen sie kurz mit $k(x, y)$.

Man sieht, daß auf diese Weise zwischen jeweils zwei Knoten eines endlichen zusammenhängenden Graphen eine Kantenzusammenhangszahl definiert worden ist. Wir können in dem gegebenen Graphen wiederum zwei Knoten x_1 und y_1 aussuchen, für welche die Zahl $k(x_1, y_1)$ minimal ist. Diese kleinste Zahl nennen wir (ähnlich wie in unseren vorangegangenen Betrachtungen) *die Kantenzusammenhangszahl des Graphen $\mathscr{G}$*.

Beispiel 14. Wir wollen zum Bild 31 zurückkehren, das wir im Beispiel 13 unter dem Gesichtspunkt des Knotenzusammenhanges studiert haben. Wir wollen hier die Kantenzusammenhangszahl zwischen jeweils zwei Knoten des gegebenen Graphen bestimmen.

Auch in diesem Falle dient uns zur übersichtlichen Schreibweise eine quadratische Tafel mit 25 Feldern, in der wir die in der Diagonale zwischen der linken oberen und der rechten unteren Ecke liegenden Felder mit einem Strich kennzeichnen. In den anderen Feldern stehen natürliche Zahlen, die die Kantenzusammenhangszahl für das entsprechende Knotenpaar angeben. Unsere Tafel hat die Form:

	a	b	c	d	e
a	—	2	2	2	1
b	2	—	2	3	1
c	2	2	—	2	1
d	2	3	2	—	1
e	2	1	1	1	—

Diese Tafel ist wiederum symmetrisch zu der aus den gestrichenen Feldern zusammengesetzten Diagonale, denn für jeweils zwei Knoten x und y gilt $k(x, y) = k(y, x)$, was allerdings ganz allgemein in jedem endlichen zusammenhängenden Graphen erfüllt ist. Die Tafel belehrt uns auch darüber, daß unser Graph die Kantenzusammenhangszahl 1 hat. Es besteht in ihm nämlich eine Brücke de. Der Umstand, daß die Knotenzusammenhangszahl des betrachteten Graphen gleich der Kantenzusammenhangszahl ist, ist allerdings nur zufälliger Natur. In Bild 32 sehen wir einen Graphen mit fünf Knoten, dessen Knotenzusammenhangszahl 1 ist (es existiert hier eine Artikulation), während die Kantenzusammenhangszahl 2 ist.

Bild 32

Beide Begriffe können auf einen Graphen ausgedehnt werden, der nicht zusammenhängend ist. In einem solchen Graphen existieren immer zwei Knoten, zwischen denen keine Verbindung besteht. Es ist hier also nicht erforderlich, Kanten oder Knoten zu beseitigen, um den Zusammenhang zu stören. Wir setzen die Knoten- und die Kantenzusammenhangszahl für jeden derartigen Graphen gleich der Zahl 0. Formal können wir $u(x, y)$ und $k(x, y)$ auch für den Fall definieren, daß die Knoten x und y zusammenfallen. In einem solchen Falle existiert immer eine Verbindung (von der Länge 0) zwischen x und y, wie auch immer wir Kantenmengen oder Knotenmengen aus dem Graphen entfernen. Formal können wir also für jeden Knoten $u(x, x) = \infty$, $k(x, x) = \infty$ setzen.

Wir könnten noch einige Sätze über Kantenschnitte und Kantenzusammenhangszahlen ableiten, verweisen jedoch den Leser auf die Spezialliteratur zur Graphentheorie. Auf einige Eigenschaften kommen wir allerdings in den Übungen zu diesem Abschnitt noch zurück.

Wir möchten bemerken, daß sich eine Reihe von Autoren mit einer eingehenden Analyse des Zusammenhangsbegriffes beschäftigt haben. So stellte beispielsweise *A. Sainte-Laguë* im Jahre 1926 in seiner Arbeit [23] Betrachtungen über die Kantenzusammenhangszahl an, für die er die Bezeichnung *puissance* verwandte. Zur gleichen Zeit gelangte *K. Menger* zu bedeutenden Ergebnissen, und um das Jahr 1932 untersuchte *H. Whitney* den Zusammenhang der Graphen.

Übungen

II. 11.1. Man gebe ein Beispiel für einen zusammenhängenden Graphen an, in dem nach Beseitigung einer beliebigen Kante sowohl die Kanten- als auch die Knotenzusammenhangszahl des gesamten Graphen vermindert wird.

II. 11.2. Man gebe ein Beispiel für einen Graphen mit fünf Knoten an, in dem nach Entfernung einer beliebigen Kante die Kantenzusammenhangszahl des gesamten Graphen vermindert wird, die Knotenzusammenhangszahl aber erhalten bleibt.

II. 11.3. Es ist ein endlicher vollständiger Graph mit n Knoten gegeben. Man bestimme
a) die Knotenzusammenhangszahl;
b) die Kantenzusammenhangszahl.

II. 11.4. Man gebe ein Beispiel für einen endlichen regulären Graphen dritten Grades an, dessen Knoten- bzw. Kantenzusammenhangszahl
a) 1; b) 2 ist.

II. 11.5. Man entscheide, ob ein endlicher regulärer Graph vierten Grades die Kantenzusammenhangszahl 1 haben kann.

12. Eulersche Graphen

In der Unterhaltungsmathematik tritt die Aufgabe auf, ein gegebenes zusammenhängendes Bild in einem Zug zu zeichnen. Dabei darf jede Linie nur einmal gezogen werden.

Schnittpunkte, in denen die Linien sich schneiden, können allerdings mit beliebiger Häufigkeit vorhanden sein. Manche Leser werden sicherlich wissen, daß es schon recht einfache Bilder gibt, die nicht in einem Zug gezeichnet werden können. Es ergibt sich demnach die Aufgabe, eine notwendige und hinreichende Bedingung dafür anzugeben, daß ein Bild in einem Zug gezeichnet werden kann. Diese Bedingung ist in der Mathematik schon längst bekannt. Sie ist mit dem Namen des bekannten Mathematikers *L. Euler* verbunden*).

Euler beschäftigte sich im 18. Jh. mit dem sogenannten Königsberger Brückenproblem, das gerade die Möglichkeit der Zeichnung eines Bildes in einem Zug behandelt**).

Wir können das Problem, ein Bild in einem Zug zu zeichnen, graphentheoretisch aussprechen und formulieren es hier wie folgt: Unter einem *Zug****) in einem endlichen Graphen werden wir eine solche Verbindung verstehen, auf der jede Kante des Graphen höchstens einmal auftritt. Wir sagen also, der endliche Graph $\mathcal{G}$ kann in *einem Zug gebildet werden*, wenn im Graphen eine Verbindung V existiert, auf der jede Kante des Graphen genau einmal auftritt. Dabei kann die Verbindung V entweder in demselben Knoten beginnen und enden, oder der Knoten, in dem V beginnt, ist ein anderer als der, in dem V endet. Im ersten Falle sprechen wir von einem *geschlossenen* Zug, im zweiten von einem *offenen* Zug.

Nun untersuchen wir, welche Bedeutung die Knotengrade bei der Bildung von Graphen in einem Zug haben. Wir werden sehen, daß die sog. *Eulerschen* Graphen hier eine besondere Bedeutung haben. Mit dieser Bezeichnung versehen wir einen endlichen Graphen ohne isolierte Knoten, in dem

---

*) Den Namen *Leonhard Euler* (1707—1783) finden wir fast in allen Bereichen der Mathematik. Euler wurde in der Schweiz geboren, lebte jedoch lange Jahre in Paris, Berlin und vor allem in Petersburg.

**) Das Königsberger Brückenproblem wird in vielen Veröffentlichungen mit unterhaltungsmathematischer Thematik behandelt. Von deutsch geschriebenen Quellen sei hier nur beispielsweise das Buch [24], die Übersetzung des bekannten Werkes des polnischen Mathematikers *H. Steinhaus*, genannt.

***) In der deutschsprachigen Literatur ist auch das Wort *Kantenzug* gebräuchlich.

jeder Knoten geraden Grades ist. Zunächst wollen wir jedoch einen Satz über die Kreise in den Eulerschen Graphen beweisen.

Satz 21. *Jeder Knoten eines Eulerschen Graphen $\mathscr{G}$ ist in wenigstens einem Kreis von $\mathscr{G}$ enthalten.*

Beweis. Wir wollen in $\mathscr{G}$ einen Knoten x und eine Kante xy auswählen, die mit x inzidiert. Die Kante xy kann keine Brücke des Graphen $\mathscr{G}$ sein, denn nach ihrer Entfernung erhielten wir einen nichtzusammenhängenden Graphen, und die Komponente, die z. B. den Knoten x enthält, hätte einen einzigen Knoten ungeraden Grades. Dies steht jedoch im Widerspruch zu Satz 2. Es existiert also ein Kreis, welcher die Kante xy und also auch den Knoten x durchläuft. Der Beweis ist erbracht.
Der Satz, den wir eben bewiesen haben, ist interessant an sich, dient uns aber auch als Hilfssatz beim Beweis einer weiteren Behauptung.

Satz 22. *Die notwendige und hinreichende Bedingung dafür, daß ein endlicher Graph $\mathscr{G}$ ohne isolierte Knoten in einem geschlossenen Zug gebildet werden kann, ist die, daß $\mathscr{G}$ ein zusammenhängender Eulerscher Graph ist.*

Beweis. Wenn man $\mathscr{G}$ in einem einzigen geschlossenen Zug bilden kann, dann ist $\mathscr{G}$ offensichtlich zusammenhängend. In Graphen $\mathscr{G}$ kann kein Knoten v ungeraden Grades existieren, denn beim Ausführen des Zuges kommen wir ebenso oft zu v, wie wir v verlassen. $\mathscr{G}$ ist also ein Eulerscher Graph. Jetzt werden wir den zweiten Teil des Satzes beweisen, daß man nämlich jeden zusammenhängenden Eulerschen Graphen in einem geschlossenen Zug bilden kann. Wir wollen einen beliebigen Knoten w wählen. Nach Satz 21 existiert in unserem Graphen ein Kreis, der den Knoten w enthält. Aus den Knoten und Kanten dieses Kreises können wir leicht einen geschlossenen Zug zusammensetzen, der im Knoten w beginnt und endet.
Von allen Zügen, die im Knoten w beginnen und enden, wollen wir einen solchen auswählen, der die größte Länge hat; wir bezeichnen diesen Zug mit Z_{max}. Wir zeigen, daß Z_{max} schon ein solcher geschlossener Zug ist, dessen

Existenz wir beweisen wollen. Angenommen irgendeine
Kante des Graphen würde nicht zu Z_{max} gehören. Wir
bilden den Teilgraphen $\mathscr{G}_1$ des Graphen $\mathscr{G}$ so, daß zu $\mathscr{G}_1$
alle Kanten von $\mathscr{G}$ gehören, die nicht zu Z_{max} gehören, und
ebenso alle Knoten, die mit diesen Kanten inzidieren. Man
sieht, daß $\mathscr{G}_1$ ein Eulerscher Graph ist. Aus dem Zusammenhang des Graphen $\mathscr{G}$ folgt, daß wenigstens ein Knoten
x existiert, der dem Teilgraphen $\mathscr{G}_1$ und dem Zug Z_{max}
gemeinsam ist. Nach Satz 21 existiert in dem Graphen $\mathscr{G}_1$
ein Kreis $\mathscr{O}$, der den Knoten x durchläuft, und dieser
Kreis gehört demnach zu $\mathscr{G}$. Nun werden wir mit Leichtigkeit einen neuen Zug bilden, der im Knoten w beginnt und
endet und zwar dadurch, daß wir zunächst längs Z_{max} bis
zum Knoten x, dann auf dem Kreis $\mathscr{O}$ erneut bis x und
schließlich den Rest des Zuges längs Z_{max} gehen. Dieser
neue Zug hat jedoch eine größere Länge als der Zug Z_{max},
und das ist ein Widerspruch. Deshalb enthält Z_{max} jede
Kante des Graphen $\mathscr{G}$, und der Satz ist damit bewiesen.
Nun betrachten wir diejenigen Graphen, die man mit
einem offenen Zug bilden kann. Auch diese Graphen kann
man, wie wir im nächsten Satz sehen, einfach und übersichtlich beschreiben.

Satz 23. *Die notwendige und hinreichende Bedingung dafür,
daß ein endlicher Graph $\mathscr{G}$ in einem offenen Zug gebildet
werden kann, ist, daß $\mathscr{G}$ ein zusammenhängender Graph
mit genau zwei Knoten ungeraden Grades ist. Wenn $\mathscr{G}$ genau
zwei solche Knoten hat, dann beginnt der offene Zug in dem
einen von ihnen und endet in dem anderen.*

Beweis. Wenn man $\mathscr{G}$ in einem offenen Zug bilden kann,
der in einem Knoten x beginnt und in einem anderen
Knoten y endet, dann sind die Knoten x und y in $\mathscr{G}$ offenbar ungeraden Grades, und die anderen Knoten sind —
sofern sie existieren — geraden Grades. Auch der Zusammenhang des Graphen $\mathscr{G}$ ist offensichtlich.
Umgekehrt besitze $\mathscr{G}$ genau zwei Knoten von ungeradem
Grade; wir wollen sie mit x und y bezeichnen. Weiter sei $\mathscr{G}$
ein zusammenhängender Graph. Wir wollen einen neuen
Hilfsgraphen $\mathscr{G}_1$ bilden, den wir wie folgt definieren: Wir

führen einen neuen Knoten z ein, der nicht zur Knotenmenge des Graphen $\mathscr{G}$ gehört, und die zwei neuen Kanten xz und zy. Man sieht, daß $\mathscr{G}_1$ ein zusammenhängender Eulerscher Graph ist, wir ihn also nach dem vorstehenden Satze in einem geschlossenen Zug bilden können. Diesen Zug beginnen wir im Knoten z und beenden ihn wieder in z. Es genügt nun, zu dem ursprünglichen Graphen $\mathscr{G}$ dadurch überzugehen, daß wir aus dem geschlossenen Zug den Knoten z sowie beide mit ihm inzidenten Kanten auslassen. So entsteht in $\mathscr{G}$ ein offener Zug der geforderten Eigenschaft; damit ist der Satz bewiesen.
Wir wollen hier noch ohne Beweis und ohne genaue Angaben der Ergebnisse einige ähnliche Fragen erwähnen. *J. B. Listing**) und *E. Lucas***) untersuchten im vorigen Jahrhundert diejenigen endlichen zusammenhängenden Graphen, die man nicht durch einen Zug bilden kann. In diesem Falle interessierten sich beide Autoren für die kleinste Zahl von Zügen, mit denen man einen solchen Graphen bilden kann. Auch in neuerer Zeit sind interessante Arbeiten über die Eulerschen Graphen entstanden. So beschrieb beispielsweise *O. Ore* im Jahre 1951 einen Sonderfall der Eulerschen Graphen. Seine Untersuchungen waren einem Eulerschen Graphen gewidmet, der einen Knoten u mit der Eigenschaft besitzt, daß alle Kreise des Graphen durch den Knoten u laufen. Einigen weiteren Eigenschaften dieser Eulerschen Graphen schenkte im Jahre 1953 auch *F. Bäbler* Beachtung.***)
Zum Schluß sei bemerkt, daß die Frage, ob ein gegebener Graph in einem Zug gebildet werden kann, auch auf die gerichteten Graphen übertragen werden kann.

---

*) Den Namen *J. B. Listing* (1808—1882) finden wir im 19. Jh. mehrmals in Zusammenhang mit Fragen, die zur Entstehung der Topologie beitrugen. Listing, ursprünglich Astronom, wirkte in Göttingen und gab 1847, angeregt durch *C. F. Gauß*, ein Buch mit dem Titel „Vorstudien zur Topologie" heraus.

**) *E. Lucas* (1842—1891) ist der Autor eines Buches über Unterhaltungsmathematik, das in vielen Auflagen erschienen ist. Außerdem wurde sein Name auch im Zusammenhang mit der Zahlentheorie bekannt.

***) Elemente der Mathematik, 1951, S. 49—53; Comm. Math. Helv., 1953, S. 81—100.

Übungen

II. 12.1. In jedem Eulerschen Graphen existiert ein System von Kreisen $\mathscr{K}_1, \mathscr{K}_2, \ldots, \mathscr{K}_s$ von der Art, daß jede Kante unseres Graphen genau in einem Kreis $\mathscr{K}_i$ enthalten ist. Man beweise das!

II. 12.2. Es ist ein vollständiger endlicher Graph $\mathscr{G}$ gegeben, der n Knoten hat. Wenn n eine ungerade Zahl ist, dann kann $\mathscr{G}$ durch einen geschlossenen Zug gebildet werden. Ist n eine gerade Zahl, dann existieren in dem Graphen $n/2$ offene Züge von der Art, daß jede Kante des Graphen $\mathscr{G}$ genau zu einem dieser Züge gehört. Man beweise das!

II. 12.3. Ein zusammenhängender Eulerscher Graph $\mathscr{G}$ habe folgende Eigenschaft: Jeder geschlossene Zug, der im Knoten w beginnt und endet und der alle mit dem Knoten w inzidenten Kanten des Graphen $\mathscr{G}$ enthält, umfaßt bereits alle Kanten des Graphen $\mathscr{G}$. Es gilt dann: Jeder Kreis des Graphen $\mathscr{G}$ läuft durch den Knoten w. Man beweise das!

13. Reguläre Faktoren

Wir haben in den vorangegangenen Betrachtungen festgestellt, daß die Gerüste wichtige Faktoren jedes endlichen zusammenhängenden Graphen sind. Jetzt werden wir Faktoren anderer Art untersuchen.

Es sei ein beliebiger Graph $\mathscr{G}$ gegeben; in ihm existiere ein Faktor $\mathscr{G}_1$. Wenn der Graph $\mathscr{G}_1$ ein regulärer Graph k-ten Grades ist, dann sagen wir, daß $\mathscr{G}_1$ ein *Faktor k-ten Grades* in dem gegebenen Graphen $\mathscr{G}$ ist. Wenn wir nicht ausdrücken wollen, um welchen Grad es sich handelt, sprechen wir mitunter einfach von einem *regulären Faktor* in dem gegebenen Graphen.

Ein Faktor 0. Grades existiert in jedem Graphen; dieser Fall ist daher ohne Interesse. Wenn in dem Graphen $\mathscr{G}$ ein Faktor 1. Grades existiert, dann bezeichnen wir ihn auch als *linearen* Faktor. Die notwendige Bedingung dafür, daß in einem endlichen Graphen $\mathscr{G}$ ein Faktor ungeraden Grades existiert, ist, daß $\mathscr{G}$ eine gerade Zahl von Knoten hat. Diese Behauptung ist die einfache Folgerung des Satzes 6 auf S. 47. Die genannte Bedingung ist allerdings nicht hinreichend. Man konstruiert leicht einen endlichen Graphen mit gerader Knotenzahl, in dem kein Faktor ungeraden Grades existiert. Hier genügt es, als Beispiel einen Stern mit gerader Knotenzahl zu wählen.

Einen Faktor 2. Grades nennen wir auch einen *quadra-*

tischen Faktor. Wenn in einem endlichen Graphen $\mathscr{G}$ ein quadratischer Faktor existiert, dann ist jede Komponente dieses Faktors ein Kreis. Viele Autoren haben die zusammenhängenden quadratischen Faktoren eines gegebenen Graphen studiert. Ein solcher zusammenhängender quadratischer Faktor heißt eine *Hamiltonsche Linie*, denn dieser Begriff hängt eng mit dem Problem zusammen, das *W. R. Hamilton* im Jahre 1859 gelöst hat.*) Die Hamiltonsche Arbeit beschäftigt sich mit einem Spiel, das darin besteht, alle Ecken eines Dodekaeders**) in der Weise

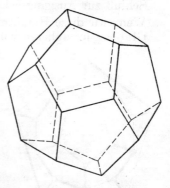

Bild 33

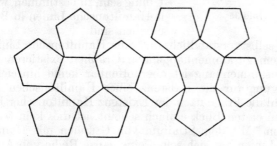

Bild 34

---

*) Der irische Mathematiker *W. R. Hamilton* (1805—1865) ist in der Mathematik besonders durch die Einführung der Quaternionen bekannt, die eine Bedeutung für die Entwicklung der modernen Algebra hatten. Hamilton hat außerdem einen Namen in der theoretischen Physik. Nach ihm ist das bekannte Hamiltonsche Prinzip benannt, ein sehr wichtiges Gesetz, das in der Optik, der klassischen Mechanik usw. eine große Rolle spielt. Es ist interessant, daß viele von den wertvollsten Forschungsergebnissen Hamiltons aus der Zeit stammen, als er erst zwanzig Jahre alt war.

**) Das reguläre Zwölfflach (Dodekaeder) ist einer von den fünf regulären Körpern. Die Oberfläche des Dodekaeders setzt sich aus zwölf regulären Fünfecken zusammen. Die Skizze eines Dodekaeders sehen wir in Bild 33, während Bild 34 seine in die Ebene abgewickelte Oberfläche zeigt.

zu durchlaufen, daß man an den Kanten dieses Körpers entlangfährt, jede Ecke nur einmal berührt und zum Schluß zur Ausgangsecke zurückkehrt.

Wenn wir diese Hamiltonsche Aufgabe in der Sprache der Graphen formulieren würden, lautete sie wie folgt: Es soll in dem Graphen, der in Bild 35 gezeigt ist, eine Hamiltonsche Linie gefunden werden. Die Antwort auf diese Frage ist schon in Bild 35 enthalten, denn dort sind die Kanten einer Hamiltonschen Linie stärker ausgezogen. Es ist allerdings offensichtlich, daß im Graphen in Bild 35 auch andere Hamiltonsche Linien existieren, und es mag für den Leser eine leichte Übung sein, zu bestimmen, wieviele Hamiltonsche Linien in Bild 35 möglich sind.

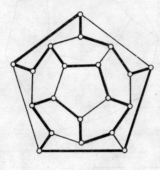

Bild 35

Es ist selbstverständlich, daß eine Hamiltonsche Linie nur in einem zusammenhängenden Graphen existieren kann, der Zusammenhang ist aber offenbar keine hinreichende Bedingung für die Existenz einer Hamiltonschen Linie. Obwohl die Frage nach der Existenz Hamiltonscher Linien auf den ersten Blick einfach scheint, ist dies kein triviales Problem. Mit dem Studium von Graphen mit Hamiltonschen Linien hat sich schon eine ganze Reihe von Autoren beschäftigt. Alle bisher veröffentlichten Arbeiten berücksichtigen jedoch meist nur Spezialgraphen und studieren an ihnen die Existenz der Hamiltonschen Linie. Eine interessante Bedingung hat *G. A. Dirac* gefunden: Für die Existenz einer Hamiltonschen Linie in einem Graphen mit n Knoten ist hinreichend, daß jeder Knotengrad größer als $n/2$ ist.

Wir wollen noch bemerken, daß mit den Hamiltonschen Linien auch die bekannte Aufgabe aus der Unterhaltungsmathematik zusammenhängt, bei der ein Springer das leere Schachbrett so durchlaufen soll, daß er durch jedes Feld gerade einmal hindurchgeht und beim letzten Zug auf das Ausgangsfeld zurückkehrt. Wie lautet diese Aufgabe, die mit dem Namen von *L. Euler* verbunden ist, in der Sprache der Graphen? Die Antwort fällt leicht: Wir ordnen jedem Feld auf dem Schachbrett einen Knoten des Graphen zu und verbinden zwei Knoten genau dann durch eine Kante, wenn nach den Regeln des Schachspiels der Springer einen Zug zwischen den diesen Knoten entsprechenden Feldern machen kann. Wir erhalten so einen Graphen mit 64 Knoten. Wenn wir diesen Graphen allerdings wirklich im Bilde veranschaulichen wollten, wäre das Ergebnis wegen der großen Anzahl von Kanten recht unübersichtlich.

Jetzt zur eigentlichen Frage. Die Aufgabe fordert von uns, in dem so definierten Graphen eine Hamiltonsche Linie zu bilden. Wenn unser Graph auch unübersichtlich ist, so finden wir die Antwort auf die vorgelegte Frage doch ziemlich leicht. Es existieren hier nämlich eine ganze Anzahl der geforderten Hamiltonschen Linien, und eine von ihnen ist aus folgender Tafel ersichtlich:

50	59	48	33	22	31	12	5
41	34	51	58	13	6	23	30
60	49	40	47	32	21	4	11
35	42	57	52	7	14	29	24
56	61	46	39	20	25	10	3
43	36	53	64	15	8	17	28
62	55	38	45	26	19	2	9
37	44	63	54	1	16	27	18

In dieser quadratischen Tafel haben wir von einer Veranschaulichung der Knoten und Kanten des betrachteten Graphen abgesehen. Wir sehen hier ein quadratisches Schachbrett vor uns, dessen Felder mit den Zahlen 1, 2, 3, 4, ..., 64 in derjenigen Reihenfolge bezeichnet sind, in der die Hamiltonsche Linie des betrachteten Graphen verläuft. Es sei gesagt, daß sich schon eine große Anzahl von Mathematikern und Schachspielern mit der Aufgabe über die Züge der Springer beschäftigt hat; besonders im vorigen Jahrhundert wurden in dieser Hinsicht viele interessante Ergebnisse veröffentlicht. Die Zahl der Hamiltonschen Linien in dem Graphen, der unserem Schachbrett entspricht, ist sehr groß, und bis heute wurde nicht genau ermittelt, wieviele von diesen Linien insgesamt existieren. Eine der interessantesten dieser Hamiltonschen Linien ist jedoch offensichtlich diejenige, die 1862 der Schachtheoretiker *Jaenisch* beschrieben hat. Wenn wir uns an die gleichen Grundsätze halten, nach denen die vorangegangene quadratische Tafel aufgestellt wurde, dann kann man das Ergebnis Jaenischs durch folgende Tafel ausdrücken:

50	11	24	63	14	37	26	35
23	62	51	12	25	34	15	38
10	49	64	21	40	13	36	27
61	22	9	52	33	28	39	16
48	7	60	1	20	41	54	29
59	4	45	8	53	32	17	42
6	47	2	57	44	19	30	55
3	58	5	46	31	56	43	18

Die Tafel ist ein magisches Quadrat, denn die Summe der in jeder ihrer Zeilen aufgeführten Zahlen und auch die Summe der in jeder ihrer Spalten aufgeführten Zahlen ist 260. Außerdem gibt die Tafel die Hamiltonsche Linie an, von der jetzt die Rede war, und sie hat noch eine Reihe weiterer interessanter Eigenschaften.*)

Übungen

II. 13.1. In einer Ecke eines quadratischen Schachbrettes mit 64 Feldern steht der Springer. Man entscheide, ob diese Figur das ganze Schachbrett so durchlaufen kann, daß sie in jedem Feld gerade einmal auftritt und in einem Feld endet, das dem Ausgangsfeld gegenüberliegt.

II. 13.2. Man entscheide, ob ein Springer ein quadratisches Schachbrett mit 49 Feldern so durchlaufen kann, daß er jedes Feld gerade einmal berührt und durch den letzten Zug auf das Ausgangsfeld zurückkehrt.

II. 13.3. Man überlege, mit welcher Schachaufgabe folgendes arithmetische Problem zusammenhängt: Man gebe 64 verschiedene Paare ganzer Zahlen $(a_1, b_1), (a_2, b_2), \ldots, (a_{64}, b_{64})$ an, wobei a_k, b_k die Werte 1, 2, 3, ..., 8 annehmen können und wobei wir fordern, daß folgendes gelte:

$$(a_{k+1} - a_k)^2 + (b_{k+1} - b_k)^2 = 5$$

für $k = 1, 2, 3, \ldots, 63$ und

$$(a_{64} - a_1)^2 + (b_{64} - b_1)^2 = 5 \,.$$

II. 13.4. Man zeige, daß ein regulärer Graph dritten Grades, der keine Artikulation hat, keine Hamiltonsche Linie haben muß.

II. 13.5. Wenn ein endlicher Graph eine Brücke enthält, dann existiert in diesem Graphen keine Hamiltonsche Linie. In einem unendlichen Graphen, der eine Brücke enthält, kann jedoch eine Hamiltonsche Linie existieren. Man beweise das!

II. 13.6. Zu jeder natürlichen Zahl m existiert ein endlicher Graph, der gerade m Hamiltonsche Linien enthält. Man beweise das!

14. Zerlegungen regulärer Graphen in reguläre Faktoren

Ende des vorigen Jahrhunderts beschäftigte sich *J. Petersen* mit dem Studium regulärer Graphen und untersuchte vor

---

*) Ausführlicher kann man sich über die Beziehungen zwischen einem magischen Quadrat und der Aufgabe von den Zügen des Springers z. B. in dem Buch von *W. Ahrens* [1] informieren. Auch *A. Sainte-Laguë* verweist in seiner Arbeit [23] auf magische Quadrate im Zusammenhang mit dieser Schachbrettaufgabe. In beiden Quellen finden sich weitere Hinweise auf Literatur.

allem, ob in ihnen reguläre Faktoren existieren. Wir wollen uns ein wenig mit dieser Problematik beschäftigen.

Angenommen, es sei ein regulärer Graph $\mathscr{G}$ gegeben, der k-ten Grades ist, und es existiere in ihm ein Faktor l-ten Grades, den wir mit $\mathscr{G}_1$ bezeichnen; dabei nehmen wir noch an, daß $k > l > 0$ gilt. Wir betrachten nunmehr diejenigen Kanten des Graphen $\mathscr{G}$, die nicht zum Faktor $\mathscr{G}_1$ gehören.

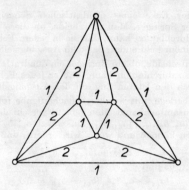

Bild 36

Der Graph $\mathscr{G}_2$ sei derjenige Faktor des Graphen $\mathscr{G}$, der gerade die Kanten enthält, die nicht zu $\mathscr{G}_1$ gehören. Man sieht, daß $\mathscr{G}_2$ gleichfalls ein regulärer Faktor des Graphen $\mathscr{G}$ vom Grad $k - l$ ist. Wir sagen auch, der ursprüngliche Graph $\mathscr{G}$ sei das *Produkt* der Faktoren $\mathscr{G}_1$ und $\mathscr{G}_2$ oder $\mathscr{G}$ könne in die zwei Faktoren $\mathscr{G}_1$ und $\mathscr{G}_2$ *zerlegt werden*.

Beispiel 15. In Bild 36 sehen wir einen regulären Graphen 4. Grades*). Wir sollen diesen in zwei quadratische Faktoren zerlegen.

Wir sehen leicht, daß die Zerlegung nicht eindeutig ist. In Bild 36 sind die Kanten eines der gesuchten quadratischen Faktoren mit der Zahl 1 und die Kanten des zweiten mit der Zahl 2 bezeichnet. Man sieht also, daß in der genannten

---

*) Diesem Graphen sind wir schon in Übung II. 6.4 begegnet; es ist dies ein Graph, der einem regulären Oktaeder entspricht.

Zerlegung der erste Faktor nicht, der zweite Faktor aber
sehr wohl zusammenhängend ist (dieser Faktor ist also eine
Hamiltonsche Linie unseres Graphen). Es sei dem Leser
als Übung überlassen, den Graphen aus Bild 36 in zwei
zusammenhängende quadratische Faktoren zu zerlegen.
Nun ist es kein Zufall, daß sich der reguläre Graph 4.
Grades in zwei quadratische Faktoren zerlegen läßt, wie
wir das in Beispiel 15 gesehen haben. Es läßt sich nämlich
beweisen, daß jeder endliche reguläre Graph 4. Grades
diese Eigenschaft hat.

Satz 24. *Man kann jeden endlichen regulären Graphen 4. Grades in zwei quadratische Faktoren zerlegen.*

Beweis. Wir wählen einen beliebigen endlichen regulären
Graphen $\mathscr{G} = [U, K]$, der vom 4. Grade ist. Offenbar kann
man sich ohne Beschränkung der Allgemeinheit auf zusammenhängende Graphen beschränken. Ist unsere Behauptung nämlich für einen zusammenhängenden Graphen
bewiesen, dann kann man sie auch auf den Fall eines nichtzusammenhängenden Graphen erweitern, wenn die erwähnte
Zerlegung in jeder Komponente des Graphen gesondert
vorgenommen wird.
Ist $\mathscr{G}$ zusammenhängend, so ist $\mathscr{G}$ ein spezieller endlicher
zusammenhängender Eulerscher Graph. Nach Satz 22 kann
man demnach den Graphen $\mathscr{G}$ in einem geschlossenen Zug
bilden. Die Kantenanzahl von $\mathscr{G}$ ist nach Satz 1 $|K| = 2 |U|$,
also gerade. Nun wollen wir die beiden quadratischen Faktoren bilden, von deren Existenz in dem zu beweisenden
Satz gesprochen wird. Dazu wählen wir in dem oben erwähnten Kantenzug eine Kante aus und bezeichnen sie
mit 1. Die folgende Kante erhält die Zahl 2, die nächste
wieder 1, und so wechselt die Numerierung dieses Zuges
regelmäßig. Die Hälfte der Kanten unseres Zuges ist also
mit 1 bezeichnet, die andere Hälfte mit der Zahl 2. Wie
man sieht, haben wir damit die Kanten unseres Graphen
schon in die beiden quadratischen Faktoren eingeteilt.
Damit ist der Beweis des Satzes erbracht.

Die Bezeichnungen, die wir in unseren Betrachtungen
verwenden, erinnern an die Terminologie der Zahlen-

theorie, wo gleichfalls von Zerlegungen, Faktoren, Produkten u. dgl. gesprochen wird. Welcher Begriff aus unseren Betrachtungen entspricht nun in gewissem Sinne dem zahlentheoretischen Begriff der Primzahl? Es ist dies offenbar der Begriff eines regulären Graphen (mindestens 2. Grades), der nicht in zwei reguläre Faktoren zerlegt wer-

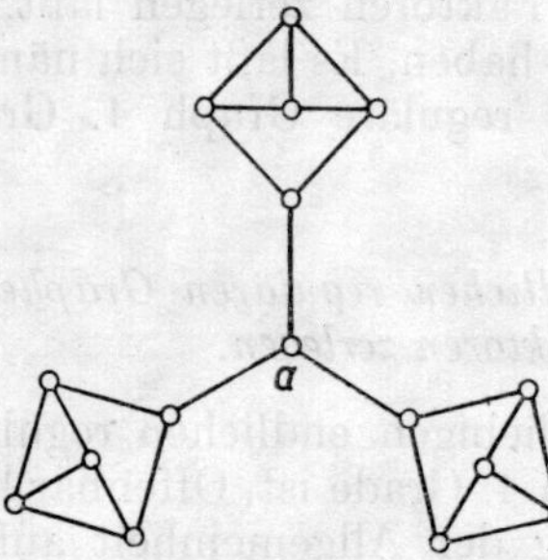

Bild 37 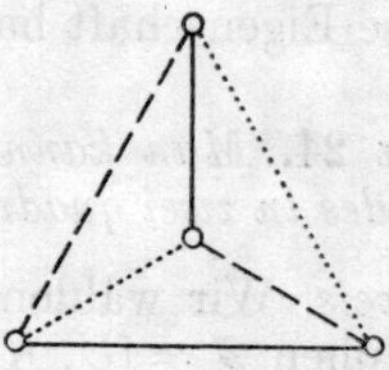 Bild 38

den kann; ein solcher regulärer Graph wird als *primitiv* bezeichnet.

Im Falle eines regulären Graphen 2. Grades ist jeder Kreis von ungerader Länge ein primitiver Graph. Nach Satz 24 wissen wir, daß jeder endliche reguläre Graph 4. Grades nicht primitiv ist. Wir haben jedoch den Fall der regulären Graphen 3. Grades übersprungen. Wie verhält es sich hier mit der Primitivität eines Graphen? Man konstruiert sich leicht einen endlichen regulären Graphen 3. Grades, der primitiv ist. Ein Beispiel für einen solchen Graphen sehen wir in Bild 37, in dem ein Graph mit drei Brücken gezeigt wird. Offenbar sind in dem gegebenen Graphen die Brücken gerade die Kanten, die mit dem Knoten a inzidieren. Wenn dieser Graph nämlich nicht primitiv wäre, so müßte er einen linearen Faktor besitzen, und dem müßte gerade eine der Brücken angehören. Dann würden jedoch die verbleibenden beiden Brücken zu dem quadratischen Faktor des Graphen gehören, und das ist nicht möglich. Der Graph in Bild 37 ist also tatsächlich primitiv.

Wir wollen noch die Zerlegung regulärer Graphen in eine größere Anzahl von Faktoren betrachten. Für einen regulären Graphen $\mathscr{G}$ existiere eine Zerlegung in zwei reguläre Faktoren $\mathscr{G}_1$ und $\mathscr{G}_2$, und für den regulären Graphen $\mathscr{G}_2$ existiere eine weitere Zerlegung in zwei reguläre Faktoren $\mathscr{G}_3$ und $\mathscr{G}_4$. Dann sagen wir kurz, daß für $\mathscr{G}$ eine Zerlegung in die drei regulären Faktoren $\mathscr{G}_1$, $\mathscr{G}_3$ und $\mathscr{G}_4$ existiert. Auf ähnliche Weise wird die Zerlegung eines regulären Graphen in eine größere Anzahl von Faktoren definiert.

Beispiel 16. Ein vollständiger Graph mit vier Knoten ist ein regulärer Graph 3. Grades. Für diesen Graphen existiert eine Zerlegung in drei lineare Faktoren. Das zeigt Bild 38, in dem die Kanten des ersten Faktors voll ausgezogen, die Kanten des zweiten Faktors gestrichelt und diejenigen des dritten Faktors punktiert dargestellt sind.

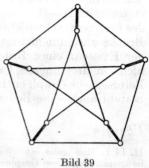

Bild 39

Wir haben uns bereits davon überzeugt, daß unter den endlichen regulären Graphen 3. Grades ein primitiver Graph existiert. Wenn der reguläre Graph 3. Grades nicht primitiv ist, dann können wir uns die weitere Frage vorlegen, ob es möglich ist, diesen Graphen in drei lineare Faktoren zu zerlegen oder nicht. In Beispiel 16 haben wir den ersten Fall kennengelernt, während Bild 28 den zweiten Fall zeigt. In Bild 28 ist ein Graph mit einer Brücke angegeben, den wir leicht in einen linearen und einen quadratischen Faktor zerlegen können. Die Brücke unseres Graphen kann nicht zu dem quadratischen Faktor gehören, so daß bei jeder derartigen Zerlegung unseres Graphen die Brücke in einem linearen Faktor liegt. Der quadratische Faktor ist dann allerdings nicht zusammenhängend, sondern hat zwei Komponenten, und zwar jede mit fünf Knoten. Der Kreis der Länge 5 hat jedoch keinen linearen Faktor, und darum kann der Graph aus Bild 28 nicht in drei lineare Faktoren zerlegt werden.

Wir wollen noch einen Graphen anführen, den *J. Petersen* konstruiert hat; er ist in Bild 39 zu sehen. Es ist dies wiederum ein regulärer Graph 3. Grades, der nicht in drei lineare Faktoren zerlegt werden kann. In diesem Graphen existiert allerdings eine Zerlegung in einen linearen und einen quadratischen Faktor — die Kanten des linearen Faktors sind in unserem Bild stärker ausgezogen.

Der Leser möge sich überlegen, daß es wirklich nicht möglich ist, den Petersenschen Graphen in drei lineare Faktoren zu zerlegen. Das Bild 37 läßt vermuten, daß die Primitivität des hier veranschaulichten Graphen mit der Existenz einer Brücke zusammenhängt. Wir haben auch in Bild 28 aus der Existenz einer Brücke geschlossen, daß dieser Graph nicht in drei lineare Faktoren zerlegt werden kann. Der Petersensche Graph enthält jedoch keine Brücke, und darin besteht auch seine Bedeutung.*)

Übungen

II. 14.1. Man gebe ein Beispiel für einen unendlichen zusammenhängenden regulären Graphen 3. Grades an, der in drei lineare Faktoren zerlegt werden kann!

II. 14.2. Man gebe ein Beispiel für einen unendlichen zusammenhängenden regulären Graphen 3. Grades an, der primitiv ist!

II. 14.3. Man gebe ein Beispiel für einen unendlichen zusammenhängenden regulären Graphen 3. Grades an, der nicht primitiv ist, jedoch nicht in drei linearen Faktoren zerlegt werden kann!

15. Chromatische Zahlen

Eines der Probleme, das schon seit Jahrzehnten Anregungen für die Entwicklung der Graphentheorie liefert und bis heute nicht gelöst wurde, ist das sogenannte *Vierfarbenproblem*. So wird die folgende scheinbar einfache Fragestellung genannt, von deren Schwierigkeit sich schon im vorigen Jahrhundert zahlreiche Mathematiker überzeugt haben. Stellen wir uns vor, auf einer Landkarte seien

---

*) *J. Petersen* hat nachgewiesen, daß jeder endliche reguläre Graph 3. Grades, der keine Brücke enthält, in zwei Faktoren zerlegt werden kann. Bild 39 ergänzt also eigentlich diesen Petersenschen Satz, denn es zeigt, daß es allgemein nicht mehr möglich ist, diese Zerlegung „zu verfeinern".

mehrere Staaten dargestellt. Wir sollen die Karte mit
einigen Farben so färben, daß zwei Nachbarstaaten niemals
die gleiche Farbe erhalten. Unter Nachbarstaaten verstehen
wir dabei Gebiete, die eine gemeinsame Grenze haben. Wir
fragen, wieviele Farben zur Färbung einer solchen Karte
ausreichen. In Bild 40 ist eine Karte mit vier Staaten

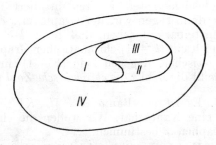

Bild 40

schematisch dargestellt. die dort mit I, II, III, IV numeriert sind. Man sieht, daß auf dieser Karte jeder Staat mit
jedem anderen benachbart ist, und daß wir also zur Färbung vier Farben brauchen. Die Erfahrung zeigt, daß vier
Farben zur Färbung jeder Karte ausreichen. Diese Behauptung wurde bisher jedoch weder bewiesen noch gelang
es, sie zu widerlegen. Es ist jedoch bekannt, daß fünf
Farben zur Färbung jeder Karte ausreichen.

Wir können die Frage der Färbung einer Karte leicht in ein
Problem der Färbung der Knoten eines bestimmten
Graphen überführen. Stellen wir uns vor, daß wir in jedem
Staat einen Ort wählen (z. B. die Hauptstadt) und ihm einen
Knoten eines Graphen zuordnen. Die Kanten dieses Graphen
führen wir auf folgende Weise ein: Wenn zwei Staaten eine
gemeinsame Grenze haben, dann verbinden wir die beiden
den Staaten entsprechenden Knoten durch eine Kante.
Haben sie keine gemeinsame Grenze, dann soll keine Kante
existieren. So entspricht beispielsweise der Karte, die wir
in Bild 40 sehen, ein vollständiger Graph mit vier Knoten.
Der Färbung der Staaten entspricht also eine Färbung der
entsprechenden Knoten, und so ist klar, daß wir das Vierfar-

benproblem als ein Problem der Graphentheorie formulieren können.*)

Wir wollen nun annehmen, es sei ein beliebiger Graph $\mathscr{G}$ gegeben. Angenommen, wir haben k verschiedene Farben, und es gelingt uns, jeden Knoten des Graphen $\mathscr{G}$ mit einer von ihnen so zu färben, daß keine Kante des Graphen $\mathscr{G}$ mit zwei gleichgefärbten Knoten inzidiert. Wenn das möglich ist, dann sagen wir, der Graph sei k-*chromatisch*. Es ist unmittelbar zu sehen, daß jeder k-chromatische Graph zugleich ein $(k + 1)$-chromatischer Graph ist. Ist $\mathscr{G}$ ein k-chromatischer, dagegen kein $(k - 1)$-chromatischer Graph, so heißt die Zahl k die *chromatische Zahl* von $\mathscr{G}$.

Beispiel 17. Es ist ein Baum $\mathscr{B} = [U, K]$ gegeben, der wenigstens eine Kante hat. Wir wollen die chromatische Zahl des Graphen $\mathscr{B}$ bestimmen.

Man sieht an Hand einer Skizze leicht ein, daß die gesuchte chromatische Zahl 2 ist. Diese Vermutung werden wir beweisen.

Eine einzige Farbe genügt nicht zum Färben, die chromatische Zahl ist also mindestens 2. Wir werden nun zeigen, daß zwei Farben bereits zur Färbung genügen. Wenn in unserem Graphen $|U| = 2$ ist, dann färben wir jeden der beiden Knoten mit einer anderen Farbe und sind fertig. Es sei nun n eine natürliche Zahl so, daß jeder Baum mit n Knoten mit zwei Farben gefärbt werden kann. Wir betrachten nun einen beliebigen Baum $\mathscr{B} = [U, K]$, in dem $|U| = n + 1$ ist. Nach Satz 8 wissen wir, daß $\mathscr{B}$ wenigstens zwei Knoten 1. Grades hat; wir wählen einen von ihnen aus und bezeichnen ihn mit x. Nach Satz 4 wissen wir, daß der Zusammenhang des Baumes $\mathscr{B}$ nicht gestört wird, wenn wir den Knoten x und die mit ihm inzidente Kante xy entfernen. Der neu entstandene Baum hat n Knoten, die man nach unserer Annahme mit zwei Farben färben kann.

---

*) Bei der Formulierung dieses Problems werden in der Graphentheorie jedoch einige Voraussetzungen gemacht, von denen die wesentlichste besagt, daß die zu färbende Landkarte auf einem Globus aufgezeichnet ist. Ist das zu färbende Gebiet beispielsweise eine Insel, so wird hiernach gefordert, daß nicht nur alle auf der Insel liegenden Länder, sondern auch das umgebende Wasser eine Farbe erhält.

Wir übertragen nun die Färbung des betrachteten Hilfsbaumes auf $\mathscr{B}$ und wählen für x die von der Farbe von y verschiedene Farbe. Damit ist die in unserem Beispiel gestellte Frage beantwortet.
Welche Graphen haben die chromatische Zahl 1? Die Antwort ist einfach — es sind gerade die Graphen, deren sämtliche Knoten isoliert sind. Als nächstes betrachten wir Graphen mit der chromatischen Zahl 2. In Beispiel 17 haben wir gesehen, daß zu den Graphen mit dieser chromatischen Zahl alle Bäume mit wenigstens einer Kante gehören; es gehört zu diesen Graphen aber auch z. B. jeder Kreis von gerader Länge. Es ist interessant, daß sich eine sehr einfache notwendige und hinreichende Bedingung dafür angeben läßt, daß ein endlicher Graph die chromatische Zahl 2 hat. Mit dieser Bedingung machen wir uns im nächsten Satz vertraut.

Satz 25. *Ein endlicher Graph $\mathscr{G} = [U, K]$, in dem $K \neq \emptyset$ ist, hat genau dann die chromatische Zahl 2, wenn er keinen Kreis ungerader Länge enthält.*

Beweis. Wenn in $\mathscr{G}$ ein Kreis ungerader Länge existiert, dann kann man offenbar die Knoten dieses Kreises nicht mit zwei Farben so färben, daß keine Kante mit zwei gleichgefärbten Knoten inzidiert. In diesem Falle ist also die chromatische Zahl größer als 2.
$\mathscr{G}$ möge also keinen Kreis von ungerader Länge enthalten. Dann wollen wir beweisen, daß zwei Farben zur Färbung der Knoten in der vereinbarten Weise genügen. Weiter können wir uns auf zusammenhängende Graphen beschränken; denn die Knoten kann man in jeder Komponente des Graphen unabhängig voneinander färben. Wir liefern hier den Beweis durch vollständige Induktion nach der Zahl der Kreise in unserem Graphen. Wenn $\mathscr{G}$ keinen Kreis enthält, dann ist $\mathscr{G}$ ein Baum; aus Beispiel 17 wissen wir, daß seine chromatische Zahl 2 ist. Nehmen wir also an, daß für eine gewisse natürliche Zahl k folgende Induktionsvoraussetzung gilt: Wenn ein zusammenhängender Graph weniger als k Kreise enthält und alle diese Kreise von gerader Länge sind, dann ist die chromatische Zahl des Graphen 2. Wir wählen nun einen zusammenhängenden Graphen $\mathscr{G}_k$, der ge-

rade k Kreise hat, die alle von gerader Länge sind*). Wir werden beweisen, daß auch $\mathscr{G}_k$ die chromatische Zahl 2 hat. Dazu wählen wir in $\mathscr{G}_k$ einen Kreis aus und bezeichnen ihn mit $\mathscr{K}$. Dann entfernen wir aus dem Graphen $\mathscr{G}_k$ eine Kante xy des Kreises $\mathscr{K}$ und erhalten so einen neuen zusammenhängenden Graphen, den wir mit $\mathscr{G}^*$ bezeichnen und der höchstens $k-1$ Kreise hat. Nach der Induktionsvoraussetzung hat $\mathscr{G}^*$ die chromatische Zahl 2. Wir fragen uns, ob die Knoten x und y in der entsprechenden Färbung der Knoten gleich oder verschieden gefärbt sind. Es genügt, den Kreis $\mathscr{K}$ zu betrachten und aus ihm die Kante xy zu entfernen. Da $\mathscr{K}$ eine gerade Länge hat, erhalten wir so einen Baum (vom Typ einer „Schlange") mit gerader Knotenzahl, wobei sich vom Knoten x zum Knoten y hin auf diesem Gebilde die Farben der Knoten abwechseln. In dem Graphen $\mathscr{G}^*$ sind also x und y verschieden gefärbt, und man kann die Färbung der Knoten des Graphen $\mathscr{G}^*$ demnach auf $\mathscr{G}_k$ übertragen. Die chromatische Zahl des Graphen $\mathscr{G}_k$ ist also 2. Damit ist der Beweis erbracht.

Die Graphen mit der chromatischen Zahl 2 haben noch eine Reihe weiterer interessanter Eigenschaften und wurden deshalb in der Literatur recht oft studiert. Ein Graph mit der chromatischen Zahl 2 heißt bei vielen Autoren ein *paarer* Graph. Einige Eigenschaften der paaren Graphen hat *A. B. Kempe* schon im Jahre 1879 bemerkt; später schenkten u. a. *A. Sainte-Laguë* und *D. König* diesen Graphen ihr Augenmerk. Oft wurden auch die sog. *vollständig paaren* Graphen untersucht. Darunter versteht man einen Graphen mit der chromatischen Zahl 2, in dem je zwei Knoten, die verschiedene Farben haben, durch eine Kante verbunden sind. Ohne Beweis führen wir hier ein Ergebnis über vollständig paare Graphen ein. Wenn wir mit a bzw. mit b die Knotenzahl der ersten bzw. zweiten Farbe bezeichnen, dann hat der vollständig paare Graph gerade $a^{a-1} \cdot b^{b-1}$ Gerüste. Zu diesem Ergebnis, das an die *Cayley*sche Formel für die Gerüstzahl eines vollständigen Graphen erinnert, gelangten *M. Fiedler* und der

---

*) Der Leser wird selbst erkennen, daß für jedes k ein solcher Graph existiert.

Verfasser dieses Büchleins in einer gemeinsamen Arbeit im Jahre 1958*).

Übungen

II. 15.1. Man zeige, daß zu jeder natürlichen Zahl n ein Graph existiert, dessen chromatische Zahl gleich der Zahl n ist.

II. 15.2. Es ist ein Graph $\mathscr{G}_1$ gegeben, der die chromatische Zahl c_1 hat, und weiter ein Graph $\mathscr{G}_2$ mit der chromatischen Zahl c_2. Wenn $\mathscr{G}_1$ ein Teilgraph des Graphen $\mathscr{G}_2$ ist, dann gilt $c_1 \leq c_2$. Man beweise das!

II. 15.3. Man bestimme die maximale Anzahl der Kanten für einen paaren Graphen mit $2n$ bzw. mit $2n + 1$ Knoten.

II. 15.4. Man bestimme die Knoten- und Kantenzusammenhangszahl für einen vollständig paaren Graphen, wenn a bzw. b die Knotenzahl der ersten bzw. zweiten Farbe bedeutet.

16. Knotenbasen

Wir wenden uns nun einer Anzahl von Fragen zu, die in verschiedenen Bereichen der Mathematik, vor allem aber in der Unterhaltungsmathematik auftreten. Dies sind in erster Linie die Schachbrettaufgaben, in denen z. B. gefordert wird, auf einem leeren Schachbrett eine möglichst kleine Anzahl von Königen so aufzustellen, daß jedes freie Feld des Schachbrettes wenigstens von einem König bedroht ist**). Eine solche Aufgabe können wir leicht in ein Problem der Graphentheorie überführen, wobei wir die Felder auf dem Schachbrett als Knoten eines Graphen betrachten und für jedes Paar von benachbarten Feldern Kanten einführen.

Auch bei dem Spiel ,,6 aus 49" tritt eine ähnliche Frage auf. Bekanntlich werden beim ,,Sportfest-Toto" (die tschechische Bezeichnung für diese Wettart ist ,,Sportka") 6 Sportarten von insgesamt 49 möglichen getippt. Der

---

*) Časopis Pěst. Mat., 1958, S. 214—225.

**) Wir möchten an dieser Stelle auf das Buch ,,Neelementarnye zadači v elementarnom izloženii" (,,Nichtelementare Aufgaben in elementarer Darstellung") hinweisen, das 1954 in Moskau erschienen ist und in dem die Autoren *A. M. Jaglom* und *I. M. Jaglom* gleichfalls Schachbrettaufgaben behandeln. In der am Schluß unseres Buches angegebenen Literatur wird diese Problematik vor allem in den Arbeiten [1], [3], [9], [15], [16] und [24] berührt.

Spieler, der wenigstens 3 Sportarten richtig geraten hat, erhält einen Gewinn im ersten, zweiten, dritten oder vierten Rang. Hier ergibt sich folgende Frage: Wie oft muß ein Spieler sechs Sportarten ankreuzen, wenn er sich einen Gewinn wenigstens im vierten Rang sichern will. Auch diese Aufgabe läßt sich mit Hilfe eines Graphen veranschaulichen. Als Knoten des Graphen nehmen wir hier alle möglichen Sechserkombinationen, von denen es $\binom{49}{6}$ gibt, und definieren die Kanten wie folgt: Zwei Knoten werden genau dann durch eine Kante verbunden, wenn die ihnen entsprechenden 6 Sportarten wenigstens drei Elemente gemeinsam haben. In einem so definierten Graphen haben wir eine möglichst kleine Knotenzahl so zu kennzeichnen, daß jeder nichtmarkierte Knoten durch eine Kante wenigstens mit einem markierten Knoten verbunden wird.

Die beiden Beispiele, mit denen wir diesen Abschnitt eingeleitet haben, führen uns zur Definition eines allgemeineren Begriffes aus der Graphentheorie, nämlich der Knotenbasis*) eines gegebenen Graphen. Ehe wir die entsprechende Definition geben, wollen wir bemerken, daß dieser Begriff in verschiedenen Bedeutungen auftritt. Um diese Varianten voneinander zu unterscheiden, sprechen wir gewöhnlich von einer Knotenbasis erster, zweiter Art usw.**).

Es sei ein endlicher Graph $\mathcal{G} = [U, K]$ gegeben. Dann kann man eine Teilmenge B von U so angeben, daß für jeden Knoten $x \in U$, für den $x \notin B$ gilt, wenigstens ein Knoten $y \in B$ mit $xy \in K$ vorhanden ist. Da die Menge U nur endlich viele Teilmengen hat, können wir aus allen Mengen B, welche die obengenannte Forderung erfüllen, diejenige auswählen, die die kleinste Zahl von Elementen hat. Eine solche Menge bezeichnen wir mit B_{min} und nennen sie *Knotenbasis erster Art* (für den gegebenen Graphen $\mathcal{G}$).

Es ist also offensichtlich, daß in jedem endlichen Graphen $\mathcal{G}$ eine Knotenbasis B_{min} existiert. Wir fragen uns nun, ob

---

*) *D. König* hat in seinem Buch [15] den deutschen Terminus „Punktbasis" eingeführt. König definierte auch eine *Kantenbasis*. Mit diesem Begriff werden wir uns hier aber nicht beschäftigen.

**) Das Wort „Basis" (aus dem Griechischen) bedeutet wörtlich: Grundlage, Unterlage.

diese eindeutig bestimmt ist. Dies ist nicht der Fall, jedoch ist die Zahl $|B_{\min}|$ für den gegebenen Graphen eindeutig bestimmt. Das sehen wir übrigens auch im nächsten Beispiel.

Beispiel 18. Wir bestimmen alle Knotenbasen erster Art des Graphen, der in Bild 41 dargestellt ist.
Die gesuchte Basis kann nicht aus einem einzigen Knoten bestehen, da man zu jedem Knoten x des Graphen einen Knoten y so finden kann, daß die Kante xy nicht in dem gegebenen Graphen enthalten ist. Jede Knotenbasis erster Art hat also wenistens zwei Elemente. Wir finden leicht heraus, daß hier insgesamt drei Basen mit zwei Elementen existieren, nämlich $\{a, d\}$, $\{b, d\}$, $\{b, e\}$.
In einem weiteren Beispiel zeigen wir, wie Knotenbasen in einer Aufgabe mit einem Schachthema gesucht werden. Wir begegnen dort dem allgemeineren Typ eines quadratischen Schachbrettes, nämlich einem Schachbrett mit n^2 Feldern (wobei n eine fest gegebene natürliche Zahl ist). Diese allgemeineren Schachbretter treten in mathematischen Betrachtungen oft auf, und es ist im wesentlichen klar, wie wir die Regeln über die Bewegung der Figuren, die vom Brett mit 64 Feldern bekannt sind, auf sie übertragen sollen.

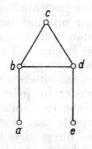

Bild 41

Beispiel 19. Auf einem leeren quadratischen Schachbrett mit n^2 Feldern wollen wir eine möglichst kleine Zahl von Türmen so aufstellen, daß jedes freie Feld wenigstens von einem Turm bedroht ist. Auf wieviele Arten kann man diese minimale Anzahl von Türmen auf dem Schachbrett aufstellen?
Es ist offenbar, daß wir in diesem Beispiel die Knotenbasen für einen Graphen suchen, der n^2 Knoten hat und dessen Kanten entsprechend den bekannten Zügen des Turmes auf dem Schachbrett bestimmt werden. Zuerst bestimmen wir, wieviele Elemente eine der gesuchten Basen hat.
Wenn auf unserem Schachbrett weniger als n Türme stehen, dann können sie nicht alle seine Felder bedrohen. In einem solchen Falle können wir nämlich wenigstens

eine Spalte von Feldern finden, in der kein Turm steht. Diese Spalte hat n Felder, die deshalb nicht alle von unseren Türmen bedroht werden können, weil jeder Turm auf diese Spalte nur in waagerechter Richtung einwirkt und die Gesamtzahl der Türme kleiner als n ist. Die zu suchende Basis hat also wenigstens n Elemente. Hiernach ist klar, daß, wenn wir mit den Türmen z. B. die ganze erste Spalte besetzen, die Bedingungen unseres Beispiels erfüllt sind. Die gesuchte Basis hat also gerade n Elemente. Jetzt werden wir uns mit der Frage beschäftigen, auf wieviele Arten man auf einem leeren quadratischen Schachbrett mit n^2 Feldern n Türme so aufstellen kann, daß jedes freie Feld wenigstens von einem Turm bedroht wird. Wenn n Türme so auf unserem Schachbrett aufgestellt sind, dann steht entweder in jeder Spalte oder in jeder Reihe ein Turm. Gäbe es nämlich auf dem Schachbrett gleichzeitig eine Spalte und eine Reihe ohne einen Turm, dann wäre das in ihrem Schnittpunkt liegende Feld durch keinen Turm bedroht. Die Anzahl der Möglichkeiten, n Türme in den n Spalten unseres Schachbrettes aufzustellen, ist gleich der Zahl n^n. Den ersten Turm können wir nämlich auf n Arten in der ersten Spalte unterbringen, den zweiten unabhängig vom vorhergehenden wiederum auf n Arten in der zweiten Spalte usw. Die Zahl n^n bezeichnet aber auch die Anzahl der Arten, auf die man n Türme in den Zeilen des Schachbrettes aufstellen kann. Es könnte auf den ersten Blick scheinen, als ob die von uns gesuchte Anzahl deshalb gleich der Summe $n^n + n^n$, also gleich der Zahl $2n^n$ ist. Das ist jedoch nicht richtig, denn dann würden wir die Stellung zweimal rechnen, in der in jeder Spalte und in jeder Zeile gerade ein Turm steht. Es ist also erforderlich, von der Zahl $2n^n$ die Anzahl der Möglichkeiten abzuziehen, auf die man n Türme so auf dem Schachbrett aufstellen kann, daß in jeder Spalte und jeder Zeile genau ein Turm steht. Diese Anzahl ist offensichtlich gleich der Zahl der Permutationen aus n Elementen, d. h. der Zahl $n!$.

In dem Graphen, dem wir bei der Lösung der gegebenen Aufgabe begegnet sind, existieren also insgesamt $2n^n - n!$ Knotenbasen erster Art.

Nun wollen wir von einer anderen Definition der Knotenbasis sprechen, die gleichfalls in manchen Aufgaben mit Schachthematik auftritt. Es sei ein Graph $\mathscr{G} = [U, K]$ gegeben. Eine Menge B^* mit $B^* \subseteq U$ nennen wir eine *Knotenbasis zweiter Art* (für den gegebenen Graphen $\mathscr{G}$), wenn folgende Bedingungen erfüllt sind:

(1) Wenn x und y zwei verschiedene Knoten aus B^* sind, dann gilt $xy \notin K$.
(2) Wenn $z \in U$ und $z \notin B^*$ ist, dann existiert wenigstens ein Knoten $t \in B^*$ von der Art, daß $zt \in K$ ist.

Beispiel 20. Wir bestimmen alle Knotenbasen zweiter Art für den Graphen, der in Bild 41 dargestellt ist und den wir schon in Beispiel 18 studiert haben.

Wir sehen leicht ein, daß hier insgesamt drei Basen zweiter Art existieren, nämlich $\{a, c, e\}$, $\{a, d\}$ und $\{b, e\}$.

Wenn wir Beispiel 18 mit Beispiel 20 vergleichen, können wir zu mehreren Schlußfolgerungen gelangen. In beiden Fällen treten gemeinsam die Mengen $\{a, d\}$ und $\{b, e\}$ auf, so daß diese Mengen sowohl Knotenbasen erster als auch zweiter Art sind. Demgegenüber sind wir in Beispiel 18 zu einer Menge $\{b, d\}$ gelangt, die keine Knotenbasis zweiter Art ist, und in Beispiel 20 erfüllt wieder die Menge $\{a, c, e\}$ nicht die Voraussetzungen für eine Knotenbasis erster Art.

Für die Knotenbasen zweiter Art leiten wir einen allgemeinen Satz ab, nämlich:

Satz 26. *In jedem endlichen Graphen $\mathscr{G} = [U, K]$ existiert wenigstens eine Knotenbasis zweiter Art.*

Beweis. Wir werden diesen Satz mit Hilfe vollständiger Induktion beweisen. Wenn $|U| = 1$ ist, dann ist die Existenz einer Basis offensichtlich; die Menge U bildet nämlich eine Basis.

Es sei u eine natürliche Zahl > 1 so, daß jeder Graph, der weniger als u Knoten hat, eine Knotenbasis zweiter Art besitzt. Wir wählen nun einen beliebigen Graphen $\mathscr{G} = [U, K]$, in dem $|U| = u$ ist. Wir bilden einen Teilgraphen $\mathscr{G}_1$ des Graphen $\mathscr{G}$ so, daß wir aus $\mathscr{G}$ irgendeinen fest gewählten Knoten x und alle mit diesem Knoten inzidenten Kanten entfernen (vorausgesetzt allerdings, daß solche Kanten existieren). Der Graph $\mathscr{G}_1$ erfüllt die Induktionsvoraussetzung, und wir können in ihm also wenigstens eine Knotenbasis zweiter Art bilden; wir bezeichnen sie mit B_1^*. Nunmehr gehen wir zum Graphen $\mathscr{G}$ über und werden hier die Basis B^* wie folgt definieren: Wir setzen $B^* = B_1^*$, wenn ein Knoten $y \in B_1^*$ der Art existiert, daß die Kante xy zum Graphen $\mathscr{G}$ gehört. Ist das nicht der Fall, dann setzen wir $B^* = B_1^* \cup \{x\}$. Es ist offensichtlich, daß B^* eine Basis ist; der Beweis ist damit erbracht.

Der Satz 26 garantiert uns also die Existenz wenigstens einer Knotenbasis zweiter Art; wir wissen allerdings aus Beispiel 20, daß diese Basis im Graphen nicht eindeutig bestimmt zu sein braucht und daß auch die Zahl der Knoten dieser Basis nicht eindeutig bestimmt ist.

Am Schluß dieses Paragraphen wollen wir uns noch mit dem klassischen Problem der Damen auf dem Schachbrett beschäftigen. In der Mitte des vorigen Jahrhunderts erschien in der Schachrubrik einer deutschen illustrierten Zeitschrift folgende Aufgabe: Wir wollen auf einem normalen Schachbrett acht Damen so aufstellen, daß keine von ihnen eine der anderen bedroht, und es soll angegeben werden, wieviele Lösungen es für diese Aufgabe gibt. Dieselbe Zeitschrift brachte dann auch eine Antwort, derzufolge man insgesamt 92 Lösungen gefunden hat.

Diese Aufgabe nahm auch den berühmten Mathematiker *C. F. Gauß* gefangen, wie seine Korrespondenz mit *H. C. Schumacher* aus dem Jahre 1850 zeigt. Spätere Autoren schenkten diesem Problem der acht Damen ebenfalls Aufmerksamkeit und lösten die Aufgabe auch für andere quadratische Schachbretter. Was bedeutet aus unserer Sicht die Aufgabe über die acht Damen? Offenbar geht es um das Auffinden einer Knotenbasis zweiter Art. Da es auf einem Schachbrett mit 64 Feldern nicht möglich ist, mehr als 8 Damen so aufzustellen, daß keine eine andere bedroht, soll die zu suchende Basis zweiter Art eine möglichst große Anzahl von Elementen haben.

Wenn wir von dem allgemeineren quadratischen Schachbrett ausgehen, das n^2 Felder hat, können wir auf ähnliche Weise folgende Forderung formulieren: Es sollen hier n

Damen so aufgestellt werden, daß keine von ihnen eine andere bedroht. Schon die Fälle $n = 2$ und $n = 3$ zeigen, daß diese Aufgabe im allgemeinen nicht lösbar ist. Wenn die natürliche Zahl n anwächst, dann wachsen auch sehr schnell die Schwierigkeiten, mit denen unsere Untersuchungen verbunden sind. Das Problem wurde für die natürlichen Zahlen $n = 1, 2, 3, \ldots, 13$ untersucht. Wenn wir mit N die entsprechende Anzahl der Lösungen der genannten Aufgabe bezeichnen, dann kann man das Ergebnis in folgender Tafel zusammenfassen*):

n	1	2	3	4	5	6	7	8	9	10	11	12	13
N	1	0	0	2	10	4	40	92	352	724	2680	14 200	73 712

Übungen

II. 16.1. Wenn wir in einem gegebenen Graphen mit $B_{\min}$ eine Knotenbasis erster Art und mit B^*_1 eine Knotenbasis zweiter Art bezeichnen, die eine möglichst kleine Anzahl von Elementen hat, so gilt $|B_{\min}| \leq |B^*_1|$. Man beweise das und gebe ein Beispiel für einen Graphen an, in dem $|B_{\min}| < |B^*_1|$ gilt.

II. 16.2. Auf einem leeren quadratischen Schachbrett mit n^2 Feldern sollen wir eine möglichst große Anzahl Türme so aufstellen, daß sich niemals zwei Figuren gegenseitig bedrohen. Auf wieviele verschiedene Arten kann man das tun?

II. 16.3. Auf einem leeren quadratischen Schachbrett mit n^2 Feldern sollen wir eine möglichst kleine Anzahl Läufer so aufstellen, daß jedes freie Feld des Schachbrettes wenigstens von einem Läufer bedroht wird. Man bestimme diese minimale Anzahl von Läufern.

II. 16.4. Auf einem leeren quadratischen Schachbrett mit n^2 Feldern sollen wir eine möglichst große Anzahl Läufer so aufstellen, daß niemals zwei Läufer einander bedrohen. Man bestimme die maximale Anzahl von Läufern.

II. 16.5. Auf einem leeren quadratischen Schachbrett mit 64 Feldern sollen wir eine möglichst große Anzahl Springer so aufstellen, daß niemals zwei Figuren einander bedrohen. Wieviele Springer können höchstens auf dem Schachbrett stehen?

---

*) Für $n = 1, 2, 3, \ldots, 12$ hat M. *Kraitchik* in seinem Buch [16] eine solche Tafel aufgestellt. Den Fall $n = 13$ hat in dieser Tafel R. J. *Walker* im Jahre 1960 ergänzt; sein Beitrag ist in dem Sammelband [7] abgedruckt. Den Leser, der sich für die Geschichte des Problems der acht Damen interessiert, verweise ich auch auf das Buch von W. *Ahrens* [1].

II. 16.6. Man gebe alle Möglichkeiten an, auf einem leeren quadratischen Schachbrett mit 16 Feldern vier Damen so aufzustellen, daß keine eine andere bedroht.

II. 16.7. Ein Versuchsfeld hat die Form eines 5 m breiten, 8 m langen Rechteckes. Das Feld ist in 40 kleinere quadratische Gebiete eingeteilt, wie Bild 42 zeigt. Bei einem bestimmten Versuch können wir annehmen, daß Bodenproben, die wir zwei benachbarten quadratischen Gebieten

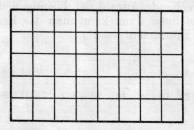

Bild 42

entnommen haben, sich nur wenig voneinander unterscheiden. Man schlage vor, welche Gebiete in Bild 42 geprüft werden sollen, wenn gefordert wird, daß niemals zwei von den untersuchten quadratischen Gebieten benachbart sind und daß jedes Gebiet, aus dem wir keine Probe entnehmen, wenigstens an ein geprüftes Gebiet anschließt. Man plane den Versuch so, daß eine möglichst kleine Anzahl von Gebieten geprüft wird.

II. 16.8. Man bestimme die Anzahl der Knotenbasen erster bzw. zweiter Art für einen vollständig paaren Graphen, wenn a bzw. b die Anzahl der mit erster bzw. zweiter Farbe gefärbten Knoten bedeutet.

17. Isomorphismen und Homöomorphismen

Im Schulunterricht sind wir verschiedentlich geometrischen Verwandtschaften begegnet. So sind dem Leser sicherlich der Begriff der Kongruenz ebener Figuren oder der Begriff der Ähnlichkeit bekannt. In diesem Buch beschäftigen wir uns mit Gebilden von anderer Art, als sie Gegenstand der Betrachtungen in der elementaren Geometrie gewesen sind. Die Definition des Graphen ist nämlich nicht von den planimetrischen und stereometrischen Begriffen abhängig, die wir aus der Schule kennen, wenn wir auch bei der

Erklärung (allerdings nur der Anschaulichkeit halber) das ebene Bild für den zu betrachtenden Graphen verwenden. Auch zwischen Graphen kann eine bestimmte Verwandtschaft eingeführt werden, die an den Kongruenzbegriff aus der elementaren Geometrie erinnert. Bevor wir diese Verwandtschaft genau definieren, wollen wir ein anschauliches Modell des Graphen betrachten, bei dem die Knoten durch kleine Metallringe veranschaulicht werden. Wenn zwischen irgendeinem Knotenpaar in dem gegebenen Graphen eine Kante existiert, dann drücken wir das an dem Modell dadurch aus, daß wir die entsprechenden beiden Ringe durch einen Faden verbinden; noch besser ist es jedoch, für diese Verbindungslinie zwischen den Ringen irgendein elastisches Material zu wählen. Stellen wir uns nun vor, wir verändern dieses Modell des Graphen dadurch, daß wir in dem Raum einige Metallringe umstellen oder daß wir die Fäden, mit denen die Ringe verbunden sind, auf verschiedene Weise verschlingen oder daß wir gegebenenfalls einige elastische Verbindungsstücke zwischen den Ringen verlängern. Bei diesen Veränderungen zerreißen und zerschneiden wir keinen Faden, binden keinen Ring ab noch binden wir einen Ring an einen anderen Faden, als es ursprünglich der Fall war. Diese letzteren Veränderungen sind bei unserem Modell verboten. Trotzdem wird uns der Leser recht geben, daß es bei einem komplizierteren Modell schwierig sein wird, nach den vorgenommenen Änderungen zu entscheiden, ob es sich um das ursprüngliche Modell des Graphen handelt oder ob diese Gruppierung von Ringen und Fäden irgendeinen „anderen" Graphen darstellt. Das Wort „anderen" haben wir in Anführungsstriche gesetzt; denn wir haben bisher keine Verwandtschaft zwischen Graphen definiert, die es uns erlauben würde, dieses Wort in der genauen Bedeutung anzuwenden. Das wollen wir jetzt tun.

Es seien Graphen $\mathscr{G}_1 = [U_1, K_1]$ und $\mathscr{G}_2 = [U_2, K_2]$ gegeben, und es existiere eine eineindeutige Abbildung F von der Menge U_1 auf die Menge U_2 mit folgender Eigenschaft: Wenn x bzw. y zwei beliebige Elemente aus U_1 und x' bzw. y' ihre Bilder in der Menge U_2 bei der Abbildung F sind, so soll die Kante xy genau dann zu K_1 gehören, wenn die Kante

$x'y'$ zu K_2 gehört. Durch die Abbildung F ist dann ein *Isomorphismus* zwischen den Graphen $\mathscr{G}_1$ und $\mathscr{G}_2$ erklärt. Wenn zwischen $\mathscr{G}_1$ und $\mathscr{G}_2$ ein Isomorphismus existiert, sagen wir, der Graph $\mathscr{G}_1$ sei *isomorph* zum Graphen $\mathscr{G}_2$ oder auch, die Graphen $\mathscr{G}_1$ und $\mathscr{G}_2$ seien *zueinander isomorph*. Existiert zwischen $\mathscr{G}_1$ und $\mathscr{G}_2$ kein Isomorphismus, dann sagen wir, $\mathscr{G}_1$ sei nichtisomorph zum Graphen $\mathscr{G}_2$.

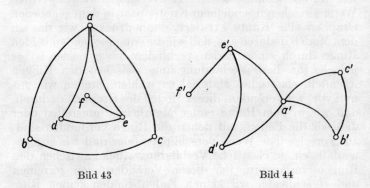

Bild 43   Bild 44

Beispiel 21. In Bild 43 ist ein endlicher Graph mit sechs Knoten dargestellt; dasselbe gilt für Bild 44. Wir wollen zeigen, daß der erste Graph zum zweiten Graphen isomorph ist.

In Bild 43 sind die Knoten des Graphen mit den Buchstaben a, b, c, d, e, f und in Bild 44 mit den Buchstaben a', b', c', d', e', f' bezeichnet. Wir betrachten die Abbildung F, bei der der Knoten a auf a', der Knoten b auf b', der Knoten c auf c', der Knoten d auf d', der Knoten e auf e', der Knoten f auf f' abgebildet wird. Offenbar ist durch diese Abbildung F ein Isomorphismus zwischen den beiden betrachteten Graphen definiert. Die Abbildung F läßt sich durch das Zwei-Zeilen-Schema

$$F = \begin{pmatrix} a & b & c & d & e & f \\ a' & b' & c' & d' & e' & f' \end{pmatrix}$$

übersichtlich angeben, wobei wir in der ersten Zeile die Knoten des ersten Graphen aufgeführt und in der zweiten

Zeile unter jeden Knoten denjenigen des zweiten Graphen geschrieben haben, der ihm bei der Abbildung F entspricht. Wir wollen bemerken, daß F nicht der einzige Isomorphismus zwischen den betrachteten Graphen ist.

So wird durch das Schema

$$F^* = \begin{pmatrix} a & b & c & d & e & f \\ a' & c' & b' & d' & e' & f' \end{pmatrix}$$

gleichfalls ein Isomorphismus zwischen den beiden betrachteten Graphen erklärt.

Sind zwei Graphen einander isomorph, so haben sie die gleichen Eigenschaften, da sie sich nur in der Bezeichnung ihrer Elemente unterscheiden. Wenn beispielsweise $\mathscr{G}_1$ und $\mathscr{G}_2$ isomorphe Graphen sind und $\mathscr{G}_1$ einen Kreis der Länge l enthält, dann enthält auch $\mathscr{G}_2$ einen Kreis der Länge l. Wir wissen bereits, daß man dem endlichen Graphen $\mathscr{G} = [U, K]$, in dem $|U| = n$ ist, eine endliche Folge ganzer nichtnegativer Zahlen $g_1, g_2, g_3, \ldots, g_n$ zuordnen kann, die die Knotengrade des Graphen $\mathscr{G}$ bezeichnen. Wenn wir von einem Graphen $\mathscr{G}$ zu einem Graphen $\mathscr{G}'$ übergehen, der mit dem Graphen $\mathscr{G}$ isomorph ist, können wir wieder eine endliche Folge ganzer nichtnegativer Zahlen bilden, die die Knotengrade im Graphen $\mathscr{G}'$ bedeuten und zwar gilt offenbar: Wenn dem Knoten x des Graphen $\mathscr{G}$ bei einem Isomorphismus der Knoten x' des Graphen $\mathscr{G}'$ entspricht, dann stimmt der Grad des Knotens x im Graphen $\mathscr{G}$ mit dem Grad des Knotens x' im Graphen $\mathscr{G}'$ überein. Die Zahlen $g_1, g_2, g_3, \ldots, g_n$ bezeichnen also wiederum die Grade der Knoten in dem Graphen $\mathscr{G}'$. Das Ergebnis können wir kurz wie folgt ausdrücken: Ein Isomorphismus erhält die Grade der Knoten.

An dieser Stelle ist es jedoch nötig, eine Bemerkung anzufügen. Beim oberflächlichen Lesen könnte es so erscheinen, als ob die Gleichheit der Gradzahlen $g_1, g_2, g_3, \ldots, g_n$ eine Eigenschaft isomorpher Graphen ist. Es lassen sich jedoch leicht zwei Graphen angeben, für die die Knotengrade durch dieselbe endliche Folge ganzer nichtnegativer Zahlen beschrieben werden, die jedoch nicht isomorph sind.

Ein Beispiel sehen wir in Bild 45. Es sind hier zwei Graphen dargestellt; jeder von ihnen enthält fünf Knoten, und die Grade dieser Knoten sind in beiden Graphen 1, 2, 2, 2, 3. Die Graphen sind jedoch nicht isomorph. Jeder von den beiden Graphen enthält einen einzigen Kreis als Teilgraphen, aber dieser Kreis hat bei dem linken Graphen die Länge 3, bei dem rechten Graphen die Länge 4.

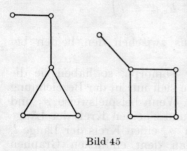

Bild 45

Der Untersuchung der Isomorphie zweier Graphen mag abstrakt erscheinen, und die bisher angeführten Beispiele können den Eindruck erwekken, daß es sich hier nur um eine rein theoretische Frage handelt. Dieser Eindruck ist jedoch unzutreffend. Die Frage der Isomorphie zweier Graphen spielt auch in den Anwendungen eine Rolle; wir wollen hier auf ihre Bedeutung in der organischen Chemie hinweisen. Die Strukturformeln in der organischen Chemie können wir als endliche Graphen ansehen. In der Chemie tritt oft die Frage auf, wieviele verschiedene Strukturformeln der gegebenen empirischen Formel einer organischen Verbindung entsprechen. Dem Leser ist jetzt sicherlich klar, daß wir zwei Strukturformeln als verschieden betrachten, wenn die diesen entsprechenden Graphen nicht isomorph sind. Wir nennen hier erneut den Namen von *A. Cayley*, der sich mit solchen Fragen vom mathematischen Standpunkt aus schon im vorigen Jahrhundert beschäftigt hat.

Bezüglich ihrer Struktur besonders einfache Graphen sind Bäume. Aber schon für diese ist es nicht leicht, zu bestimmen, wieviele nichtisomorphe Bäume gleicher Knotenzahl existieren. Sehr wertvolle Ergebnisse hat in dieser Richtung kurz vor dem zweiten Weltkrieg *G. Pólya* erzielt. Die Mittel, die *Pólya* bei der Lösung der genannten Frage anwandte und deren sich nach ihm auch eine Reihe anderer Autoren bedienten, sind nicht elementar und setzen tiefere Kenntnisse in der Mathematik voraus. Dies geht jedoch bei weitem über den informativen Rahmen unseres Buches hinaus, und deshalb verweisen wir Interessenten auf die Arbeit von *Pólya* [20], in der nähere Erläuterungen zu finden sind.

Bei kleiner Knotenzahl n ist es allerdings nicht allzu schwer, die Anzahl der nichtisomorphen Bäume mit n Knoten zu bestimmen. Mit wachsender Zahl n nimmt jedoch die Schwierigkeit dieser Untersuchung sehr schnell zu. Wir wollen mit t_n die Anzahl aller nichtisomorphen Bäume mit n Knoten bezeichnen. In dem Buch [22] von *J. Riordan* aus dem Jahre 1958 ist auf S. 138 eine Tafel zu finden, welche die Abhängigkeit von t_n von der Zahl n für die Werte $n = 1, 2, 3, ..., 26$ angibt. Zur Illustration wollen wir diese *Riordan*sche Tafel hier folgen lassen.

n	1	2	3	4	5	6	7	8	9	10	11	12	13	14
t_n	1	1	1	2	3	6	11	23	47	106	235	551	1301	3159

15	16	17	18	19	20	21
7741	19 320	48 629	123 867	317 955	823 065	2 144 505

22	23	24	25	26
5 623 756	14 828 074	39 299 897	104 636 890	279 793 450

Auch *F. Harary* und *G. Prins* [12] haben sich (neben anderen Autoren) mit ähnlichen Problemen befaßt und führen einen Überblick über alle Bäume für $n = 1, 2, 3, ..., 10$ an.

Nur wollen wir uns noch mit einer anderen Verwandtschaftsbeziehung zwischen Graphen bekannt machen, die als Homöomorphie bezeichnet wird. Bevor wir jedoch an die Definiton gehen, müssen wir den Begriff der Halbierung einer Kante erläutern. Wir wählen in einem gegebenen Graphen $\mathscr{G} = [U, K]$ eine Kante xy aus und definieren einen neuen Graphen $\mathscr{G}_0 = [U_0, K_0]$ wie folgt: Wir wählen einen Knoten z, der nicht zu U gehört, und setzen $U_0 = U \cup \{z\}$. Es bezeichne K_0 die Menge, die wir erhalten, wenn wir aus der Menge K die Kante xy entfernen und gleichzeitig die Kanten xz und zy hinzufügen. Wir sagen dann, der Graph $\mathscr{G}_0$ ist aus dem Graphen $\mathscr{G}$ durch eine *Halbierung der Kante xy* entstanden. Die Halbierung der Kante ist also gleichbedeutend damit, daß wir in dem Bild auf eine bestimmte Kante einen kleinen Ring aufmalen; damit entsteht in dem Graphen ein neuer Knoten 2. Grades.

Man erkennt, daß die Knoten 2. Grades im Graphen eine besondere Stellung einnehmen. Wenn wir in dem Bild an einigen Kanten weitere kleine Ringe anbringen oder, was dasselbe besagt, eine Halbierung einiger weiterer Kanten des Graphen vornehmen, dann ändert sich dadurch (grob gesagt) an dem optischen Eindruck von diesem Bild nicht viel. Und damit sind wir der Definition der Homöomorphie schon sehr nahegekommen.

Es seien die Graphen $\mathscr{G}_1$ und $\mathscr{G}_2$ gegeben. Wir sagen dann, $\mathscr{G}_1$ ist *homöomorph* zum Graphen $\mathscr{G}_2$, wenn entweder $\mathscr{G}_1$ isomorph zu $\mathscr{G}_2$ ist oder wenn man durch eine endliche Anzahl von Halbierungen der Kanten in beiden Graphen erreichen kann, daß die so entstandenen Graphen isomorph sind. Wenn $\mathscr{G}_1$ zu $\mathscr{G}_2$ homöomorph ist, sagen wir auch, daß beide Graphen homöomorph sind.

Beispiel 22. Wenn wir als Graphen zwei Kreise der Längen l_1 und l_2 wählen, so sind diese homöomorph.
Ist nämlich $l_1 = l_2$, so sind diese Kreise isomorph. Wenn das nicht der Fall und beispielsweise $l_1 < l_2$ ist, dann halbieren wir in dem ersten Kreis $(l_2 - l_1)$-mal die Kanten. Beide Kreise haben dann die Länge l_2, und die Homöomorphie ist auch hier nachgewiesen.

Auch die Homöomorphie von Graphen ist ein sehr wichtiger Begriff, dem wir z. B. beim Studium der Frage begegnen, welche Graphen man in der Ebene so veranschaulichen kann, daß sich zwei ihrer Kanten nicht im Inneren schneiden. Solche Graphen werden als *eben* (oder *plättbar*) bezeichnet. Die Bestimmung ebener Graphen hat der polnische Mathematiker *K. Kuratowski* im Jahre 1930 vor-

genommen. Eine notwendige und hinreichende Bedingung
dafür, daß ein gegebener Graph eben ist, ist nach *Kuratowski* die folgende: Der Graph enthält keinen Teilgraphen,
der zu einem Graphen $\mathscr{A}$ (Bild 46) oder zu einem Graphen
$\mathscr{B}$ (Bild 47) homöomorph ist.
Mit dem Satz von *Kuratowski* haben sich auch eine ganze Anzahl anderer Autoren beschäftigt, und der ursprüngliche Beweis wurde modifiziert und vereinfacht.

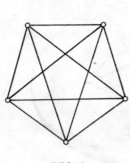

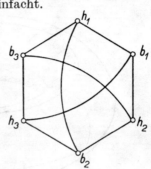

Bild 46   Bild 47

Der Leser wird bemerken, daß der Graph $\mathscr{B}$ mit der Aufgabe von den drei Häusern und den drei Brunnen zusammenhängt. In dieser Aufgabe wird gefordert, jedes der
drei Häuser mit jedem der drei Brunnen (die auf dem Plan
veranschaulicht sind) zu verbinden, aber so, daß sich die
Wege nicht kreuzen. Die Häuser entsprechen im Bild 47
den Knoten h_1, h_2, h_3 und die Brunnen den Knoten b_1, b_2, b_3.
Diese Aufgabe von den drei Häusern und den drei Brunnen
ist nicht lösbar.

A. Errera hat schon im Jahre 1923 folgenden Satz*) bewiesen: Ein ebener paarer Graph, der a Knoten erster
Farbe und b Knoten zweiter Farbe besitzt ($a \geqq 2$, $b \geqq 2$),
hat höchstens $2a + 2b - 4$ Kanten.

Von *P. Turán* stammt eine Frage, mit der sich *K. Zarankiewicz* (1902—1959) im Jahre 1954 beschäftigte**): Man
soll die minimale Anzahl der Schnittpunkte eines voll-

---

*) Comptes Rendus, 177, 1923, S. 489—491.

**) Fundamenta Math. 41, 1954, S. 137—145.

ständig paaren Graphen bestimmen, wenn dieser in der Ebene dargestellt wird; dabei sollen niemals drei Kanten einen gemeinsamen Schnittpunkt haben. Von der Schwierigkeit einer analogen Frage für den vollständigen Graphen mit n Knoten hat sich *R. K. Guy* überzeugt und unabhängig auch *G. Ringel* und die tschechoslowakischen Autoren *J. Blažek* und *M. Koman* (s. [25]).

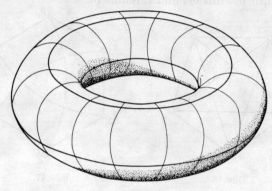

Bild 48

Bisher hat man nur Teilresultate gewonnen. Bezeichnet man mit p_n die minimale Anzahl der Schnittpunkte, dann weiß man z. B., daß $p_5 = 1$, $p_6 = 2$, $p_7 = 9$, $p_8 = 18$ gilt.
Manche Autoren schenken den sogenannten *homöomorph irreduziblen* Graphen Beachtung. Darunter verstehen wir Graphen, in denen keine Knoten 2. Grades existieren. So stellten z. B. *F. Harary* und *G. Prins* eine Tafel aller homöomorph irreduziblen Bäume auf, die höchstens 12 Knoten haben. Bezeichnen wir wiederum mit n die Anzahl aller Knoten eines Baumes und mit b_n die Anzahl aller nichtisomorphen Bäume der genannten Eigenschaft, dann können wir die Ergebnisse, die diese beiden Autoren erzielten, in einer Tafel zusammenfassen:

n	1	2	3	4	5	6	7	8	9	10	11	12
b_n	1	1	0	1	1	2	2	4	5	10	14	26

Wir wollen noch bemerken, daß man sich auch mit der
Veranschaulichung eines gegebenen Graphen auf allgemeineren
Flächen beschäftigt und die ganze Problematik,
die wir in der Ebene studiert haben, auf diese übertragen
hat. In diesem Büchlein wollen wir uns mit einem einfachen
Beispiel begnügen. Der Leser ist wahrscheinlich
schon einer Fläche begegnet, die wir in der Geometrie
als Torus bezeichnen. Wie wir aus Bild 48
ersehen, hat der Torus,
grob gesagt, Ringform.
Diese Fläche entsteht wie
folgt: In der Ebene wählen
wir eine Kreislinie k
und eine Gerade n, die k
nicht schneidet; dann lassen
wir im Raum die
Kreislinie k um die Gerade
n als Achse rotieren.
Die Fläche, die so entsteht,
heißt ein *Torus*.
Man sieht, daß ein Torus
eine Reihe von Eigenschaften
hat, durch die er sich von der Ebene unterscheidet.

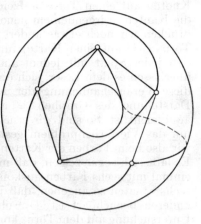

Bild 49

So teilt beispielsweise jede Kreislinie (anschaulich ausgedrückt)
die Ebene in zwei Teile (das Innere und das Äußere
der Kreislinie) so ein, daß jeder Bogen, der einen Punkt des
ersten Teils mit einem Punkt des zweiten Teils verbindet,
die Kreislinie schneidet. Den Torus können wir jedoch in
einer bestimmten Kreislinie so zerschneiden, daß man auch
nach dem Zerschneiden zwei beliebige Punkte der Fläche
durch einen Bogen verbinden kann, der die Kreislinie nicht
schneidet.

Kehren wir jedoch zur Darstellung von Graphen auf dem
Torus zurück. Es läßt sich sehr leicht zeigen, daß z. B.
der Graph $\mathscr{A}$ aus dem Satz *Kuratowskis* auf dem Torus
dargestellt werden kann, ohne daß neue Schnittpunkte der
Kanten entstehen. Schematisch zeigt uns dies Bild 49,
in dem wir den Torus als Kreisring dargestellt haben. Im

Grunde genommen ist dies die senkrechte Parallelprojektion des Torus (seine Rotationsachse steht senkrecht zur Projektionsebene). In Bild 49 sind die Kanten des Graphen $\mathscr{A}$ veranschaulicht, auf dem sichtbaren Teil des Torus voll und auf dem unsichtbaren gestrichelt. Den Umstand, daß sich ein vollständiger Graph mit fünf Knoten auf einen Torus aufzeichnen läßt, ohne daß sich die Kanten in irgendeinem neuen Schnittpunkt schneiden, drücken wir noch etwas anders aus. Man kann auf einem Torus (wie auf einer Karte) fünf Staaten so aufzeichnen, daß jeder Staat mit jedem anderen benachbart ist. Wir überlassen es dem Leser, sich darüber klar zu werden, daß diese Veranschaulichung der Karte auf dem Torus der Darstellung des Graphen $\mathscr{A}$ auf dieser Fläche wirklich äquivalent ist. So sind wir erneut auf den Fragenkomplex um das Vierfarbenproblem gestoßen. Am Torus kommen wir also beim Färben der Karten nicht mit vier Farben aus. Es läßt sich sogar zeigen, daß man auf dieser Fläche nicht einmal mit sechs Farben auskommt, denn hier können wir sechs Staaten so angeben, daß jeder von ihnen mit jedem anderen benachbart ist. Obwohl es scheint, als ob diese Untersuchung auf dem Torus komplizierter als in der Ebene ist, wurde hier die Frage, die dem ebenen Vierfarbenproblem entspricht, vollständig gelöst. Auf dem Torus kommen wir nämlich beim Färben einer beliebigen Karte immer mit sieben Farben aus*).

Übungen

II. 17.1. Man zeige, daß ein Graph $\mathscr{G}$ (mit wenigstens zwei Knoten) mit folgender Eigenschaft existiert: Der zum Graphen $\mathscr{G}$ komplementäre Graph ist isomorph zum Graph $\mathscr{G}$.**)

II. 17.2. Hat ein selbstkomplementärer Graph n Knoten, dann gilt entweder $n \equiv 0 \pmod{4}$ oder $n \equiv 1 \pmod{4}$. Man beweise das!

II. 17.3. Butan hat die empirische Formel C_4H_{10}. Man suche seine Strukturformeln!

---

*) Näheres über die Färbung von Karten auf dem Torus kann der Leser z. B. in dem Buch von H. Steinhaus [24] finden.

**) Mit solchen Graphen beschäftigte sich *G. Ringel* im Jahre 1962 auf dem Internationalen Mathematikerkongreß in Stockholm und nannte sie *selbstkomplementär*. Weiter wurden diese Graphen von *R. C. Read*, *H. Sachs* und *B. Zelinka* untersucht.

II. 17.4. Man fertige Skizzen aller nichtisomorphen Bäume mit sechs Knoten an!

II. 17.5. *K. Husimi* hat einen Baum allgemeiner definiert. Ein Baum im Sinne von *Husimi* ist ein endlicher zusammenhängender Graph, bei dem jede Kante höchstens in einem Kreis des Graphen enthalten ist. Man bestimme, wieviele nichtisomorphe Bäume dieser Art mit fünf Knoten existieren!

II. 17.6. Man beweise: Wenn ein Graph $\mathscr{G}_1$ zusammenhängend und ein Graph $\mathscr{G}_2$ zum Graphen $\mathscr{G}_1$ isomorph ist, so ist auch der Graph $\mathscr{G}_2$ zusammenhängend.

II. 17.7. Man beweise: Wenn ein endlicher Graph $\mathscr{G}_1$ die zyklomatische Zahl $\nu(\mathscr{G}_1) = k$ hat und ein Graph $\mathscr{G}_2$ zu dem Graphen $\mathscr{G}_1$ isomorph ist, dann ist auch $\nu(\mathscr{G}_2) = k$.

II. 17.8. Man zeige, daß man auf dem Torus den Graphen $\mathscr{B}$ aus dem Satz von *Kuratowski* so darstellen kann, daß sich die Kanten des Graphen nicht in einem weiteren Schnittpunkt kreuzen.

II. 17.9. Man zeige, daß man auf dem Torus einen vollständigen Graphen mit sechs Knoten darstellen kann, ohne daß sich die Kanten des Graphen in einem weiteren Schnittpunkt kreuzen.

II. 17.10. Man zeige, daß man auf dem Torus einen vollständigen Graphen mit sieben Knoten darstellen kann, ohne daß sich die Kanten des Graphen in einem weiteren Schnittpunkt kreuzen*).

18. Automorphismen von Graphen

Wir haben im vorigen Abschnitt den Begriff der isomorphen Abbildung von einem Graphen $\mathscr{G}$ auf einen Graphen $\mathscr{G}'$ eingeführt. Ist hierbei speziell $\mathscr{G}' = \mathscr{G}$, so spricht man genauer von einer *automorphen Abbildung* des Graphen $\mathscr{G}$ auf sich oder von einem *Automorphismus* von $\mathscr{G}$. Man sieht, daß für jeden Graphen $\mathscr{G}$ die Abbildung, die jedem Knoten w des Graphen $\mathscr{G}$ als Bild gerade wieder den Knoten w zuordnet, einen Automorphismus von $\mathscr{G}$ definiert. Dieser Automorphismus heißt der *identische* Automorphismus von $\mathscr{G}$. Wir werden später sehen, daß es Graphen gibt, die außer dem identischen keinen weiteren Automorphismus haben. Dagegen lassen sich leicht Graphen angeben, die mehrere verschiedene Automorphismen besitzen.

---

*) Der Leser wird sicher bemerken, daß mit der Lösung dieser Aufgabe auch die beiden vorhergehenden Übungsaufgaben gelöst sind. Trotzdem ist dem Leser zu empfehlen, diese drei Aufgaben nacheinander und jede für sich zu lösen.

Wenn der Graph $\mathscr{G}$ endlich ist, dann liegt jedem seiner Automorphismen als Abbildung eine Permutation der Knotenmenge des Graphen $\mathscr{G}$ zugrunde. Da wir wissen, daß eine endliche Menge endlich viele Permutationen besitzt, ergibt sich daraus, daß für einen endlichen Graphen nur endlich viele Automorphismen existieren. Für einen unendlichen Graphen lassen sich in manchen Fällen nur endlich viele Automorphismen angeben; es gibt jedoch sehr wohl auch unendliche Graphen, die unendlich viele Automorphismen besitzen.

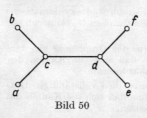

Bild 50

Beispiel 23. Wir wollen alle Automorphismen des Graphen angeben, der in Bild 50 dargestellt ist. Die Knotenmenge dieses Graphen hat 6 Elemente, die in dem Bild mit den Buchstaben a, b, c, d, e, f bezeichnet sind. Es existieren insgesamt 6! Permutationen dieser Menge, aber nur einige von ihnen sind kanteninvariant und somit Automorphismen. Neben dem identischen Automorphismus

$$F_0 = \begin{pmatrix} a & b & c & d & e & f \\ a & b & c & d & e & f \end{pmatrix}$$

existieren noch die folgenden weiteren Automorphismen unseres Graphen:

$$F_1 = \begin{pmatrix} a & b & c & d & e & f \\ b & a & c & d & e & f \end{pmatrix}, \quad F_2 = \begin{pmatrix} a & b & c & d & e & f \\ a & b & c & d & f & e \end{pmatrix},$$

$$F_3 = \begin{pmatrix} a & b & c & d & e & f \\ b & a & c & d & f & e \end{pmatrix}, \quad F_4 = \begin{pmatrix} a & b & c & d & e & f \\ e & f & d & c & a & b \end{pmatrix},$$

$$F_5 = \begin{pmatrix} a & b & c & d & e & f \\ e & f & d & c & b & a \end{pmatrix}, \quad F_6 = \begin{pmatrix} a & b & c & d & e & f \\ f & e & d & c & a & b \end{pmatrix},$$

$$F_7 = \begin{pmatrix} a & b & c & d & e & f \\ f & e & d & c & b & a \end{pmatrix}.$$

Es gibt also genau 8 verschiedene Automorphismen des Graphen.

Übungen

II. 18.1. Man bestimme, wieviele verschiedene Automorphismen ein Baum a) vom Typ „Schlange"; b) vom Typ „Stern" hat. Dabei bedeute n die Knotenzahl des Baumes.

II. 18.2. Man bestimme, wieviele verschiedene Automorphismen ein vollständiger Graph mit n Knoten hat. Man löse auch die analoge Aufgabe für den vollständig paaren Graphen, der a bzw. b Knoten erster bzw. zweiter Farbe hat.

II. 18.3. Man bestimme, wieviele verschiedene Automorphismen ein Kreis der Länge n hat, wobei $n \geqq 3$ ist.

II. 18.4. Man gebe ein Beispiel für einen unendlichen Graphen an, der a) endlich viele, b) unendlich viele Automorphismen besitzt.

19. Die Automorphismengruppe eines Graphen

Am Anfang dieses Buches haben wir uns mit dem Begriff einer Gruppe beschäftigt, die vier Gruppenaxiome angeführt und gesagt, daß wir in den weiteren Betrachtungen noch auf diesen Begriff zurückkommen.

Ein Automorphismus eines Graphen $\mathscr{G}$ ist eine kantentreue eineindeutige Abbildung der Knotenmenge von $\mathscr{G}$ auf sich, und es ist daher selbstverständlich, daß man zwei Automorphismen eines gegebenen Graphen hintereinander ausführen kann. Wenn F_i ein Automorphismus des gegebenen Graphen $\mathscr{G} = [U, K]$ und F_j ein weiterer Automorphismus dieses Graphen ist, dann erhalten wir auf diese Weise als Resultat der Verknüpfung die Abbildung F_{ij}. Diese ist wiederum eine eineindeutige Abbildung der Menge U auf sich. Es läßt sich leicht zeigen, daß F_{ij} auch ein Automorphismus des Graphen $\mathscr{G}$ ist. Wir sagen, F_{ij} sei der aus den Automorphismen F_i und F_j zusammengesetzte Automorphismus. Die Menge der Automorphismen eines gegebenen Graphen zusammen mit der Hintereinanderausführung als definierender Operation ist eine Gruppe. Diese wird die *Automorphismengruppe* des gegebenen Graphen genannt. Statt von der Hintereinanderausführung oder Zusammensetzung zweier Automorphismen spricht man häufig auch von der Multiplikation von Automorphismen. Wir wollen nun — genau wie auf Seite 20 — die Multiplikationstabelle für einen endlichen Graphen aufstellen.

Beispiel 24. Kehren wir zu dem Graphen in Bild 50 zurück, der nach Beispiel 23 acht Automorphismen $F_0, F_1, \ldots, F_7$ hat. Unsere Tafel hat 8 Zeilen und 8 Spalten. Die Zeilen (bzw. die Spalten) werden im Kopf der Reihe nach mit $F_0, F_1, \ldots, F_7$ bezeichnet. Im Schnittpunkt der i-ten Zeile und der j-ten Spalte wird der aus den Automorphismen F_i und F_j zusammengesetzte Automorphismus aufgeführt. Die Tafel lautet dann:

	F_0	F_1	F_2	F_3	F_4	F_5	F_6	F_7
F_0	F_0	F_1	F_2	F_3	F_4	F_5	F_6	F_7
F_1	F_1	F_0	F_3	F_2	F_6	F_7	F_4	F_5
F_2	F_2	F_3	F_0	F_1	F_5	F_4	F_7	F_6
F_3	F_3	F_2	F_1	F_0	F_7	F_6	F_5	F_4
F_4	F_4	F_5	F_6	F_7	F_0	F_1	F_2	F_3
F_5	F_5	F_4	F_7	F_6	F_2	F_3	F_0	F_1
F_6	F_6	F_7	F_4	F_5	F_1	F_0	F_3	F_2
F_7	F_7	F_6	F_5	F_4	F_3	F_2	F_1	F_0

Das Beispiel 24 zeigt uns auch, daß die Zusammensetzung zweier Automorphismen von der Reihenfolge ihrer Verknüpfung abhängt. So ist beispielsweise aus unserer Tafel zu ersehen, daß durch Zusammensetzung von F_1 und F_4 der Automorphismus F_6 entsteht, während sich in umgekehrter Reihenfolge bei Zusammensetzung von F_4 und F_1 der Automorphismus F_5 ergibt.

Wir wissen, daß die Automorphismengruppe jedes Graphen wenigstens einen Automorphismus, nämlich den identischen Automorphismus besitzt. Es kann vorkommen, daß ein Graph außer dem identischen Automorphismus keinen weiteren Automorphismus hat. In diesem Falle besitzt die Automorphismengruppe genau ein Element. Ein Beispiel hierfür sehen wir in Bild 51. Der Leser kann sich selbst davon überzeugen, daß der hier dargestellte Baum mit sieben Knoten einen einzigen Automorphismus hat.

F. *Harary* und G. *Prins* untersuchten im Jahre 1959 solche Bäume, die einen einzigen Automorphismus haben. Wenn wir mit n die Anzahl der Knoten eines Baumes bezeichnen und wenn a_n die Anzahl aller nichtisomorphen Bäume mit n Knoten ist, die genau einen Automorphismus

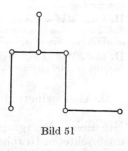

Bild 51

besitzen, können wir auf Grund der Ergebnisse, die *Harary* und *Prins* erzielt haben, folgende Tafel aufstellen:

n	1	2	3	4	5	6	7	8	9	10	11	12
a_n	0	0	0	0	0	0	1	1	3	6	15	29

Aus dieser Tafel ist ersichtlich, daß für $n < 7$ kein Baum der geforderten Eigenschaft existiert, und weiterhin ist zu vermuten, daß für $n \geq 7$ die Werte a_n recht schnell anwachsen. Es wäre sicher sehr schwierig, in einer expliziten Formel die Abhängigkeit des Wertes a_n von der Zahl n zu erfassen.

Der Fall einer Automorphismengruppe, die ein einziges Element hat, zeigt uns noch folgendes. Wenn eine Gruppe gegeben ist, dann können wir fragen, ob ein Graph existiert, dessen Automorphismengruppe zu der gegebenen Gruppe isomorph ist. Wir können weiter fragen, ob ein Graph durch eine Gruppe — bis auf Isomorphie — eindeutig bestimmt ist oder ob man mehrere nichtisomorphe Graphen mit derselben Automorphismengruppe finden kann. Wir haben gesehen, daß selbst in dem einfachen Fall, der eben betrachtet wurde, Eindeutigkeit auch dann nicht vorhanden ist, wenn wir die Zahl der Knoten vorschreiben und noch weiter fordern, daß der Graph ein Baum ist*).

Übungen

II. 19.1. Man suche in der Tafel auf S. 112 zu jedem Element F_i das inverse Element.

II. 19.2. Man suche in derselben Tafel alle Elemente F_i von der Art, daß durch Zusammensetzung von F_i mit sich selbst der identische Automorphismus entsteht.

II. 19.3. Man fertige Skizzen aller nichtisomorphen Bäume mit neun Knoten an, die einen einzigen Automorphismus haben.

20. Allgemeinere Definition eines ungerichteten Graphen

Mit diesem Paragraphen beenden wir die Behandlung der ungerichteten Graphen. Bisher haben wir uns auf ungerichtete Graphen beschränkt, um den Anfängern das Verständnis zu erleichtern. Es erscheint zweckmäßig, sich wenigstens kurz über eine allgemeinere Definition eines ungerichteten Graphen zu äußern; wir werden dabei jedoch — ohne Anspruch auf Vollständigkeit der Definition — nur von der Anschauung ausgehen**).

In den bisherigen Betrachtungen haben wir nur den Fall zugelassen, daß jeweils zwei Knoten des Graphen durch höchstens eine Kante verbunden sind. Für manche Fälle ist es jedoch zweckmäßig, auch solche Knotenpaare zu betrachten, zwischen denen mehr als eine Kante existiert. Wir schließen auch den Fall nicht aus, daß zwei Knoten durch eine beliebige Menge von Kanten verbunden sind.

---

*) Mit den Zusammenhängen zwischen Gruppen und Graphen haben sich vor einiger Zeit *R. Frucht, H. Izbicki, G. Sabidussi* und andere beschäftigt.

**) Leser, die sich für die genaue Definiton des verallgemeinerten Begriffes interessieren, verweisen wir auf die Arbeit der deutschen Autorin *M. Hasse* [13]. Sie hat einen verallgemeinerten ungerichteten Graphen als eine Klasse L von Elementen mit einer Abbildung γ von L in die Menge der Teilklassen von L definiert. Dabei ist $\gamma(f)$ für jedes f aus L eine Teilklasse von L, die im allgemeinen aus zwei Elementen von L besteht, nämlich gerade aus den Knotenpunkten der Kante f.

Das Gebilde, das wir so erhalten, nennt man einen *Multigraphen*. So sehen wir beispielsweise in Bild 52 einen Multigraphen mit drei Knoten a, b, c und mit vier Kanten. Das Knotenpaar a und b ist hier durch zwei Kanten verbunden. Bei der früheren Definition eines Graphen haben wir jede Kante durch Angabe der beiden mit ihr inzidie-

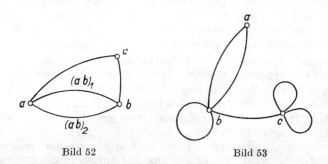

Bild 52 · Bild 53

renden Knoten bezeichnet. Das ist allerdings beim Multigraphen nicht möglich. Wir helfen uns hier jedoch leicht damit, daß wir die verschiedenen zu einem gleichen Knotenpaar doppelt zugehörigen Kanten durch Indizierung unterscheiden. So sind in Bild 52 die Kanten durch $(ab)_1$ und $(ab)_2$ bezeichnet, die mit den Knoten a und b inzidieren.
Der Begriff des Multigraphen ist auch für die Anwendungen nützlich. Dafür führen wir ein Beispiel aus der organischen Chemie an. Bei der Konstruktion der Strukturformel irgendeines organischen Stoffes ordnen wir jedem Atom einen Knoten zu und jedem Valenzstrich eine Kante. In vielen Fällen kommen wir hier jedoch mit unserem ursprünglichen Begriff des ungerichteten Graphen nicht aus; man muß zu dem des Multigraphen übergehen. So hat das Äthylen-Molekül die Strukturformel

$$\begin{array}{c}H\\ \diagdown\\ \end{array}C=C\begin{array}{c}H\\ \diagup\\ \end{array}$$
$$\begin{array}{c}H\\ \diagup\\ \end{array}\begin{array}{c}H\\ \diagdown\\ \end{array}$$

und das Azetylen-Molekül

$$H\!\!-\!\!-\!\!-\!\!C\!\equiv\!C\!-\!\!-\!\!-\!H.$$

Bei unseren bisherigen Betrachtungen ist niemals der Fall aufgetreten, daß die beiden Knoten, mit denen eine Kante des Graphen inzidiert, zusammenfallen. Bei der allgemeineren Definition braucht man diesen Fall jedoch nicht von der Betrachtung auszuschließen. Eine Kante, deren Endknoten zusammenfallen, heißt *Schlinge* in diesem Knoten. Bei einem Multigraphen wird zugelassen, daß in jedem seiner Knoten eine beliebige Menge von Schlingen gegeben ist. So sehen wir beispielsweise in Bild 53 einen Multigraphen mit drei Schlingen, von denen zwei zum Knoten c gehören.

Der Leser erkennt sicherlich, daß die Graphen, die wir in den vorhergehenden Abschnitten behandelt haben, Spezialfälle eines Multigraphen sind. Die Sätze die dort abgeleitet wurden, gelten im allgemeinen nicht für Multigraphen; einige Begriffe und Sätze kann man jedoch auch auf den allgemeineren Begriff des Multigraphen übertragen. Wir werden uns mit diesen Fragen hier nicht systematisch beschäftigen, sondern werden uns auf einige Bemerkungen beschränken. Nehmen wir z. B. den Knotengrad. Wir wählen in einem gegebenen Multigraphen einen Knoten x, mit dem nur eine endliche Anzahl von Kanten inzidiert. Wir bezeichnen mit s die Anzahl der zum Knoten x gehörigen Schlingen; t bedeute die Anzahl aller übrigen, mit x inzidenten Kanten. Dann definieren wir den Grad des Knotens x in dem gegebenen Multigraphen als die Zahl $2s + t$ *). So erhalten wir für den in Bild 53 gezeigten Multigraphen das Ergebnis, daß der Knoten a 2. Grades, dagegen jeder von den Knoten b und c 5. Grades ist.

Man kann auch von einem endlichen regulären Multigraphen sprechen (dessen sämtliche Knoten den gleichen Grad haben), und auch der Zusammenhang kann ebenso wie im Abschnitt 4 definiert werden. Wenn wir einen Kreis als endlichen zusammenhängenden regulären Multigraphen 2.

---

*) Der Leser stellt sich möglicherweise die Frage, warum der Knotengrad hier gerade auf diese Weise definiert wird. Dies geht daraus hervor, daß dann auch für die Multigraphen einige der Sätze gelten, die wir in den vorhergehenden Betrachtungen abgeleitet haben. Wir meinen hier besonders die Sätze aus Abschnitt 2 über die Summe der Grade der einzelnen Knoten des endlichen Graphen und über die Anzahl der Knoten ungeraden Grades.

Grades einführen, dann sehen wir, daß hier auch ein Kreis der Länge 1 und der Länge 2 existiert, was bei der vorangegangenen Definition für Graphen nicht möglich war.

Übungen

II. 20.1. Man bestimme die Anzahl der Kreise in dem in Bild 53 angegebenen Multigraphen.

II. 20.2. Auch für einen zusammenhängenden Multigraphen kann man ein Gerüst entsprechend wie bei einem Graphen definieren. Man bestimme die Anzahl der Gerüste in dem in Bild 52 gezeigten Multigraphen.

II. 20.3. In Satz 7 auf S. 47 haben wir gesehen, daß für eine gerade Zahl $m \geqq 4$ ein regulärer Graph 3. Grades mit m Knoten existiert. Man zeige, daß ein regulärer Multigraph 3. Grades mit zwei Knoten existiert.

III. GERICHTETE GRAPHEN

1. Betrachtungen, die zum Begriff des gerichteten Graphen führen

Am Anfang dieses Buches haben wir schon bemerkt, daß man den Begriff des Graphen auch so definieren kann, daß jeder Kante des Graphen eine bestimmte Richtung zugeordnet wird. Wir wollen nun zeigen, daß derartige Gebilde mit „gerichteten Kanten" bei verschiedenen mathematischen Betrachtungen auftreten. Zur genauen Definition des gerichteten Graphen kommen wir erst im folgenden Abschnitt.

Nehmen wir an, es sei die Permutation

$$P = \begin{pmatrix} 1 & 2 & 3 & 4 & 5 & 6 \\ 5 & 6 & 1 & 4 & 3 & 2 \end{pmatrix}$$

der Menge $\{1, 2, 3, 4, 5, 6\}$ gegeben. P können wir auf folgende Weise veranschaulichen: Wir wählen in der Ebene sechs Punkte und bezeichnen sie der Reihe nach mit den Zahlen 1, 2, 3, 4, 5, 6. Unsere Permutation ordnet der Zahl 1 die Zahl 5 zu, deshalb ziehen wir in dem Bild einen Pfeil von dem mit 1 bezeichneten Punkt zu dem mit 5 bezeichneten Punkt. In ähnlicher Weise tun wir das auch in den restlichen fünf Fällen, die bei unserer Permutation in Frage kommen. Man beachte, daß die Permutation P die Zahl 4 wiederum in die Zahl 4 abbildet. Wir zeichnen daher in dem Bild eine (gerichtete) Schlinge im Punkt 4. Das Resultat, zu dem wir bei dieser graphischen Veranschaulichung der Permutation P gelangt sind, ist in Bild 54 zu sehen.

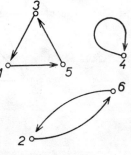

Bild 54

Gehen wir zu einem anderen Beispiel über, in dem wir durch einen gerichteten Graphen die Mengeninklusion zwischen den Teilmengen einer gegebenen Menge veranschaulichen. Der Einfachheit halber wollen wir die dreielementige

Menge $\{a, b, c\}$ betrachten, die drei zweielementige Teilmengen $\{a, b\}$, $\{a, c\}$, $\{b, c\}$ und drei einelementige Teilmengen $\{a\}$, $\{b\}$, $\{c\}$ hat und die weiter die Menge $\{a, b, c\}$ selbst und die leere Menge $\emptyset$ als Teilmengen besitzt. Diesen acht Mengen ordnen wir acht Punkte in der Ebene zu.

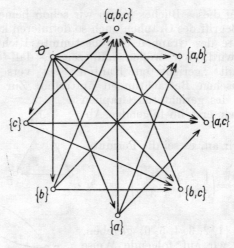

Bild 55

Die Menge $\{a, b\}$ ist eine echte Untermenge der Menge $\{a, b, c\}$, was wir graphisch dadurch ausdrücken, daß wir einen Pfeil vom Punkt $\{a, b\}$ zum Punkt $\{a, b, c\}$ führen. Auch in den anderen Fällen deuten wir durch einen Pfeil an, daß eine Menge eine echte Untermenge einer anderen Menge ist. So erhalten wir das Ergebnis, das in Bild 55 angegeben ist. In dieser Darstellung können wir uns sehr übersichtlich darüber informieren, welche Mengen in der Inklusionsbeziehung zueinander stehen.

Als weiteres Beispiel wollen wir eine Frage anführen, die dem Leser wahrscheinlich aus der Unterhaltungsmathematik bekannt ist. Wir haben drei Gefäße: Das erste Gefäß faßt 4 l und ist mit Wasser gefüllt; das zweite Gefäß faßt 3 l, das dritte 1 l. Die beiden letzten Gefäße sind leer. Wir sollen durch eine Umfüllung erreichen, daß im ersten und

im zweiten Gefäß je 2 l sind. Dabei können wir zur Abmessung nur die drei Gefäße benutzen, von denen in der Aufgabe die Rede ist.
Der Gedanke, diese Aufgabe graphisch darzustellen, stammt bereits aus dem vergangenen Jahrhundert und wurde von *G. Brunel* geäußert*). Wir wollen beschreiben, wie diese Aufgabe graphisch zu lösen ist. Der Stand des Wassers in den Gefäßen kann durch die Zahlentripel (a, b, c) charakterisiert werden, wobei a die Literzahl im ersten Gefäß, b diese Zahl im zweiten Gefäß, c dieselbe im dritten Gefäß bedeutet. Offensichtlich ist immer $a + b + c = 4$. Weiter ist leicht einzusehen, daß wir bei jedem Umgießen des Wassers nur diejenigen Situationen erreichen, in denen wenigstens ein Gefäß entweder leer oder voll ist (entweder entleeren wir es völlig, oder wir gießen es ganz voll). Diese Bedingung können wir auch so ausdrücken, daß für die Zahlen a, b, c bei jedem Umgießen wenigstens eine der folgenden Beziehungen gilt:

$$a = 4, a = 0, b = 3, b = 0, c = 1, c = 0.$$

Wir wollen nun alle Tripel (a, b, c) angeben, die wir durch das Umgießen erreichen können. Offenbar sind dies die folgenden Zahlentripel:

(4, 0, 0); (3, 1, 0); (3, 0, 1); (2, 2, 0); (2, 1, 1);

(1, 3, 0); (1, 2, 1); (0, 3, 1).

Wir wählen nun in der Ebene acht Punkte und ordnen jedem von ihnen eines dieser Zahlentripel zu. Von dem Tripel (4, 0, 0), das den Wasserstand in den Gefäßen zu Beginn unserer Aufgabe gibt, können wir entweder zum Tripel (3, 0, 1) dadurch gelangen, daß wir 1 l aus dem ersten Gefäß in das dritte geben, oder zu dem Tripel (1, 3, 0)

---

*) Unser Beispiel, bei dem wir für die Maßzahlen der Volumina die Zahlen 4,3 und 1 gewählt haben, ist allerdings sehr einfach, so daß wir die Lösung auch ohne graphische Darstellung leicht finden können. Wir haben die kleinen Zahlen jedoch deshalb gewählt, damit das Bild nicht allzu kompliziert ist und der Sinn der graphischen Veranschaulichung desto deutlicher hervortritt.

dadurch, daß wir aus dem ersten Gefäß 3 l in das zweite gießen. Eine andere Möglichkeit besteht hier nicht. Wir ziehen also zwei Pfeile, die von dem mit (4, 0, 0) bezeichneten Punkt ausgehen und in den mit (3, 0, 1) und (1, 3, 0) bezeichneten Punkten enden. Auf diese Weise fahren wir fort und suchen für jeden der acht Punkte unseres Bildes

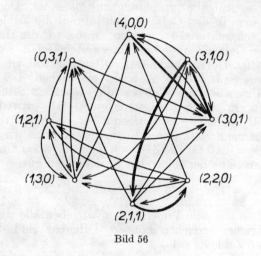

Bild 56

diejenigen Punkte (Wasserstände) heraus, die wir durch ein einmaliges Umgießen erreichen können. So erhalten wir eine graphische Darstellung, wie sie in Bild 56 angegeben ist. Die Antwort auf die gestellte Frage ist jetzt einfach. In Bild 56 gehen wir von dem mit (4, 0, 0) bezeichneten Punkt aus und steuern über Pfeile den Punkt (2, 2, 0) an. Eine der möglichen Lösungen ist im Bild durch stärkere Linien verdeutlicht*).

Das letzte Beispiel, das wir zum Verständnis des Begriffs eines gerichteten Graphen anführen wollen, bezieht sich auf ein bekanntes Spiel mit Streichhölzern. Dieses Spiel tritt in mancherlei Varianten in der mathematischen Literatur

---

*) Bild 56 gibt gleichzeitig auch auf eine Reihe weiterer Fragen Antwort, die man sich vorlegen kann. Auf einige von ihnen kommen wir in den Übungen noch zurück.

auf, und wir haben hier eine besonders einfache Variante ausgewählt. 11 Streichhölzer liegen auf einem Haufen, und zwei Spieler A und B ziehen abwechselnd. Jeder von ihnen darf ein, zwei oder drei Zündhölzer von dem Haufen nehmen, den gleichen Zug aber nicht zweimal unmittelbar hintereinander wiederholen. Der Spieler A beginnt das Spiel. Es gewinnt derjenige, der das letzte Streichholz vom Haufen nimmt. Wir wollen zeigen, daß sich der Spieler A durch geschicktes Vorgehen gegenüber dem Mitspieler immer den Gewinn sichern kann.

Wir geben zunächst an, wie der Spieler A vorgehen muß. Beim ersten Zug nimmt A 3 Zündhölzer vom Haufen. Wir wollen nun alle Reaktionen des Spielers B durchdenken.

Wenn der Spieler B beim ersten Zug 1 Zündholz nimmt, nimmt A beim zweiten Zug gleichfalls 1 Streichholz. Der Spieler B hat beim zweiten Zug zwei Möglichkeiten; wenn er 2 Streichhölzer nimmt, reagiert A ebenfalls mit einem Zug von 2 Hölzern. B kann nun nicht die letzten beiden Hölzer nehmen, die übriggeblieben sind; er nimmt bei seinem dritten Zug 1 Streichholz, und der Spieler A nimmt triumphierend das letzte Holz und hat gewonnen. Zurück zum zweiten Zug des Spielers B: Wenn B 3 Streichhölzer nimmt, nimmt A mit dem dritten Zug ebenfalls 3 Hölzer; damit ist das Spiel für ihn gewonnen.

Wenn B bei seinem ersten Zug 2 Streichhölzer nimmt, dann antwortet A mit einem Zug von gleichfalls 2 Streichhölzern. Der Spieler B hat zwei Möglichkeiten. Wenn er 1 Holz nimmt, dann nimmt Spieler A die übriggebliebenen 3 Hölzer, wenn er 3 Hölzer nimmt, dann nimmt A das letzte Streichholz des Haufens.

Wenn schließlich der Spieler B im ersten Zug 3 Streichhölzer zieht, dann nimmt A 1 Holz. Wenn B jetzt 1 Streichholz nimmt, dann zieht A die letzten 3 Zündhölzer; nimmt B 2 Streichhölzer, dann beendet A die Partie erfolgreich durch einen Zug von 2 Hölzern.

Man sieht: Auch bei der kleinen Zahl von Streichhölzern, die in unserer Aufgabe auftritt, ist die gesamte Beschreibung des Vorgehens vom Spieler A unübersichtlich. Diesen Nachteil der Beschreibung vermeiden wir jedoch durch eine graphische Veranschaulichung. In Bild 57 sind senkrechte Hilfsgeraden in gestrichelter Form enthalten, die im oberen Teil des Bildes der Reihe nach mit den Zahlen 11, 10, 9, ..., 2, 1, 0 versehen wurden. Diese Zahlen geben an, wieviele Streichhölzer in dem jeweiligen Augenblick auf dem Haufen

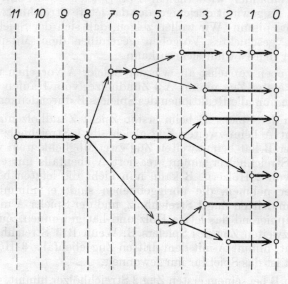

Bild 57

liegen. Zu Anfang des Spieles sind dies 11 Hölzer, und von diesem Anfangszustand aus führt eine mit einem Pfeil versehene Strecke zu dem Zustand mit 8 Hölzern; diese Strecke veranschaulicht den ersten Zug des Spielers A. Auf ähnliche Weise sind hier auch die anderen Züge erfaßt worden. Wenn es bei einem bestimmten Zustand nötig ist, mehrere Möglichkeiten in Betracht zu ziehen, dann ist dies auf dem Bild dadurch ausgedrückt, daß sich der Graph „verzweigt". Der größeren Übersichtlichkeit halber sind die Züge des Spielers A stärker gezeichnet als die von B. Aus Bild 57 geht hervor, daß die graphische Darstellung die ganze Situation in der Tat besser und übersichtlicher wiedergibt als eine Beschreibung.

Übungen

III. 1.1. Das erste Gefäß hat ein Volumen von 4 l und ist mit Wasser gefüllt. Das zweite Gefäß mißt 3 l und das dritte 1 l, und beide sind leer. Man überlege sich an Hand von Bild 56, daß man durch Umgießen des Wassers jeden von den weiteren sieben Wasserständen erreichen kann, die in Bild 56 betrachtet werden.

III. 1.2. Auf einem Haufen liegen 11 Streichhölzer, und zwei Spieler dürfen bei jedem Zug ein, zwei oder drei Streichhölzer davon wegnehmen. Dabei ist verboten, daß ein Spieler zweimal unmittelbar hintereinander den gleichen Zug tut. Es verliert der Spieler, der die letzten Streichhölzer vom Haufen nimmt. Man zeige, daß der Spieler, der die Partie beginnt, sie auch gewinnen kann. Man fertige eine graphische Darstellung an!

2. Definition eines gerichteten Graphen

Nach den vorbereitenden Betrachtungen im vorigen Abschnitt können wir nun zur genauen Definition eines gerichteten Graphen übergehen. Die Dinge liegen hier ähnlich wie im Falle der ungerichteten Graphen, auch hier finden sich in der Literatur verschiedene Definitionen. Wir gehen wieder von einer speziellen Definition aus und weisen erst später auf die Möglichkeit ihrer Verallgemeinerung hin.

Es sei eine beliebige nicht-leere Menge U und eine Abbildung Γ gegeben, die jedem Element x von U eindeutig eine Teilmenge $\Gamma(x)$ der Menge U zuordnet. Dann nennen wir das Paar $[U, \Gamma]$ einen *gerichteten Graphen*; die Menge U heißt die *Knotenmenge* dieses Graphen und ihre Elemente die *Knoten* des Graphen. Wenn für einen Knoten x ein Knoten y von der Art existiert, daß $y \in \Gamma(x)$ ist, dann bezeichnen wir das geordnete Paar (x, y) als *gerichtete Kante* oder kurz nur als *Kante* des betrachteten Graphen. Man beachte, daß es auf die Reihenfolge ankommt, in der die Knoten angegeben werden, denn das geordnete Paar (x, y) ist von dem geordneten Paar (y, x) verschieden. Statt eine Kante mit den Knoten x und y durch das geordnete Paar (x, y) anzugeben, bezeichnet man sie auch mit $\overrightarrow{xy}$. Wir verwenden auch Inzidenzbezeichnungen für die Knoten und Kanten des gerichteten Graphen, so daß wir z. B. sagen, die Kante $\overrightarrow{xy}$ *inzidiert* mit dem Knoten x,

oder der Knoten w ist mit der Kante $\vec{vw}$ *inzident* usw.*)
Ein gerichteter Graph ist also durch eine Menge U und eine Abbildung Γ von U in die Menge der Teilmengen von U bestimmt. Offensichtlich besteht hier aber auch eine andere Möglichkeit der Definition, und zwar ähnlich derjenigen, die wir schon kennen: Ein gerichteter Graph kann auch dadurch erklärt werden, daß wir neben der Menge U der Knoten noch eine Menge K angeben, die die Kanten des Graphen enthält. Wir sprechen dann kurz vom Graphen $[U, K]$ und benutzen zu seiner Bezeichnung gleichfalls einen einzigen Buchstaben. Um Mißverständnisse auszuschließen und zu betonen, daß wir mit einem gerichteten Graphen arbeiten, versehen wir diesen Buchstaben immer mit einem Pfeil. So treten in unseren Betrachtungen beispielsweise Graphen $\vec{\mathcal{G}}$, $\vec{\mathcal{G}}_1$ usw. auf.

Wir müssen noch davon sprechen, wie die Kanten eines gerichteten Graphen in den Bildern veranschaulicht werden. Dies ist nach den Betrachtungen des vorigen Abschnitts klar: Die gerichtete Kante $\vec{xy}$ veranschaulichen wir als Bogen, gebrochene Linie oder Strecke, die in dem Bild den Knoten x mit dem Knoten y verbindet und die mit einem auf den Knoten y gerichteten Pfeil versehen ist.

Beispiel 1. Kommen wir zu der Permutation

$$P = \begin{pmatrix} 1 & 2 & 3 & 4 & 5 & 6 \\ 5 & 6 & 1 & 4 & 3 & 2 \end{pmatrix}$$

in der Menge $\{1, 2, 3, 4, 5, 6\}$ zurück, die wir in Bild 54 veranschaulichten. Wir wollen hier die Knotenmenge u, die Abbildung Γ und die Kantenmenge K des P zugeordneten Graphen angeben. Die Knotenmenge ist offensichtlich $\{1, 2, 3, 4, 5, 6\}$. Für jedes x aus dieser Menge ist $\Gamma(x)$ eine einelementige Menge, z. B. ist $\Gamma(1) = \{5\}$, $\Gamma(4) = \{4\}$ usw. Wir sehen, daß die Kantenmenge unseres Graphen 6 Elemente hat.

Bei der Definition eines gerichteten Graphen haben wir den Fall nicht ausgeschlossen, daß ein Knoten x zur Menge $\Gamma(x)$

---

*) Man sagt auch, daß x der *linke* und y der *rechte* Knotenpunkt der Kante $\vec{xy}$ ist.

gehört. Wir können das auch so ausdrücken, daß die Existenz einer Kante $\overrightarrow{xx}$ zugelassen wird, die wir eine *Schlinge* im Punkt x nennen. Im obigen Beispiel ist $\Gamma(4) = \{4\}$, also $\overrightarrow{44}$ eine Schlinge im Punkt 4. Wir heben noch hervor: Wenn x, y zwei Knoten sind, kann in dem gerichteten Graphen neben der Kante $\overrightarrow{xy}$ gleichzeitig auch die Kante $\overrightarrow{yx}$ existieren. Hier sei wieder auf Bild 54 hingewiesen, in dem ein solcher Fall gezeigt wird. Wenn für zwei Knoten x und y die Kante $\overrightarrow{xy}$ existiert, jedoch nicht die Kante $\overrightarrow{yx}$, so sagen wir, daß $\overrightarrow{xy}$ eine *einfache* Kante ist. Der Graph in Bild 54 besitzt insgesamt drei einfache Kanten.

Einige Autoren lassen bei der Definition eines gerichteten Graphen auch den sogenannten *leeren* Graphen zu, der keinen Knoten (und also auch keine Kante) besitzt; wir werden diesen Fall jedoch nicht betrachten. Genau wie bei den ungerichteten Graphen nennen wir einen gerichteten Graphen mit endlicher Knotenmenge einen *endlichen* gerichteten Graphen und jeden anderen einen *unendlichen* gerichteten Graphen.

Für das Studium der gerichteten Graphen kann man einen ähnlichen Begriff einführen, wie es bei den ungerichteten Graphen die Verbindung zwischen zwei Knoten war, die sogenannte gerichtete Verbindung oder kurz die Verbindung. In einem gerichteten Graphen wollen wir die Knoten x_0 und x_n wählen. Wenn eine endliche Folge von Knoten und Kanten unseres Graphen der Form

$$x_0, \overrightarrow{x_0 x_1}, x_1, \overrightarrow{x_1 x_2}, x_2, \ldots, x_{n-1}, \overrightarrow{x_{n-1} x_n}, x_n$$

existiert, so nennen wir diese Folge eine *gerichtete Verbindung* zwischen den Knoten x_0 und x_n. Wir sagen, daß diese Verbindung im Knoten x_0 *beginnt* und im Knoten x_n *endet* und daß die anderen Knoten dieser Verbindung ihre *inneren* Knoten sind. Die Zahl n, welche die Kantenzahl in der betrachteten Folge bezeichnet, heißt die *Länge* der Verbindung.

Beispiel 2. In dem Graphen in Bild 56 ist bereits mit stärkeren Linien eine Verbindung zwischen zwei Knoten dargestellt. Sie beginnt in dem Knoten, der dem Stand (4, 0, 0) entspricht, und endet in dem Knoten, der dem Stand (2, 2, 0) entspricht. Die Verbindung hat die Länge 4.

Es empfiehlt sich wiederum, die gesamte Folge von Knoten und Kanten, die irgendeine Verbindung ausdrückt, mit einem einzigen Buchstaben zu bezeichnen (wobei gegebenenfalls noch ein Index verwendet wird). Damit keine Verwechslungen mit dem Symbol eintreten, das wir früher zur Bezeichnung der ungerichteten Verbindung gewählt haben, werden wir hier einen kleinen Pfeil über den Buchstaben setzen. So sprechen wir beispielsweise von der Verbindung $\vec{V}$ oder $\vec{V}^*$ usw. Die Folge der Länge 0, der wir bei den ungerichteten Graphen begegnet sind, hat auch hier eine Bedeutung. Dies ist eine Verbindung der Länge 0.

Wir fragen uns nun, wie sich der Begriff des Knotengrades, den wir für ungerichtete Graphen eingeführt haben, auf gerichtete Graphen übertragen läßt. Zuvor wollen wir in dem gegebenen Graphen noch eine Abbildung Γ^{-1} von U in die Menge der Teilmengen von U wie folgt definieren: Für jeden Knoten x unseres Graphen bedeute $\Gamma^{-1}(x)$ die Menge der Knoten y, für welche gilt $x \in \Gamma(y)$. Die Menge $\Gamma^{-1}(x)$ wird gerade von denjenigen Knoten unseres Graphen gebildet, von denen gerichtete Kanten ausgehen, die zum Knoten x führen.

In dem zu betrachtenden Graphen wählen wir einen Knoten x und setzen $a = |\Gamma(x)|$, $b = |\Gamma^{-1}(x)|$. Wenn die Mengen $\Gamma(x)$ und $\Gamma^{-1}(x)$ endlich sind, dann sind a, b nichtnegative ganze Zahlen*). Dieser Fall tritt offenbar immer dann ein, wenn der zu betrachtende Graph endlich ist. Wenn wir jedoch einen unendlichen Graphen vor uns haben, dann kann $a = \infty$ oder $b = \infty$ sein. Uns wird hier jedoch nur der erste Fall interessieren. Die anschauliche Bedeutung der Zahlen a und b ist dann folgende: a bedeutet die Anzahl der Kanten, die vom Knoten x ausgehen, während b die Anzahl der Kanten bezeichnet, die in den Knoten x einmünden. Das Paar (a, b) beschreibt dann den Knoten x auf ähnliche Weise, wie der Knotengrad den Knoten beim ungerichteten Graphen charakterisiert. Wenn $a = 0$ und

---

*) In der Literatur werden die Zahlen a, b oft als *Halbgrade* des Knotens x bezeichnet.

$b = 0$ ist, dann nennen wir den Knoten x *isoliert* (ähnlich wie bei den ungerichteten Graphen).

Wir wollen von einem Graphen $\vec{\mathscr{G}}_1$ ausgehen und in ihm zwei Knoten x und y wählen. Weiter nehmen wir an, daß in dem Graphen $\vec{\mathscr{G}}_1$ eine einfache Kante $\overrightarrow{xy}$ existiert. Der Graph $\vec{\mathscr{G}}_2$ sei wie folgt definiert: Die Knotenmenge von $\vec{\mathscr{G}}_2$ stimmt mit der Knotenmenge von $\vec{\mathscr{G}}_1$ überein. $\vec{\mathscr{G}}_2$ enthält alle Kanten von $\vec{\mathscr{G}}_1$ außer der Kante $\overrightarrow{xy}$; anstelle dieser Kante enthält der Graph $\vec{\mathscr{G}}_2$ die Kante $\overrightarrow{yx}$. Wir sagen dann, der Graph $\vec{\mathscr{G}}_2$ ist durch *Änderung der Richtung* der Kante $\overrightarrow{xy}$ aus dem Graphen $\vec{\mathscr{G}}_1$ entstanden. Wir können in einem gegebenen Graphen die Richtung bei einer beliebigen Anzahl seiner einfachen Kanten ändern. Im Falle eines unendlichen Graphen kann die Anzahl der Kanten, deren Richtung geändert werden kann, auch unendlich sein.

Wenn ein Graph $\vec{\mathscr{G}}_1 = [U_1, K_1]$ und ein weiterer Graph $\vec{\mathscr{G}}_2 = [U_2, K_2]$ so gegeben sind, daß $U_1 \subseteq U_2$ und gleichzeitig $K_1 \subseteq K_2$ gilt, so sagen wir, daß $\vec{\mathscr{G}}_1$ ein *Teilgraph* des Graphen $\vec{\mathscr{G}}_2$ ist. Wenn dabei nicht gleichzeitig $U_1 = U_2$ und $K_1 = K_2$ gilt, so nennen wir $\vec{\mathscr{G}}_1$ genauer einen *echten* Teilgraphen von $\vec{\mathscr{G}}_2$.

Bevor wir an die Definition des Zusammenhanges eines gerichteten Graphen gehen, führen wir noch einen Begriff ein. Wenn in einem gegebenen Graphen $\vec{\mathscr{G}}$ zwischen den Knoten v und w eine Verbindung existiert oder wenn man durch Änderung der Richtung gewisser Kanten des Graphen $\vec{\mathscr{G}}$ erreichen kann, daß in dem neuen Graphen zwischen v und w eine Verbindung besteht, dann sagen wir, daß die Knoten v und w *zusammenhängen*. Wenn in dem Graphen $\vec{\mathscr{G}}$ jeweils zwei seiner Knoten zusammenhängen, so heißt $\vec{\mathscr{G}}$ ein *zusammenhängender* Graph. So ist beispielsweise der Graph, den wir in Bild 56 angegeben haben, zusammenhängend, der durch Bild 54 gegebene Graph dagegen nicht.

Auch den Begriff einer Komponente kann man im Falle der gerichteten Graphen einführen. Wir gehen dabei von einem beliebigen Knoten x eines Graphen $\vec{\mathscr{G}} = [U, K]$ aus und betrachten die Menge U_1 aller Knoten des Graphen, die mit dem Knoten x zusammenhängen. Wenn wir mit K_1 die Menge aller Kanten von $\vec{\mathscr{G}}$ bezeichnen, die wenigstens mit einem Knoten aus U_1 inzidieren, dann heißt der Graph $\vec{\mathscr{G}}^{(x)} = [U_1, K_1]$ die (zu dem Knoten x gehörige) *Komponente* des Graphen $\vec{\mathscr{G}}$. Der Leser mag sich selbst zur Übung darüber klarwerden, daß der Graph in Bild 54 drei Komponenten hat.

Wir haben gesehen, daß in einem ungerichteten Graphen die Kreise eine besondere Bedeutung haben. Nun betrachten wir die den Kreisen entsprechenden Teilgraphen der gerichteten Graphen. Es sei ein endlicher zusammenhängender gerichteter Graph $\vec{\mathscr{Z}} = [U, \Gamma]$ gegeben, und für jeden Knoten $x \in U$ gelte $|\Gamma(x)| = 1$ und auch $|\Gamma^{-1}(x)| = 1$. Dann wird der Graph $\vec{\mathscr{Z}}$ als *Zyklus* bezeichnet. Die Definition hat wiederum einen sehr anschaulichen Sinn, den wir kurz wie folgt ausdrücken können: Der Zyklus ist ein zusammenhängender endlicher Graph, in dem von jedem Knoten eine einzige Kante ausgeht und in jeden Knoten eine einzige Kante einmündet. Wenn ein Zyklus $\vec{\mathscr{Z}} = [U, \Gamma]$ gegeben ist, dann nennen wir die Zahl $|U|$ die *Länge* des Zyklus.

Der Leser überlege sich, daß ein Zyklus der Länge 1 ein mit einer Schlinge versehener Knoten ist. Ein Zyklus der Länge 2 enthält zwei Knoten v und w zusammen mit den Kanten $\overrightarrow{vw}$, $\overrightarrow{wv}$ usw.

Übungen

III. 2.1. Wir wollen in einem endlichen Graphen $\vec{\mathscr{G}}$ die Knoten der Reihe nach mit den Zahlen $1, 2, 3, \ldots, n$ numerieren und mit a_i die Zahl der Kanten des Graphen $\vec{\mathscr{G}}$ bezeichnen, die von dem i-ten Knoten ausgehen, und mit b_i die Zahl der Kanten, die in den i-ten Knoten einmünden. Man beweise, daß

$$\sum_{i=1}^{n} a_i = \sum_{i=1}^{n} b_i$$

gilt.

III. 2.2. Nun betrachten wir den in Bild 56 angegebenen Graphen. Man zeige, daß jede seiner Kanten wenigstens in einem Zyklus enthalten ist.

Weiterhin bestimme man, in wievielen verschiedenen Zyklen die Kante enthalten ist, die von dem mit (2, 2, 0) bezeichneten Knoten ausgeht und in dem mit (1, 2, 1) bezeichneten Knoten endet.

III. 2.3. Wenn in einem gegebenen Graphen zwischen zwei Knoten x und y eine Verbindung besteht, dann bezeichnen wir mit $\vec{V}_{min}$ eine solche Verbindung zwischen x und y, die die geringste Länge hat. Man beweise, daß in $\vec{V}_{min}$ jeder Knoten und jede Kante des gegebenen Graphen höchstens einmal auftritt.

III. 2.4. Es sei ein Graph $\vec{\mathscr{G}} = [U, \Gamma]$ gegeben, und es sei jedem seiner Knoten x eine nichtnegative ganze Zahl $g(x)$ zugeordnet. Wir sagen, die so definierte Abbildung g ist eine *Grundysche Funktion* für $\vec{\mathscr{G}}$, wenn gilt:
a) Wenn $\Gamma(x) = \emptyset$ ist, dann ist $g(x) = 0$; b)
Wenn $\Gamma(x) \neq \emptyset$ ist, dann ist $g(x)$ gleich der kleinsten nichtnegativen ganzen Zahl, die von allen Werten $g(y)$ für $y \in \Gamma(x)$ verschieden ist. Man zeige, daß in dem in Bild 58 angegebenen Graphen eine Grundysche Funktion existiert und daß sie durch diesen Graphen eindeutig bestimmt wird. Man gebe diese Grundysche Funktion an!

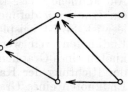

Bild 58

III. 2.5. Man gebe ein Beispiel für einen Graphen an, für den keine Grundysche Funktion definiert werden kann!

III. 2.6. Man gebe ein Beispiel für einen Graphen an, für den wenigstens zwei Grundysche Funktionen existieren!

III. 2.7. Es existiere für einen Graphen $\vec{\mathscr{G}}$ eine Grundysche Funktion g, und für einen Knoten x sei die Menge $\Gamma(x)$ endlich. Dann gilt $g(x) \leqq$ $\leqq |\Gamma(x)|$. Man beweise das!

III. 2.8. In einem gerichteten Graphen $\vec{\mathscr{G}} = [U, \Gamma]$ wollen wir eine *Knotenbasis* definieren als eine Teilmenge B der Menge U, für die gilt: I. Wenn $x \in B$ ist, dann ist $\Gamma(x) \cap B = \emptyset$. II. Wenn $x \notin B$ ist, dann ist $\Gamma(x) \cap B \neq \emptyset$. Man zeige, daß in dem Graphen in Bild 58 eine einzige Knotenbasis existiert, und gebe diese an.

III. 2.9. Man gebe ein Beispiel für einen Graphen $\vec{\mathscr{G}}$ an, in dem keine Knotenbasis existiert.

III. 2.10. Man gebe ein Beispiel für einen Graphen $\vec{\mathscr{G}}$ an, in dem zwei Knotenbasen existieren. Man gebe einerseits einen Graphen an, in dem beide Knotenbasen gleichmächtig sind und andererseits einen Graphen, in dem sie nicht gleichmächtig sind.

III. 2.11. Für einen gegebenen Graphen $\vec{\mathscr{G}}$ existiere eine Grundysche Funktion g. Wir wollen mit B die Menge aller Knoten x des Graphen $\vec{\mathscr{G}}$ bezeichnen, für die $g(x) = 0$ ist. Man beweise, daß die Menge B eine Knotenbasis des Graphen $\vec{\mathscr{G}}$ ist.

3. Einige Typen gerichteter Graphen

Für einen Knoten x eines Graphen $\vec{\mathscr{G}}$ sei die Menge $\varGamma^{-1}(x)$ leer; dann sagen wir, daß x ein *Anfangsknoten* des betrachteten Graphen ist*). Wir können anschaulich ausgedrückt sagen, daß ein Knoten genau dann ein Anfangsknoten ist, wenn in ihn keine Kante des Graphen mündet. So ist beispielsweise in Bild 59 der Knoten x ein Anfangsknoten, und dieser Graph hat keine weiteren Anfangsknoten mehr. Auch jeder isolierte Knoten des Graphen ist ein Anfangsknoten.

Auf ähnliche Weise kann ein *Endknoten* eines Graphen als ein Knoten y definiert werden, für den die Menge $\varGamma(y)$ leer ist. So ist beispielsweise in Bild 59 der Knoten y ein Endknoten. Wir werden hier keine Sätze über die Endknoten eines Graphen ableiten; denn durch eine Änderung der Richtung der Kanten kann man jeden Satz über die Endknoten eines Graphen in einen solchen über die Anfangsknoten überführen.

Ein verhältnismäßig einfacher Typ eines gerichteten Graphen ist der sogenannte azyklische Graph. Ein Graph $\vec{\mathscr{G}}$ heißt *azyklisch*, wenn er keinen Zyklus als Teilgraphen enthält. So ist z. B. der Graph aus Bild 59 azyklisch, derjenige aus Bild 60 nicht. Der Leser weiß, daß wir hier auch die Schlinge als Zyklus betrachten, und darum kann ein azyklischer Graph keine Schlingen enthalten. Man beachte, daß die Azyklizität eine „Erbeigenschaft" in dem folgenden Sinn ist: Wenn $\vec{\mathscr{G}}_1$ ein Teilgraph eines Graphen $\vec{\mathscr{G}}_2$ ist, dann folgt aus der Tatsache, daß $\vec{\mathscr{G}}_2$ ein azyklischer Graph ist, daß auch $\vec{\mathscr{G}}_1$ azyklisch ist. Diese einfache Eigenschaft werden wir in den Beweisen brauchen. Über die endlichen Graphen leiten wir nun zwei Sätze ab.

Satz 1. *In jedem endlichen azyklischen Graphen existiert wenigstens ein Anfangsknoten.*

Beweis. Wir wählen in einem endlichen azyklischen Graphen einen beliebigen Knoten x_1. Wenn x_1 ein Anfangs-

---

*) Manche Autoren nennen einen Anfangsknoten auch *Quelle*.

knoten ist, sind wir mit dem Beweis fertig. Wenn er kein Anfangsknoten ist, dann existiert in dem Graphen wenigstens ein von x_1 verschiedener Knoten x_2, so daß die Kante $\overrightarrow{x_2 x_1}$ vorhanden ist. Wenn x_2 ein Anfangsknoten ist, ist der Beweis fertig. Im entgegengesetzten Falle suchen wir einen (von x_1 und x_2 verschiedenen) Knoten x_3 so, daß die Kante

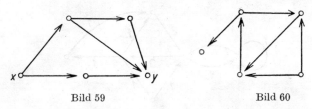

Bild 59   Bild 60

$\overrightarrow{x_3 x_2}$ existiert. Auf diese Weise können wir fortfahren und so die Folge der Knoten $x_1, x_2, x_3, x_4, \ldots$ bilden, in der kein Knoten zweimal auftritt (unser Graph ist azyklisch!). Da der Ausgangsgraph endlich ist, kann diese Folge nicht unendlich sein, und wir müssen bei ihrer Konstruktion einen Anfangsknoten des gegebenen Graphen finden. Damit ist der Beweis geliefert.

Bild 61

Es sei bemerkt, daß es in Satz 1 wesentlich ist, daß der zu betrachtende Graph endlich ist. Bild 61 zeigt uns nämlich das Beispiel eines unendlichen azyklischen Graphen, der keinen Anfangsknoten enthält.
Man kann die endlichen azyklischen Graphen durch eine sehr einfache Bedingung beschreiben, die wir im nächsten Satz angeben.

Satz 2. *Ein endlicher Graph $\overrightarrow{\mathscr{G}} = [U, K]$ ist dann und nur dann azyklisch, wenn wir seine Knoten mit den Zahlen $1, 2, 3, \ldots, |U|$ so numerieren können, daß für jede Kante $\overrightarrow{ij}$ die Beziehung $i < j$ erfüllt ist.*

Beweis. Wir gehen von einem endlichen Graphen $\vec{\mathscr{G}}$ aus und nehmen an, daß man seine Knoten so numerieren kann, wie es in unserem Satz gesagt wird. Unser Graph hat keine Schlinge $\overrightarrow{ii}$, denn es gilt nicht $i < i$. Wenn $\vec{\mathscr{G}}$ einen anderen Zyklus enthielte, so kommen wir durch folgende Erwägung zu einem Widerspruch: Mögen die Knoten unseres Zyklus

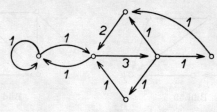

Bild 62

in der vorgenommenen Numerierung der Knoten die Zahlen $i_1, i_2, i_3, \ldots, i_n$ in der Reihenfolge enthalten, wie die Kanten in diesem Zyklus gerichtet sind. Es ist also $i_1 < i_2 < i_3 < i_4 < \ldots < i_n$ und weiter $i_n < i_1$. Daraus folgt $i_1 < i_1$, was ein Widerspruch ist. Unser Graph ist also azyklisch.

In dem zweiten Teil des Beweises wollen wir von einem endlichen azyklischen Graphen $\vec{\mathscr{G}}$ ausgehen und zeigen, daß seine Knoten so numerierbar sind, wie in unserem Satz angegeben ist. Nach dem vorangegangenen Satz können wir in $\vec{\mathscr{G}}$ wenigstens einen Anfangsknoten finden, wir wollen ihn mit der Zahl 1 bezeichnen. Wenn $|U| \neq 1$ ist, dann entfernen wir aus $\vec{\mathscr{G}}$ den Knoten 1 und alle Kanten, die von ihm ausgehen. Wir erhalten so den azyklischen Graphen $\vec{\mathscr{G}}_1$. Da $\vec{\mathscr{G}}_1$ ein endlicher Graph ist, können wir hier wieder wenigstens einen Anfangsknoten finden, und diesen bezeichnen wir mit 2. Wenn $|U| \neq 2$ ist, dann entfernen wir ebenfalls den Knoten 2 aus $\vec{\mathscr{G}}_1$ und alle von ihm ausgehenden Kanten. In dem so entstandenen Graphen $\vec{\mathscr{G}}_2$ suchen wir wieder einen Anfangsknoten und wiederholen die Konstruktion so lange, wie der erreichte Graph $\vec{\mathscr{G}}_j$ wenigstens zwei Knoten hat. Da $\vec{\mathscr{G}}$ ein endlicher Graph ist, gelangen wir auf diese Weise schließlich zu einem Graphen mit einem einzigen Knoten, dem wir die Zahl $|U|$ zuordnen. Man sieht, daß die so definierte Numerierung der Knoten die Eigenschaft hat, die wir in dem zu beweisenden Satz gefordert haben. Damit ist der Beweis von Satz 2 erbracht.

Eine interessante Anwendung der azyklischen Graphen hat *Oystein Ore* im Jahre 1960 festgestellt; er hat nämlich gezeigt, daß diese Art von Graphen auch in der Biologie Anwendung findet. Wenn wir eine Menge von Lebewesen einer bestimmten Art beobachten, können wir jedem Einzelexemplar einen Knoten eines gewissen gerichteten Graphen zuordnen; die Kante $\overrightarrow{xy}$ führen wir genau dann ein, wenn das Exemplar y der (direkte) Nachkomme des Exemplars x ist. Da keiner sein eigener Nachkomme ist, hat ein so entstandener Graph offensichtlich keine Schlinge, und man erkennt auch leicht, daß dies ein azyklischer Graph speziellen Typs ist (in jedem Knoten gehen zwei Kanten ein, denn jedes Exemplar hat zwei Eltern). Eingehender kann sich der Leser in *Ores* Buch [19] auf S. 166 über diese biologischen Anwendungen orientieren.

Wir wollen unsere Aufmerksamkeit nun einem anderen Typ gerichteter Graphen zuwenden. Es existiere in einem Graphen $\overrightarrow{\mathscr{G}}$ für jedes Knotenpaar x, y eine Verbindung, die in x beginnt und in y endet. Wir sagen dann, $\overrightarrow{\mathscr{G}}$ sei ein *wohlgerichteter* Graph*). Wenn $\overrightarrow{\mathscr{G}}$ nur einen Knoten hat, dann ist dieser Graph offensichtlich nach Definition wohlgerichtet (gleichgültig, ob dieser Knoten mit einer Schlinge versehen ist oder nicht). Das ist allerdings ein trivialer Fall. Ein anderes Beispiel für einen wohlgerichteten Graphen sehen wir in Bild 62. Der Leser kann selbst erkennen, daß hier wirklich die Bedingung erfüllt ist, die wir von einem wohlgerichteten Graphen fordern. Wir überlassen es gleichfalls dem Leser, sich selbst ein Beispiel für einen unendlichen wohlgerichteten Graphen zu konstruieren.

---

*) In der Literatur finden wir auch die Bezeichnung *stark zusammenhängender* Graph. Die deutsche Bezeichnung wohlgerichtet benutzte L. *Egyed* schon im Jahre 1941.

Wenn wir an die Definition des Zusammenhanges bei
gerichteten Graphen denken, sehen wir, daß ein wohlgerichteter Graph ein Sonderfall eines zusammenhängenden
Graphen ist. Ein zusammenhängender gerichteter Graph
muß allerdings nicht wohl-
gerichtet sein, wie z. B. Bild
63 zeigt. Wir wollen nun einen Satz über wohlgerichtete
Graphen beweisen.

Bild 63

Satz 3. *Ein zusammenhängender Graph $\vec{\mathcal{G}}$ ist genau dann
wohlgerichtet, wenn jede seiner Kanten in wenigstens einem
Zyklus von $\vec{\mathcal{G}}$ liegt.*

Beweis. Wir wollen im ersten Teil des Beweises von einem
wohlgerichteten Graphen $\vec{\mathcal{G}}$ ausgehen und beweisen, daß
jede seiner Kanten in wenigstens einem Zyklus liegt. Es sei
$\overrightarrow{xy}$ eine Kante von $\vec{\mathcal{G}}$. Ist diese eine Schlinge, so ist alles
klar. Sind x, y verschiedene Knoten, so existiert in dem
gegebenen Graphen eine Verbindung, die im Knoten y
beginnt und im Knoten x endet. Wenn mehrere solcher
Verbindungen existieren, dann gibt es unter diesen eine
oder mehrere, die die geringste Länge haben. Unter diesen
Verbindungen minimaler Länge wählen wir eine beliebige
aus und bezeichnen sie mit $\vec{V}_{min}$. Nun erkennen wir leicht,
daß auf $\vec{V}_{min}$ jeder Knoten und jede Kante unseres Graphen
höchstens einmal auftreten. Es genügt nun, einen Zyklus
zu bilden, der aus allen Knoten der Verbindung $\vec{V}_{min}$, aus
allen Kanten dieser Verbindung und weiter aus der Kante
$\overrightarrow{xy}$ besteht. Damit ist der gesuchte Zyklus, der die Kante $\overrightarrow{xy}$
enthält, gebildet.

Im zweiten Teil beweisen wir folgendes: Wenn ein zusammenhängender Graph $\vec{\mathcal{G}}$ gegeben ist, bei dem jede Kante
wenigstens zu einem Zyklus gehört, dann ist der Graph $\vec{\mathcal{G}}$
wohlgerichtet. Wir wählen also in einem zusammen-
hängenden Graphen, bei dem jede Kante wenigstens zu
einem Zyklus gehört, einen willkürlichen Knoten x und
bezeichnen mit M die Menge aller Knoten y von der Art,

daß in $\vec{\mathscr{G}}$ eine Verbindung zwischen x und y existiert. Um zu einem Widerspruch zu kommen, werden wir annehmen, daß in unserem Graphen auch solche Knoten existieren, die nicht zu M gehören; wir wollen die Menge dieser Knoten mit dem Buchstaben N bezeichnen. Offenbar ist es nicht möglich, zwei Knoten v und w so zu finden, daß $v \in M$, $w \in N$ ist und die Kante $\vec{vw}$ zu $\vec{\mathscr{G}}$ gehört. Dann würde nämlich $w \in M$ sein, was nicht möglich ist. Da unser Graph zusammenhängend ist, müssen also zwei Knoten r, s so existieren, daß $r \in M$, $s \in N$ ist und $\vec{sr}$ eine Kante von $\vec{\mathscr{G}}$ ist. Nun bilden wir den Zyklus $\vec{\mathscr{X}}$ über der Kante $\vec{sr}$ und bezeichnen mit $\vec{V}_1$ die Verbindung zwischen x und r und mit $\vec{V}_2$ die Verbindung zwischen r und s, die zum Zyklus $\vec{\mathscr{X}}$ gehört. Wenn wir zuerst $\vec{V}_1$ und dann $\vec{V}_2$ durchlaufen, so erhalten wir auf diese Weise eine Verbindung zwischen x und s. Das ist jedoch ein Widerspruch; denn wir haben vorausgesetzt, daß in unserem Graphen keine Verbindung zwischen x und s existiert. Auch der zweite Teil des Beweises ist damit geliefert.

Als Illustration können wir erneut Bild 62 betrachten, in dem ein wohlgerichteter Graph gezeigt wird. Die Zahlen, die an seinen Kanten angegeben sind, bedeuten, in wievielen Zyklen die entsprechende Kante auftritt. Man sieht also: Eine Kante kann auch in mehreren Zyklen enthalten sein.

Die *Euler*schen Graphen, denen wir beim Studium der ungerichteten Graphen begegnet sind, haben auch unter den gerichteten Graphen eine bestimmte Analogie. Wir meinen hiermit die sogenannten gleichwertig gerichteten Graphen*).

Ein endlicher Graph $\vec{\mathscr{G}} = [U, \Gamma]$ heißt *gleichwertig gerichtet*, wenn für jeden seiner Knoten x gilt $|\Gamma(x)| = |\Gamma^{-1}(x)|$.

---

*) Der Begriff des gleichwertig gerichteten Graphen tritt in der mathematischen Literatur recht oft auf; es hat sich für ihn jedoch keine Bezeichnung fest eingebürgert. So arbeitet z. B. *D. König* [15] mit dieser Art gerichteter Graphen, verwendet dabei jedoch keine besondere Bezeichnung. Bei anderen Autoren (*N. G. de Bruijn*, *T. van Aardenne-Ehrenfest*, *F. Harary*) fand ich gleichfalls verschiedene Ausdrücke für diesen Begriff (z. B. T-Graph, Isograph).

Anschaulich ausgedrückt bedeutet diese Bedingung, daß in jeden Knoten eines gleichwertig gerichteten Graphen ebensoviele Kanten eintreten, wie von ihm ausgehen. So ist z. B. ein Zyklus ein einfaches Beispiel für einen gleichwertig gerichteten Graphen. Ein anderes triviales Beispiel erhalten wir, wenn wir einen Graphen wählen, dessen sämtliche Knoten isoliert sind.

Eine Verbindung, in der jede Kante des gegebenen Graphen höchstens einmal auftritt, nennen wir einen (*gerichteten*) *Zug*. Der Zug kann wieder offen oder geschlossen sein (je nachdem, ob er in verschiedenen Knoten beginnt und endet oder nicht). In einem weiteren Satz äußern wir uns darüber, welche gerichteten Graphen man in einem Zug bilden kann.

Satz 4. *Eine notwendige und hinreichende Bedingung dafür, daß wir einen endlichen Graphen $\vec{\mathcal{G}}$ in einem geschlossenen Zug bilden können, ist, daß $\vec{\mathcal{G}}$ ein zusammenhängender gleichwertig gerichteter Graph ist.*

Beweis. Unsere Behauptung ist der Aussage des Satzes 22 auf S. 73 analog, dessen Beweis wir auf einem Hilfssatz aufgebaut haben. Wir werden hier auf eine etwas andere Weise vorgehen (die sich allerdings in ihrem Wesen von dem Beweisgedanken jenes Satzes über die *Euler*schen Graphen nicht allzusehr unterscheidet).

Aus der Möglichkeit der Konstruktion in einem Zug folgt wiederum der Zusammenhang unseres Graphen. Ist dies ein geschlossener Zug, dann ist (aus ähnlichen Gründen wie im Satz 22) für jeden Knoten t die Beziehung $|\Gamma(t)| = |\Gamma^{-1}(t)|$ erfüllt, und der Graph ist gleichwertig gerichtet. Wir wollen also von dem zusammenhängenden gleichwertig gerichteten Graphen $\vec{\mathcal{G}}$ ausgehen und werden beweisen, daß wir ihn in einem geschlossenen Zug bilden können. Zunächst wählen wir in $\vec{\mathcal{G}}$ einen beliebigen Knoten w und bilden einen Zug dadurch, daß wir die Kanten des zu betrachtenden Graphen „in Pfeilrichtung" fortschreitend durchgehen. Da $\vec{\mathcal{G}}$ ein gleichwertig gerichteter Graph ist, können wir immer von neuem den Knoten verlassen, in den wir eingetreten sind; eine Ausnahme bildet nur der Knoten

w, in den wir nach einer endlichen Zahl von Schritten notwendigerweise gelangen; denn unser Graph ist endlich. Es bleibt die Frage bestehen, ob man einen geschlossenen Zug bilden kann, der alle Kanten unseres Graphen enthält. Wir wollen mit $\vec{T}_{max}$ einen solchen geschlossenen Zug bezeichnen, der die größte Länge hat. Wenn irgendeine Kante unseres Graphen nicht zu $\vec{T}_{max}$ gehört, bilden wir einen Teilgraphen $\vec{\mathscr{G}}_1$ des Graphen $\vec{\mathscr{G}}$ von der Art, daß $\vec{\mathscr{G}}_1$ alle Kanten, die nicht zu $\vec{T}_{max}$ gehören, und alle mit ihnen inzidenten Knoten enthält. Der Graph $\vec{\mathscr{G}}_1$ ist offensichtlich gleichwertig gerichtet und hat wenigstens einen Knoten x gemeinsam mit $\vec{T}_{max}$. In dem Graphen $\vec{\mathscr{G}}_1$ kann man aus ähnlichen Gründen, wie wir schon bei dem ursprünglichen Graphen $\vec{\mathscr{G}}$ erkannt haben, gleichfalls einen geschlossenen Zug $\vec{T}$ bilden (der im Knoten x beginnt und endet). Wenn wir jedoch zu dem Graphen $\vec{\mathscr{G}}$ zurückkehren und hier $\vec{T}_{max}$ bis zum Knoten x durchlaufen, dann kann man durch Einschaltung des Zuges $\vec{T}$ den Zug $\vec{T}_{max}$ „verlängern". Das ist ein Widerspruch, und der Beweis ist damit geliefert.

Der Satz, mit dem wir uns eben beschäftigt haben, zeigt uns auch, welche Beziehung zwischen den gleichwertig gerichteten und den wohlgerichteten Graphen besteht. Da man einen zusammenhängenden gleichwertig gerichteten Graphen durch einen geschlossenen Zug bilden kann, existiert zwischen jeweils zwei seiner Knoten eine Verbindung, und der Graph ist also wohlgerichtet. Diese Folgerung aus Satz 4 können wir so ausdrücken: Ein zusammenhängender gleichwertig gerichteter Graph ist ein Sonderfall eines wohlgerichteten Graphen.

Übungen

III. 3.1. Man gebe ein Beispiel für einen unendlichen zusammenhängenden azyklischen Graphen an, der einen einzigen Anfangsknoten besitzt!

III. 3.2. Man gebe ein Beispiel für einen wohlgerichteten Graphen an, bei dem jede Kante a) zu genau einem Zyklus; b) zu genau zwei Zyklen gehört.

III. 3.3. In einem endlichen azyklischen Graphen $\vec{\mathscr{G}}$ existiere ein einziger Anfangsknoten p und ein einziger Endknoten q. Wir bilden einen neuen Graphen $\vec{\mathscr{G}}_1$ dadurch, daß wir zu $\vec{\mathscr{G}}$ die Kante $\overrightarrow{qp}$ hinzufügen. Man beweise, daß $\vec{\mathscr{G}}_1$ wohlgerichtet ist.

III. 3.4. Wenn wir in der vorhergehenden Übung von dem Graphen $\vec{\mathscr{G}}$ annehmen, daß er unendlich ist, dann kann nicht bewiesen werden, daß $\vec{\mathscr{G}}_1$ wohlgerichtet ist. Man zeige das an einem Beispiel!

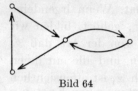

Bild 64

III. 3.5. In Bild 64 ist ein wohlgerichteter Graph mit vier Knoten angegeben. Man zeige, daß eine natürliche Zahl l so existiert, daß zwischen jeweils zwei nicht notwendig verschiedenen Knoten unseres Graphen eine Verbindung von der Länge l existiert. Man gebe die kleinste natürliche Zahl l an, die so unserem Graphen zugeordnet werden kann.

4. Quasikomponenten eines Graphen und reduzierte Graphen

Der Begriff des azyklischen Graphen ermöglicht uns, einen beliebigen endlichen gerichteten Graphen übersichtlich zu beschreiben. Bei dieser Untersuchung spielen noch die sogenannten Quasikomponenten*) eines Graphen eine Rolle, anhand deren wir uns den schon bekannten Begriff der Komponente ein wenig in Erinnerung rufen.

Wir haben gesehen, daß jede Kante eines wohlgerichteten Graphen wenigstens zu einem seiner Zyklen gehört. Es wird darum sicherlich nützlich sein, wenn wir im allgemeinen Falle diejenigen Kanten eines Graphen betrachten, die zu keinem Zyklus gehören. Jede derartige Kante nennen wir eine *freie* Kante des Graphen. Wenn wir aus dem Graphen $\vec{\mathscr{G}}$ alle seine freien Kanten entfernen, entsteht ein Teilgraph $\vec{\mathscr{G}}_0$. Dieser Graph $\vec{\mathscr{G}}_0$ hat schon die Eigenschaft, daß jede Kante wenigstens in einem Zyklus dieses Graphen enthalten ist. Wenn wir also die einzelnen Komponenten des Graphen $\vec{\mathscr{G}}_0$ betrachten, sehen wir, daß jede dieser Komponenten ein wohlgerichteter Graph ist. Die Komponenten des Graphen $\vec{\mathscr{G}}_0$ haben eine bestimmte

---

*) Die Vorsilbe „Quasi" (aus dem Lateinischen) bedeutet „gleichsam", „sozusagen".

141

Bedeutung für den ursprünglichen Graphen $\vec{\mathscr{G}}$; wir nennen sie die *Quasikomponenten* des Graphen $\vec{\mathscr{G}}$.

Beispiel 3. Wir bestimmen die freien Kanten und die Quasikomponenten des Graphen, der in Bild 65 angegeben wird.

Unser Graph hat drei freie Kanten, nämlich $\vec{ae}$, $\vec{bc}$ und $\vec{fa}$. Wenn wir diese Kanten aus dem gegebenen Graphen ent-

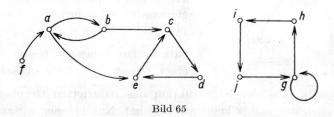

Bild 65

fernen, entsteht ein Graph mit vier Komponenten; das sind also die Quasikomponenten des ursprünglichen Graphen. Wir beachten noch, daß die Quasikomponente, deren Knotenmenge $\{g, h, i, j\}$ ist, gleichzeitig eine Komponente des ursprünglichen Graphen ist.

Kehren wir wieder zum allgemeinen Fall zurück. Wir suchen in einem gegebenen Graphen $\vec{\mathscr{G}}$ alle Quasikomponenten auf und bilden einen neuen Graphen $\vec{\mathscr{R}}$, der wie folgt definiert wird: Jeder Quasikomponente des Graphen $\vec{\mathscr{G}}$ entspreche ein Knoten des Graphen $\vec{\mathscr{R}}$. Wenn $\vec{\mathscr{G}}_1$ und $\vec{\mathscr{G}}_2$ zwei Quasikomponenten des Graphen $\vec{\mathscr{G}}$ sind und wir mit g_1 und g_2 die entsprechenden Knoten von $\vec{\mathscr{R}}$ bezeichnen, dann existiert in $\vec{\mathscr{R}}$ die Kante $\overrightarrow{g_1 g_2}$ dann und nur dann, wenn es in $\vec{\mathscr{G}}$ eine freie Kante $\vec{xy}$ von der Art gibt, daß x zu $\vec{\mathscr{G}}_1$ und y zu $\vec{\mathscr{G}}_2$ gehört. Der Graph $\vec{\mathscr{R}}$, der auf diese Weise beschrieben wird, heißt der *reduzierte* Graph von $\vec{\mathscr{G}}$ *).

---

*) Die Definition des reduzierten Graphen hat eine sehr anschauliche Bedeutung. Jede Quasikomponente wird hier in einen einzigen Knoten „zusammengezogen", und auch die Kanten zwischen den so entstandenen Knoten werden immer auf höchstens eine reduziert.

Beispiel 4. Bilden wir einen reduzierten Graphen zu dem in Bild 65 dargestellten Graphen.
In Beispiel 3 haben wir gesagt, daß der dort betrachtete Graph vier Quasikomponenten hat. Der reduzierte Graph hat also vier Knoten. Wir sehen ihn in Bild 66, in dem bei jedem Knoten die Knotenmenge der entsprechenden Quasikomponente angegeben ist.

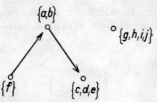

Bild 66

Wir wollen nun eine wichtige Eigenschaft des reduzierten Graphen ableiten.

Satz 5. *Der reduzierte Graph $\vec{\mathcal{R}}$ eines Graphen $\vec{\mathcal{G}}$ ist azyklisch.*

Beweis. Aus der Konstruktion des reduzierten Graphen wissen wir, daß $\vec{\mathcal{R}}$ keine Schlinge hat. Nun nehmen wir an, daß in $\vec{\mathcal{R}}$ ein Zyklus der Länge l existiert (wobei $l \geq 2$ ist) und bezeichnen mit $\overrightarrow{g_1 g_2}$, $\overrightarrow{g_2 g_3}$, $\overrightarrow{g_3 g_4}$, ..., $\overrightarrow{g_l g_1}$ alle Kanten dieses Zyklus. Von den Knoten $g_1, g_2, ..., g_l$ des Graphen $\vec{\mathcal{R}}$ können wir zu den entsprechenden Quasikomponenten $\vec{\mathcal{G}}_1, \vec{\mathcal{G}}_2, ..., \vec{\mathcal{G}}_l$ übergehen. Nunmehr suchen wir im Graphen $\vec{\mathcal{G}}$ freie Kanten $\overrightarrow{x_1 y_1}, \overrightarrow{x_2 y_2}, ..., \overrightarrow{x_l y_l}$ von der Art aus, daß die Kante $\overrightarrow{x_i y_i}$ von der Quasikomponente $\vec{\mathcal{G}}_i$ ausgeht und in $\vec{\mathcal{G}}_{i+1}$ endet (für $i = 1, 2, 3, ..., l-1$) und die Kante $\overrightarrow{x_l y_l}$ von $\vec{\mathcal{G}}_l$ ausgeht und in $\vec{\mathcal{G}}_1$ endet. Wir bilden in $\vec{\mathcal{G}}_2$ eine kürzeste Verbindung zwischen y_1 und x_2, in $\vec{\mathcal{G}}_3$ eine kürzeste Verbindung zwischen y_2 und x_3 und führen auch in den anderen Quasikomponenten eine ähnliche Konstruktion durch. Dann würden die Kanten $\overrightarrow{x_1 y_1}, \overrightarrow{x_2 y_2}, ..., \overrightarrow{x_l y_l}$ zusammen mit allen Knoten und Kanten jener minimalen Verbindungen einen Zyklus bilden. Das ist jedoch ein Widerspruch; denn die Kanten $\overrightarrow{x_i y_i}$ sind frei. Der Beweis ist damit geliefert.

Die Quasikomponenten haben nicht nur in der Graphentheorie eine Bedeutung, sondern auch in den Anwendungen. *F. Harary*[*]) zeigte, daß sie auch in der numerischen

---

[*]) Numerische Mathematik 4 (1962), 128—135.

Mathematik angewendet werden können, wenn man eine quadratische Matrix invertieren will. *P. Liebl* und der Verfasser dieses Büchleins*) haben einen Algorithmus beschrieben, der auch in dem Falle die Quasikomponenten aufzufinden ermöglicht, wo der gegebene Graph eine größere Anzahl von Knoten hat.

Übungen

III. 4.1. Man bestimme den reduzierten Graphen für einen endlichen Graphen $\vec{\mathscr{G}}$, wenn $\vec{\mathscr{G}}$ a) azyklisch, b) wohlgerichtet ist.

5. Inzidenzmatrizen eines gerichteten Graphen

Wir werden uns jetzt mit dem Zusammenhang der Graphentheorie mit der Matrizentheorie beschäftigen. Zunächst wollen wir uns kurz einige Begriffe in Erinnerung bringen, die wir in der Algebra gelernt haben. Es seien natürliche Zahlen m und n gegeben; wir bilden das Rechteckschema

$$\begin{pmatrix} a_{11} & a_{12} & \ldots & a_{1n} \\ a_{21} & a_{22} & \ldots & a_{2n} \\ \ldots & \ldots & \ldots & \ldots \\ a_{m1} & a_{m2} & \ldots & a_{mn} \end{pmatrix},$$

in dem die Elemente $a_{11}, a_{12}, \ldots, a_{mn}$ beliebige komplexe Zahlen bedeuten. Man nennt ein solches Schema eine *Matrix* mit m Zeilen und n Spalten oder kurz eine Matrix von Typ (m, n) mit komplexen Elementen. Dieses Rechteckschema bezeichnet man auch mit einem Buchstaben, z. B. spricht man von einer Matrix A. Wenn es nicht zu Mißverständnissen kommen kann, ist es mitunter auch von Vorteil, die betrachtete Matrix kurz durch (a_{ik}) anzugeben. Ist speziell $m = n$, so geht das Rechteckschema in ein Quadrat über. Wir sprechen dann von einer *quadratischen* Matrix m-ten Grades. In einer quadratischen Matrix (a_{ik}) nennt man die Elemente $a_{11}, a_{22}, a_{33}, \ldots, a_{mm}$ die Elemente der Hauptdiagonale der gegebenen Matrix. Nun wollen wir zeigen, daß man manche Eigenschaften

---

*) Aplikace matematiky 1 (1966), 1—9.

von Matrizen mit Hilfe von Graphen studieren kann —
also eigentlich auf geometrischem Wege. Wir wollen annehmen,
es sei ein endlicher Graph $\vec{\mathcal{G}} = [U, \Gamma]$ gegeben, in
dem $U = \{x_1, x_2, x_3, \ldots, x_m\}$ ist. Nun bilden wir eine
quadratische Matrix m-ten Grades, die wie folgt definiert
wird: Wenn in dem Graphen eine Kante $\overrightarrow{x_i x_k}$ existiert, so
setzen wir $a_{ik} = 1$; wenn eine solche Kante nicht existiert,
werden wir $a_{ik} = 0$ setzen. Die quadratische Matrix (a_{ik}),
die wir auf diese Weise erhalten, heißt die *Inzidenzmatrix*
des Graphen $\vec{\mathcal{G}}$.

Beispiel 5. Wir bilden die Inzidenzmatrix für den in Bild 67
angegebenen Graphen.
Da unser Graph 6 Knoten hat, erhalten wir eine quadratische
Matrix 6. Grades. Diese hat die Form

$$\begin{pmatrix} 0 & 0 & 1 & 0 & 0 & 0 \\ 0 & 0 & 0 & 0 & 0 & 0 \\ 1 & 0 & 1 & 1 & 0 & 1 \\ 0 & 0 & 0 & 0 & 0 & 1 \\ 0 & 0 & 0 & 0 & 0 & 0 \\ 1 & 0 & 0 & 0 & 1 & 0 \end{pmatrix}.$$

Wir bemerken, daß in der Hauptdiagonale dieser Inzidenzmatrix
gerade ein Element gleich der Zahl 1 ist; das entspricht
der Tatsache, daß unser Graph eine einzige Schlinge
hat (nämlich im Knoten x_3).

Wir gehen wieder von einem endlichen Graphen $\vec{\mathcal{G}}$ aus und
bilden seine Inzidenzmatrix A. Vertauschen wir die Zeilen
und Spalten der Matrix A, dann erhalten wir eine neue
Matrix A', die die zu A *transponierte* Matrix genannt wird.
Man kann auch sagen, daß wir A' aus A erhalten, wenn wir
A an der Hauptdiagonale spiegeln. Wir erkennen leicht, daß
die transponierte Matrix A' die Inzidenzmatrix eines
Graphen $\vec{\mathcal{G}}'$ ist, der aus $\vec{\mathcal{G}}$ durch Änderung der Richtung
seiner Kanten entsteht.*)

---

*) Den Graphen $\vec{\mathcal{G}}'$ bezeichnet man mit Rücksicht auf strukturtheoretische
Fragestellungen auch als den *zu $\vec{\mathcal{G}}$ dualen* Graphen, und man sollte
statt von der transponierten Matrix A' auch besser von der zu A dualen
Matrix sprechen.

Nun betrachten wir auch die umgekehrte Aufgabe. Es sei (a_{ik}) eine beliebige quadratische Matrix m-ten Grades, deren Elemente komplexe Zahlen sind. Wir wollen ihr einen endlichen Graphen $\vec{\mathscr{G}}$ zuordnen, der wie folgt definiert wird: Der Graph $\vec{\mathscr{G}}$ hat die Knoten $x_1, x_2, x_3, \ldots, x_m$.

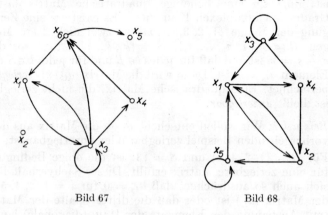

Bild 67 Bild 68

Ist in der gegebenen Matrix das Element a_{ik} von 0 verschieden, dann führen wir in $\vec{\mathscr{G}}$ eine Kante $\overrightarrow{x_i x_k}$ ein; wenn dieses Element gleich 0 ist, dann ordnen wir ihm keine Kante zu. Der Graph $\vec{\mathscr{G}}$, der der Matrix A eindeutig zugeordnet ist, heißt das *Diagramm* dieser Matrix.

Beispiel 6. Es sei die quadratische Matrix

$$\begin{pmatrix} 0 & 7 & 0 & -3 & 0 \\ 3i & 0 & 0 & 0 & \frac{1}{2} \\ \sqrt{2} & 0 & 11 & -5 & 0 \\ 0 & 1 & 0 & 0 & 0 \\ -7i & 0 & 0 & 0 & -1 \end{pmatrix}$$

gegeben. Wir bilden ihr Diagramm.

Da unsere Matrix 5. Grades ist, hat ihr Diagramm 5 Knoten. Wir bezeichnen diese Knoten mit x_1, x_2, x_3, x_4, x_5. Die Antwort auf unsere Frage gibt Bild 68. Der Leser kann feststellen, daß der Graph, den wir hier veranschaulicht haben, nicht wohlgerichtet ist; diese Feststellung werden wir bald brauchen.

Bevor wir fortfahren, wollen wir an den klassischen Begriff einer zerlegbaren Matrix erinnern, dem der Leser möglicherweise bereits beim Studium der Matrizentheorie begegnet ist. (a_{ik}) sei eine beliebige quadratische Matrix m-ten Grades mit komplexen Elementen. Es existiere eine Zerlegung der Menge $\{1, 2, 3, \ldots, m\}$ in zwei nicht-leere Mengen $R = \{i_1, i_2, i_3, \ldots, i_r\}$, $S = \{k_1, k_2, k_3, \ldots, k_s\}$ so, daß $r + s = m$ ist und daß für jedes $i \in R$ und für jedes $k \in S$ das Element $a_{ik} = 0$ ist. Dann wird die Matrix (a_{ik}) als *zerlegbar* bezeichnet. Eine quadratische Matrix, die nicht zerlegbar ist, heißt *unzerlegbar*.

Beispiel 7. Wir wollen entscheiden, ob die Matrix aus dem vorhergehenden Beispiel zerlegbar oder unzerlegbar ist.

Für $R = \{1, 2, 4, 5\}$ und $S = \{3\}$ ist die obige Bedingung für eine zerlegbare Matrix erfüllt. Dieser Sachverhalt läßt sich auch so ausdrücken, daß $a_{i3} = 0$ für $i = 1, 2, 4, 5$ in der Matrix (a_{ij}) ist oder daß die dritte Spalte der Matrix (mit Ausnahme des Elements der Hauptdiagonale) lauter Nullen enthält.

In dem folgenden Satz wollen wir den Zusammenhang zwischen unzerlegbaren Matrizen und wohlgerichteten Graphen angeben.

Satz 6. *Eine quadratische Matrix (a_{ik}) m-ten Grades ist genau dann unzerlegbar, wenn ihr Diagramm ein wohlgerichteter Graph ist.*

Beweis. Wir werden den Satz in zwei Schritten beweisen. Zuerst nehmen wir an, daß eine zerlegbare Matrix (a_{ik}) existiert, deren Diagramm wohlgerichtet ist. Dann bilden wir die beiden Mengen R und S, von denen in der Definition der Zerlegbarkeit die Rede ist, und wählen im Diagramm der Matrix zwei Knoten x_i und x_k so, daß $i \in R$, $k \in S$ ist. Da das Diagramm ein wohlgerichteter Graph sein soll, so existiert eine Verbindung zwischen den Knoten x_i und x_k. Wir durchlaufen nun diese Verbindung so, daß wir von dem Knoten x_i ausgehen und „in der Pfeilrichtung" fortschreiten. Dabei wollen wir diejenigen Knoten beachten, deren Indizes der Menge R angehören. Da $k \in S$ ist, kommen wir so zu einem letzten Knoten, dessen Index der Menge R angehört, bevor wir zu x_k gelangen. Wir wollen diesen letzten Knoten mit x_α bezeichnen und den Knoten, der in unserer Verbindung auf ihn folgt, mit x_β; es ist also $\alpha \in R$, $\beta \in S$ und deshalb $a_{\alpha\beta} = 0$. Das Diagramm enthält jedoch die Kante $\overrightarrow{x_\alpha x_\beta}$, und das steht im Widerspruch zur Definition des Diagramms.

Im zweiten Schritt wollen wir annehmen, daß eine unzerlegbare Matrix existiert, deren Diagramm nicht wohlgerichtet ist. In dem Diagramm existieren dann zwei Knoten x und y so, daß man keine Verbindung bilden kann, die in x beginnt und in y endet. Wir wollen mit R^* die Menge aller Knoten x' bezeichnen, für die eine Verbindung zwischen x und x' besteht. Die Menge R^* ist nicht leer, denn es gilt $x \in R^*$. Alle übrigen Knoten des Diagrammes fassen wir in der Menge S^* zusammen. Da $y \in S^*$ ist, ist auch S^* nicht leer. Wir sehen leicht ein, daß das Diagramm keine Kante $\overrightarrow{vw}$ mit $v \in R^*$ und $w \in S^*$ enthält. Den Mengen R^* und S^* entspricht jedoch eine bestimmte Zerlegung der Menge $\{1, 2, 3, \ldots, m\}$ in zwei nicht-leere Mengen R und S, wobei $a_{ik} = 0$ für jedes $i \in R$ und jedes $k \in S$ gilt. Das ist jedoch ein Widerspruch zu der Voraussetzung, daß (a_{ik}) eine unzerlegbare Matrix ist. Der Beweis des Satzes ist damit geliefert.

Wir wollen noch einige weitere Begriffe aus der Matrizenrechnung in Erinnerung bringen. Es seien die Matrizen (a_{ik}) und (b_{ik}) vom Typ (m, n) gegeben. Wenn die Elemente der Matrix (a_{ik}) sämtlich mit den an entsprechender Stelle stehenden Elementen der Matrix (b_{ik}) übereinstimmen, dann sagen wir, daß beide Matrizen einander *gleich* sind, und schreiben $(a_{ik}) = (b_{ik})$. Auch die Vorschrift für die Addition zweier Matrizen ist einfach. Unter der Summe $(a_{ik}) + (b_{ik})$ zweier Matrizen (a_{ik}) und (b_{ik}) vom Typ (m, n) verstehen wir die Matrix (c_{ik}), die ebenfalls vom Typ (m, n) ist, und es gilt $c_{ik} = a_{ik} + b_{ik}$ für $i = 1, 2, \ldots, m$ und $k = 1, 2, \ldots, n$. Die Multiplikation wird nur für zwei solche Matrizen definiert, von denen die erste soviel Spalten hat wie die zweite Zeilen. Nehmen wir also an, wir haben die Matrix (a_{ik}) vom Typ (l, m) und die Matrix (b_{ik}) vom Typ (m, n); ihr *Produkt*

$$(c_{ik}) = (a_{ik}) (b_{ik})$$

ist eine Matrix vom Typ (l, n), deren Elemente durch

$$c_{ik} = \sum_{j=1}^{m} a_{ij} b_{jk}$$

gegeben sind.

Beispiel 8. Es sind die beiden quadratischen Matrizen

$$A = \begin{pmatrix} 1 & 2 \\ 3 & 4 \end{pmatrix}, \quad B = \begin{pmatrix} 5 & 6 \\ 7 & 8 \end{pmatrix}$$

gegeben.

Wir wollen die Summe $A + B$ und das Produkt AB bestimmen.

Nach der Definition der Addition ist

$$A + B = \begin{pmatrix} 6 & 8 \\ 10 & 12 \end{pmatrix}.$$

Die Vorschrift für die Multiplikation der Matrizen ist komplizierter. Wenn (c_{ik}) die resultierende Matrix ist, dann ist

$$c_{11} = \sum_{j=1}^{2} a_{1j} b_{j1} = a_{11} b_{11} + a_{12} b_{21} = 1 \cdot 5 + 2 \cdot 7 = 19.$$

Auf ähnliche Weise finden wir auch die anderen Elemente des zu suchenden Produktes, so daß wir zu dem Ergebnis

$$AB = \begin{pmatrix} 19 & 22 \\ 43 & 50 \end{pmatrix}$$

kommen.

Wir wollen nun einen Satz über nichtnegative Matrizen angeben. Eine Matrix heißt *nichtnegativ*, wenn alle ihre Elemente nichtnegative reelle Zahlen sind. Die nichtnegativen Matrizen haben eine Reihe interessanter Eigenschaften und treten auch in den Anwendungen oft auf. Wir betrachten beispielsweise in der Ökonomie mehrere Betriebe $B_1, B_2, B_3, \ldots, B_m$ und interessieren uns für ihre Zusammenarbeit. Wenn wir mit a_{i_k} den Wert der Erzeugnisse bezeichnen, die (in einem bestimmten Zeitraum) der Betrieb B_i dem Betrieb B_k liefert, dann ist die Matrix (a_{i_k}) offensichtlich nichtnegativ. Auch in der mathematischen Statistik und in der Wahrscheinlichkeitstheorie treten nichtnegative Matrizen oft in Erscheinung; denn ihre Elemente bedeuten hier z. B. die Wahrscheinlichkeit irgendeiner Erscheinung usw. Für solche nichtnegativen Matrizen gilt nun:

Satz 7. *Es seien (a_{i_k}) und (b_{i_k}) quadratische nichtnegative Matrizen m-ten Grades. $\vec{\mathscr{G}}_1 = [U, K_1]$ sei das Diagramm der Matrix (a_{i_k}) und $\vec{\mathscr{G}}_2 = [U, K_2]$ das Diagramm der Matrix (b_{i_k}). Dann hat die Matrix $(a_{i_k}) + (b_{i_k})$ das Diagramm $\vec{\mathscr{G}}_s = [U, K_s]$, wobei $K_s = K_1 \cup K_2$ ist. Die Matrix $(a_{i_k})(b_{i_k})$ hat als Diagramm $\vec{\mathscr{G}}_p = [U, K_p]$, das wie folgt bestimmt wird: Für $x_i \in U$, $x_k \in U$ gilt $\overrightarrow{x_i x_k} \in K_p$ genau dann, wenn ein Knoten $x_j \in U$ existiert mit $\overrightarrow{x_i x_j} \in K_1$ und $\overrightarrow{x_j x_k} \in K_2$.*

Beweis. I. Die Kanten des Diagrammes $\vec{\mathscr{G}}_s$ entsprechen den positiven Elementen der Matrix $(a_{i_k}) + (b_{i_k})$. Die Zahl $a_{i_k} + b_{i_k}$ ist jedoch genau dann positiv, wenn wenigstens ein Summand positiv ist. Im Graphen $\vec{\mathscr{G}}_s$ existiert also für $x_i \in U$, $x_k \in U$ die Kante $\overrightarrow{x_i x_k}$ gerade dann, wenn eine solche Kante wenigstens in einem der Graphen $\vec{\mathscr{G}}_1, \vec{\mathscr{G}}_2$ existiert.

II. Wie verhält es sich nun mit dem Diagramm des Produkts der Matrizen? Es genügt, alle Kanten des Graphen $\mathscr{G}_p$ aufzusuchen; wir wissen von ihnen, daß sie den positiven Elementen der Matrix $(a_{i_k})(b_{i_k})$ entsprechen. Das Element $\sum_{j=1}^{m} a_{ij} b_{jk}$ ist genau dann positiv, wenn wenigstens ein Summand $a_{ij} \cdot b_{jk}$ positiv ist oder wenn wenigstens ein Index j von der Art existiert, daß $a_{ij} > 0$ und zugleich $b_{jk} > 0$ ist. Diese Bedingung bedeutet jedoch, daß ein Knoten $x_j \in U$ von der Art existiert, daß $\overrightarrow{x_i x_j} \in K_1$ und $\overrightarrow{x_j x_k} \in K_2$ ist. Damit ist der Beweis geliefert.

Das Ergebnis des vorhergehenden Satzes können wir leicht auf eine beliebige endliche Anzahl nichtnegativer quadratischer Matrizen erweitern. Was die Multiplikation der Matrizen betrifft, so ist besonders der Fall interessant, in dem alle betrachteten Matrizen einander gleich sind. Ähnlich wie bei der Multiplikation von Zahlen definieren wir auch hier die Potenz einer quadratischen Matrix A, die wir mit A^r bezeichnen. Für $r = 1$ setzen wir $A^r = A$; wenn wir die Potenz A^r für irgendeine natürliche Zahl r schon definiert haben, dann setzen wir $A^{r+1} = A^r A$. Interessant ist, das Diagramm der Potenz A^r mit dem Diagramm der Matrix A zu vergleichen. Für $r = 2$ ist dieses Ergebnis schon in Satz 7 als Spezialfall enthalten. Nun betrachten wir den allgemeinen Fall, daß der Exponent r eine beliebige natürliche Zahl ist. Wenn $\vec{\mathscr{G}}$ das Diagramm der Matrix A ist und wenn wir für das Diagramm der Potenz A^r die Schreibweise $\vec{\mathscr{G}^r}$ wählen, dann können wir folgendes beweisen: Im Graphen $\vec{\mathscr{G}^r}$ existiert eine Kante $\vec{x_i x_k}$ genau dann, wenn zwischen den Knoten x_i und x_k in $\vec{\mathscr{G}}$ eine Verbindung der Länge r existiert. Den Beweis, in dem die Methode der vollständigen Induktion angewandt wird, können wir dem Leser überlassen.

Unter den quadratischen nichtnegativen Matrizen haben die unzerlegbaren Matrizen eine Reihe interessanter Eigenschaften. Es kann mitunter vorkommen, daß eine bestimmte Potenz einer solchen Matrix nur positive Elemente hat. Solche Matrizen hat bereits G. *Frobenius* im Jahre 1912 studiert und sie als *primitive* Matrizen bezeichnet. So ist z. B. die Matrix

$$A = \begin{pmatrix} 1 & 1 \\ 1 & 0 \end{pmatrix}$$

primitiv, denn die Potenz A^2 hat nur positive Elemente. Demgegenüber ist die Matrix

$$B = \begin{pmatrix} 0 & 1 \\ 1 & 0 \end{pmatrix}$$

nicht primitiv, denn es gilt

$$B^r = \begin{pmatrix} 1 & 0 \\ 0 & 1 \end{pmatrix} \quad \text{oder} \quad B^r = \begin{pmatrix} 0 & 1 \\ 1 & 0 \end{pmatrix}$$

je nachdem, ob der Exponent r eine gerade oder ungerade Zahl ist.

In den letzten Jahren haben verschiedene Autoren die primitiven Matrizen studiert. *H. Wielandt* hat im Jahre 1950 ohne Beweis die Behauptung*) veröffentlicht, daß die Potenz A^{n^2-2n+2} für jede primitive Matrix n-ten Grades nur positive Elemente enthält. Er zeigte auch, daß eine primitive Matrix B vom Grade n existiert, für welche die Potenz B^{n^2-2n+1} noch mindestens eine Null als Element enthält. Diese extremale Matrix hat die Form

$$B = \begin{pmatrix} 0 & 1 & 0 & 0 & \ldots & 0 \\ 0 & 0 & 1 & 0 & \ldots & 0 \\ 0 & 0 & 0 & 1 & \ldots & 0 \\ \vdots & & & & & \vdots \\ 0 & 0 & 0 & 0 & \ldots & 1 \\ 1 & 1 & 0 & 0 & \ldots & 0 \end{pmatrix}.$$

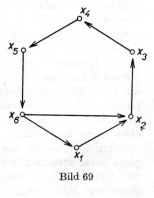

Bild 69

Ihr Diagramm ist für $n = 6$ in Bild 69 dargestellt. Der Beweis dieser Behauptung wurde im Jahre 1958 von *V. Pták***) und unabhängig von ihm von *J. C. Holladay*

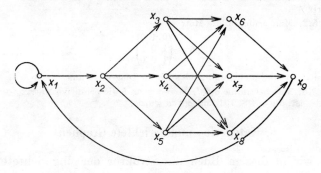

Bild 70

---

*) Math. Zeitschrift, 52, (1950), S. 642—648.

**) Czechoslovak Math. J., 8 (1958), S. 487—495.

und *R. S. Varga**) veröffentlicht. Eine interessante Vermutung wurde von *Z. Šidák* formuliert. Es sei $p(A)$ die Anzahl der positiven Elemente der Matrix A. Einfache Beispiele von primitiven Matrizen zeigen, daß für diese $p(A) \leq p(A^2) \leq p(A^3) \leq \ldots$ gilt. *Z. Šidák* vermutete, daß diese Behauptung für jede primitive Matrix A gilt, hat aber bald ein Gegenbeispiel gefunden**). Es existiert nämlich eine primitive Matrix C, deren Diagramm in Bild 70 dargestellt ist, für die $p(C) = 18$, $p(C^2) = 16$ gilt.

Es zeigt sich, daß man auch die primitiven Matrizen gut mit Hilfe ihrer Diagramme studieren kann. Eine primitive Matrix kann man nämlich dadurch charakterisieren, daß ihr Diagramm ein wohlgerichteter Graph ist, wobei die Längen aller Zyklen dieses Graphen teilerfremde Zahlen sind. Der Beweis dieses Ergebnisses ist zwar elementar, aber recht kompliziert, so daß wir ihn hier nicht führen werden. Der Leser, der sich für die Anwendung der Graphen beim Studium der Matrizen interessiert, findet in der am Schluß dieses Büchleins angeführten Literatur eingehendere Belehrung.

Übungen

III. 5.1. A sei eine quadratische nichtnegative Matrix m-ten Grades, deren Diagramm ein Zyklus ist. Man bestimme das Diagramm der Matrix A^m.

III. 5.2. Man prüfe, ob die Matrix

$$A = \begin{pmatrix} 0 & 1 & 0 \\ 1 & 0 & 1 \\ 1 & 0 & 0 \end{pmatrix}$$

primitiv ist oder nicht, und gebe auch ihr Diagramm an.

III. 5.3. Man bestimme $p(B^{n^2-2n+1})$, wenn B die primitive Matrix n-ten Grades ist, die auf S. 151 angegeben wurde.

6. Kategorien und gerichtete Graphen

Als wir in diesem Buch die Struktur der ungerichteten Graphen untersuchten, erinnerten wir auch an den wichtigen algebraischen Begriff der Gruppe. Die folgenden

---

*) Proc. Amer. Math. Soc., 9 (1958), S. 631—634.

**) Časopis Pěst. Mat., 89 (1964), S. 28—30.

Erörterungen bringen uns diese Betrachtungen erneut in Erinnerung; denn wir machen uns in ihnen mit einem noch allgemeineren algebraischen Begriff, nämlich dem der Kategorie bekannt. Wir werden hier allerdings keine theoretischen Betrachtungen anstellen und nicht die Eigenschaften dieses sehr allgemeinen algebraischen Begriffes ableiten können. Für unsere Zwecke wird es genügen, auf die Zusammenhänge der Kategorien mit den Graphen hinzuweisen. Bevor wir angeben, was eine Kategorie ist, wollen wir zum gerichteten Graphen zurückkehren und uns fragen, auf welche Weise wir hier eine Verbindung zwischen zwei Knoten definiert hatten. Wir nehmen an, in unserem Graphen sei eine Verbindung

$$x, \overrightarrow{xu_1}, u_1, \overrightarrow{u_1u_2}, u_2, \ldots, u_m, \overrightarrow{u_my}, y$$

vorhanden, die wir kurz mit $\vec{V_1}$ bezeichnen, und außerdem eine Verbindung

$$y, \overrightarrow{yv_1}, v_1, \overrightarrow{v_1v_2}, \ldots, v_n, \overrightarrow{v_nz}, z$$

vorhanden, die wir kurz mit $\vec{V_2}$ kennzeichnen. Genau wie in ungerichteten Graphen können wir auch hier eine Zusammensetzung der Verbindungen $\vec{V_1}$ und $\vec{V_2}$ folgendermaßen erklären:

$$x, \overrightarrow{xu_1}, u_1, \ldots, u_m, \overrightarrow{u_my}, y, \overrightarrow{yv_1}, v_1, \overrightarrow{v_1v_2}, \ldots, v_n, \overrightarrow{v_nz}, z \,.$$

Diese neue Verbindung werden wir mit $(\vec{V_1}; \vec{V_2})$ bezeichnen und sagen, daß sie durch Zusammensetzung der Verbindung $\vec{V_1}$ mit der Verbindung $\vec{V_2}$ entstanden ist. Es ist wiederum offensichtlich, daß die Länge der Verbindung $(\vec{V_1}; \vec{V_2})$ gleich der Summe der Längen der Verbindungen $\vec{V_1}$ und $\vec{V_2}$ ist.

Es ist dem Leser sicher klar, wann wir zwei Verbindungen in dem gegebenen Graphen als verschieden und wann wir sie als gleich ansehen können; in diesem zweiten Falle setzen wir das Gleichheitszeichen. Wir können also z. B. schreiben $\vec{V} = \vec{V_0}$ usw.

Sehen wir uns nun die Operation, die wir in einem gerichteten Graphen soeben definiert haben, noch einmal an. Wenn in unserem Graphen Verbindungen $\overrightarrow{V^*}$ und $\overrightarrow{V^{**}}$ existieren, dann ist es in einigen Fällen nicht möglich, die Verbindung $(\overrightarrow{V^*}; \overrightarrow{V^{**}})$ zu bilden, in anderen Fällen ist das jedoch möglich. Nach der Definition ist es nämlich erforderlich, daß die Verbindung $\overrightarrow{V^*}$ in dem Knoten endet, in dem $\overrightarrow{V^{**}}$ beginnt. Wir müssen auch bedenken, daß es bei dieser Operation sehr auf die Reihenfolge ankommt, in der wir die beiden Elemente aufführen. Wenn nämlich $(\overrightarrow{V^*}; \overrightarrow{V^{**}})$ existiert, dann muß noch nicht die Verbindung $(\overrightarrow{V^{**}}; \overrightarrow{V^*})$ existieren. Wir wollen nun die Verbindungen $\overrightarrow{V_1}, \overrightarrow{V_2}, \overrightarrow{V_3}$ betrachten und annehmen, daß wir $(\overrightarrow{V_1}; \overrightarrow{V_2})$ bilden können. Wir wollen diese neue Verbindung kurz mit $\overrightarrow{V_{12}}$ kennzeichnen und annehmen, daß man auch $(\overrightarrow{V_{12}}; \overrightarrow{V_3})$ bilden kann*). Da $\overrightarrow{V_{12}}$ in dem gleichen Knoten endet wie $\overrightarrow{V_2}$, können wir unter den angeführten Voraussetzungen auch $(\overrightarrow{V_2}; \overrightarrow{V_3})$ bilden; diese Verbindung sei kurz mit $\overrightarrow{V_{23}}$ bezeichnet. Da $\overrightarrow{V_2}$ mit dem gleichen Knoten beginnt wie $\overrightarrow{V_{23}}$, kann man auch $(\overrightarrow{V_1}; \overrightarrow{V_{23}})$ bilden. Der Leser wird leicht erkennen, daß wir mit dieser zweiten Konstruktion zum gleichen Ergebnis wie im ersten Falle gelangt sind; nur die Bezeichnung ist anders. Diese Operation erinnert uns ein wenig an das für die Multiplikation von Zahlen gültige Assoziativgesetz. Wir wollen bei dieser Gelegenheit auch an das Assoziativgesetz erinnern, dem wir bei der Gruppe begegnet sind. Der Unterschied besteht allerdings darin, daß für beliebig gegebene Tripel $\overrightarrow{V_1}, \overrightarrow{V_2}, \overrightarrow{V_3}$ hier die Operation nicht ausführbar sein muß, die wir für diese Elemente eingeführt haben.

Legen wir uns nunmehr die Frage vor, ob zu der gegebenen Verbindung $\overrightarrow{V}$ eine Verbindung $\overrightarrow{V'}$ von der Art existiert, daß $(\overrightarrow{V'}; \overrightarrow{V}) = \overrightarrow{V}$ gilt. Die Antwort ist einfach: Es genügt, den Knoten zu nehmen, in dem die Verbindung $\overrightarrow{V}$ beginnt, und ihn als Verbindung der Länge 0 zu betrachten. Das ist gerade die gesuchte Verbindung $\overrightarrow{V'}$. Auf ähnliche Weise kann man zu dem gegebenen $\overrightarrow{V}$ eine solche Verbindung $\overrightarrow{V''}$ aufsuchen, daß gilt $(\overrightarrow{V}; \overrightarrow{V''}) = \overrightarrow{V}$. Die beiden Verbindungen

---

*) Ich empfehle dem Leser, sich selbst eine Hilfsskizze zu machen.

$\vec{V'}$ und $\vec{V''}$ haben ähnliche Eigenschaften wie die Zahl 1 bei der Multiplikation von Zahlen oder — wenn wir einen abstrakteren Vergleich wählen wollen — wie die Einheit in einer Gruppe. Der Unterschied besteht hier allerdings darin, daß nicht gelten muß $\vec{V'} = \vec{V''}$ und daß eine solche Beziehung sogar nur ausnahmsweise gilt (wenn $\vec{V}$ im gleichen Knoten beginnt und endet). Wenn wir die Terminologie der Gruppentheorie übertragen wollen, werden wir einerseits von einer *Linkseinheit* der Verbindung $\vec{V}$ (diese ist hier $\vec{V'}$) und zum anderen von einer *Rechtseinheit* von $\vec{V}$ sprechen (diese ist hier $\vec{V''}$).

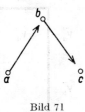

Bild 71

Der Vergleich mit den Gruppen wird noch klarer, wenn wir uns ein einfaches Beispiel vor Augen führen, indem wir auf ähnliche Weise wie früher bei den Permutationen einer Menge und bei den Automorphismen eines Graphen eine Tafel aufstellen.*)

Beispiel 9. In Bild 71 ist ein Graph mit drei Knoten angegeben. Wir wollen hier alle möglichen Verbindungen heraussuchen und eine Tafel für deren Zusammensetzung konstruieren.

In dem gegebenen Graphen haben wir drei Verbindungen der Länge 0, die der Reihe nach den Knoten a, b, c entsprechen. Wir bezeichnen sie in entsprechender Weise mit $\vec{V}_a$, $\vec{V}_b$, $\vec{V}_c$. Weiter existieren hier zwei Verbindungen der Länge 1: Die erste ist a, $\vec{ab}$, b, die zweite b, $\vec{bc}$, c. Die erste bezeichnen wir mit $\vec{V}_{ab}$, die zweite mit $\vec{V}_{bc}$. Schließlich gibt es hier eine einzige Verbindung der Länge 2, nämlich a, $\vec{ab}$, b, $\vec{bc}$, c; wir werden sie mit $\vec{V}_{ac}$ bezeichnen.

Im ganzen treten in unserer Betrachtung 6 Verbindungen auf. Die quadratische Tafel, die wir nun aufstellen, wird also 36 Felder haben. Ist die Verknüpfung der Verbindungen

---

*) Man beachte jedoch, daß die Elemente einer Kategorie — im Gegensatz zur Gruppe — im allgemeinen nicht invertierbar sind. Kategorien sind durch Verallgemeinerung aus einer Halbgruppe hervorgegangen.

nicht erklärt, so setzen wir einen Strich in das betreffende Feld. Die Tabelle hat folgende Gestalt:

	$\vec{v}_a$	$\vec{v}_b$	$\vec{v}_c$	$\vec{v}_{ab}$	$\vec{v}_{bc}$	$\vec{v}_{ac}$
$\vec{v}_a$	$\vec{v}_a$	—	—	$\vec{v}_{ab}$	—	$\vec{v}_{ac}$
$\vec{v}_b$	—	$\vec{v}_b$	—	—	$\vec{v}_{bc}$	—
$\vec{v}_c$	—	—	$\vec{v}_c$	—	—	—
$\vec{v}_{ab}$	—	$\vec{v}_{ab}$	—	—	—	$\vec{v}_{ac}$
$\vec{v}_{bc}$	—	—	$\vec{v}_{bc}$	—	—	—
$\vec{v}_{ac}$	—	—	$\vec{v}_{ac}$	—	—	—

Am Schluß dieses Abschnittes wollen wir — in abstrakter Form — diejenigen Axiome anführen, die in der Algebra dafür vorausgesetzt werden, daß eine Menge mit einer gegebenen Operation eine Kategorie ist. Wir knüpfen hier an die Arbeit [13] an, in der *M. Hasse* die Beziehung zwischen den Graphen und den Kategorien untersucht. Die *Kategorie* ist hier als eine Klasse C von Elementen definiert, in der für gewisse Paare von Elementen von C eine Multiplikationsvorschrift gegeben ist (die wir z. B. als *Zusammensetzung* zweier Elemente bezeichnen können). Das Element, das durch Zusammensetzung der Elemente x und y (in dieser Reihenfolge) entsteht, bezeichnen wir einfach mit $x \cdot y$ — also ähnlich wie das Produkt zweier Zahlen. Dabei werden wir fordern, daß folgende Axiome erfüllt sind:

1) Wenn entweder $(x \cdot y) \cdot z$ oder $x \cdot (y \cdot z)$ definiert ist, dann sind beide Ausdrücke definiert, und es gilt $(x \cdot y) \cdot z = x \cdot (y \cdot z)$.

2) Wenn $x \cdot y$ und gleichzeitig $y \cdot z$ definiert ist, dann ist auch der Ausdruck $(x \cdot y) \cdot z$ definiert.

3) Für jedes Element x aus unserer Kategorie existieren zwei Einheiten $\alpha(x)$ und $\beta(x)$ von der Art, daß einerseits $\alpha(x) \cdot x$, zum anderen $x \cdot \beta(x)$ definiert ist. Dabei bezeichnen wir ein Element e als Einheit, wenn gilt $e \cdot x = x$ bzw. $y \cdot e = y$ für alle x bzw. alle y, für welche die Zusammensetzung $e \cdot x$ bzw. $y \cdot e$ definiert ist.

Man sieht also, daß in dem gegebenen gerichteten Graphen alle möglichen Verbindungen eine Kategorie bilden, wenn wir als entsprechende Operation eben die Zusammensetzung dieser Verbindungen nehmen, wie sie in den vorangegangenen Betrachtungen definiert ist.

Übungen

III. 6.1. Man nenne ein Beispiel für einen endlichen Graphen $\vec{\mathscr{G}}$, in dem unendlich viele Verbindungen existieren. Man beschreibe die Kategorie, die diese Verbindungen bilden.

7. Allgemeinere Definitionen eines gerichteten Graphen

Als wir in diesem Buch die Behandlung der ungerichteten Graphen beendeten, machten wir zum Schluß einige Bemerkungen über allgemeinere Definitionen dieses Begriffes. Jetzt verfahren wir mit den gerichteten Graphen ähnlich. Wir wollen hier eine Verallgemeinerung erwähnen, stützen uns dabei jedoch nur auf die geometrische Darstellung. Diese Zeilen dienen also nur zur knappen Information*).

---

*) Wir können hier wieder auf Arbeit [13] hinweisen, in der *M. Hasse* eine genauere Definition gibt.

In einem gerichteten Graphen haben wir bisher zugelassen, daß für jeweils zwei Knoten x und y höchstens eine Kante $\overrightarrow{xy}$ existiert. In einem *gerichteten Multigraphen* lassen wir jedoch zu, daß für ein solches Knotenpaar eine beliebige Anzahl von Kanten des Typs $\overrightarrow{xy}$ existiert, wobei diese Anzahl gegebenenfalls auch unendlich sein kann. Man kann wieder Indizes dazu benutzen, um diese Kanten voneinander zu unterscheiden. So sehen wir in Bild 72 einen gerichteten Multigraphen mit den Knoten x_1, x_2, x_3. Man beachte dabei gleichzeitig, daß der Knoten x_3 mit zwei Schlingen versehen ist.

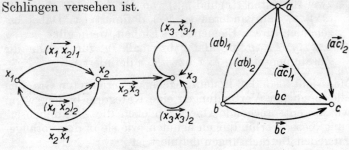

Bild 72   Bild 73

Für einen gerichteten Multigraphen gelten ähnliche Bemerkungen, wie wir sie in Abschnitt 20 für ungerichtete Graphen gemacht haben. Wir wollen hier nur erwähnen, wie sich für einen gerichteten Multigraphen die Inzidenzmatrix definieren läßt. Dabei beschränken wir uns auf den Fall, daß sowohl die Knotenmenge als auch die Kantenmenge endlich sind. Wenn $\{x_1, x_2, x_3, \ldots, x_m\}$ die Knotenmenge ist, dann verstehen wir unter der Inzidenzmatrix des Multigraphen eine quadratische Matrix (a_{ik}) m-ten Grades, wobei a_{ik} die Anzahl der Kanten bedeutet, die von dem Knoten x_i ausgehen und in den Knoten x_k eintreten. So erhalten wir beispielsweise für den Graphen aus Bild 72 die Inzidenzmatrix

$$\begin{pmatrix} 0 & 2 & 0 \\ 1 & 0 & 1 \\ 0 & 0 & 2 \end{pmatrix}.$$

Zum Schluß wollen wir noch eine Verallgemeinerung anführen, die in sich sowohl die gerichteten als auch die ungerichteten Graphen einschließt. Wir meinen den sogenannten *teilweise gerichteten Multigraphen*, der ein aus Knoten und Kanten zusammengesetztes Gebilde ist, wobei sowohl gerichtete als auch ungerichtete Kanten zugelassen werden. Die Eigenschaften solcher Gebilde hat beispielsweise *G. N. Povarov* im Jahre 1956 beschrieben. Wir wollen auch hier nicht in die Einzelheiten eindringen und uns mit einem Bild begnügen. In Bild 73 ist ein teilweise gerichteter Multigraph mit den drei Knoten a, b, c angegeben.

IV. SCHLUSSKAPITEL

1. Historische Anmerkungen

Die Entwicklung der Wissenschaft ist in den letzten Jahren vor allem dadurch gekennzeichnet, daß scheinbar weit auseinanderliegende Fachgebiete in immer nähere Verbindung zueinander treten und daß gerade in solchen Bereichen recht intensiv gearbeitet wird, wo sich diese Fachgebiete berühren. Das läßt sich besonders gut an der heutigen Entwicklung der Kybernetik beobachten, doch kann man dafür auch andere Beispiele anführen. So gehen wir wohl selbst in unserer Annahme nicht fehl, daß auch die Graphentheorie in neuester Zeit ihre Entwicklung und Beliebtheit eben dem Umstand verdankt, daß sich dafür Fachleute der verschiedensten Wissenschaftszweige interessieren. Auf mathematischen Kongressen und in einschlägigen Fachzeitschriften wird die Graphentheorie gewöhnlich in der Sprache der Topologie oder der kombinatorischen Analysis und neuerdings auch in der Sprache der Algebra entwickelt. Sie wird jedoch als wissenschaftliches Spezialfach nicht nur von Mathematikern behandelt, sondern ihrer Anwendungen wegen in der letzten Zeit auch in der Physik, der Elektrotechnik, der organischen Chemie, der Ökonomie, der Soziologie und der Linguistik studiert. Die Anfänge der Graphentheorie reichen weit in die Vergangenheit zurück, denn viele ihrer Probleme sind bereits mit dem Namen *L. Eulers* (1707—1783) verknüpft. Doch erst das vergangene Jahrhundert vermochte eine Reihe von Erkenntnissen und Problemen zu zeitigen; es sei hier nur an *G. Kirchhoffs* (1824—1887) Arbeiten über Stromkreise sowie an *A. Cayleys* (1821—1895) Schriften über Strukturformeln in der organischen Chemie erinnert. Wir dürfen hier keineswegs das bereits besprochene Vierfarbenproblem vergessen. Auch dieses Problem, dessen Schwierigkeit an den großen Fermatschen Satz aus der Zahlentheorie erinnert, hat die Entwicklung der Graphentheorie mit angeregt. Es wird bereits im Jahre 1840 von *A. F. Möbius* (1790—1868) und im Jahre 1850 von *A. de*

Morgan (1806—1871) erwähnt. Auch *A. Cayley* stieß 1878 auf das Vierfarbenproblem und überzeugte sich von seiner Schwierigkeit. Um den mathematischen Beweis, daß zu der erwünschten Färbung einer jeden Landkarte vier Farben ausreichen, hatte sich schon *A. B. Kempe* (1849—1922) im Jahre 1879 bemüht, doch machte *P. J. Heawood* im Jahre 1890 darauf aufmerksam, daß *Kempe* in seinen Erwägungen ein Fehler unterlaufen sei. *Heawood* verbesserte den ursprünglichen Beweis *Kempes*, und es gelang ihm damit, nachzuweisen, daß zu der erwünschten Färbung einer jeden Landkarte fünf Farben ausreichen. Trotz der großen Bemühungen vieler Mathematiker ist dies eigentlich das einzige Ergebnis von allgemeiner Gültigkeit. Man suchte das Vierfarbenproblem darüber hinaus für solche Landkarten zu lösen, die eine kleine Anzahl von Staaten aufweisen. Wenn wir daher z. B. die Vermutung von den vier Farben widerlegen wollen, so müssen wir zunächst Landkarten überprüfen, die schon ziemlich kompliziert sind.

Der enge Zusammenhang der Graphentheorie mit ihren Anwendungen in den verschiedenen wissenschaftlichen Fachgebieten tritt wie in einer Reihe von wissenschaftlichen Originalarbeiten der letzten Jahrzehnte so auch in einschlägigen Monographien klar zutage. So schrieb *A. Sainte-Laguë* schon im Jahre 1926 eine längere Abhandlung über Graphen [23], doch zum klassischen Lehrbuch dieses Gebietes wurde erst das Buch des ungarischen Mathematikers *D. König* [15]. *Dénes König* (1883—1944) war der Sohn des bekannten Mathematikers *Julius König*. Seit 1927 las er alljährlich in Budapest über Graphen und zog sich so eine Reihe von Schülern heran; seine Hörer waren z. B. *P. Erdös*, *T. Gallai* und *G. Hajós*, deren Namen heute im Zusammenhang mit der Graphentheorie wohlbekannt sind. *Königs* Buch [15] erschien im Jahre 1936 und wurde im Jahre 1950 von neuem in New York herausgegeben. An diese Monographie hat dann eine Reihe von Autoren in der ganzen Welt angeknüpft, so daß man sie mit Recht für ein klassisches Werk halten darf. Wohlbekannt ist auch die französische Monographie von *C. Berge* [3], die erstmalig im Jahre 1958 erschien und bald auch in andere Sprachen übersetzt wurde. Im Jahre 1962 erschien z. B. ihre Übersetzung ins Russische von *A. A. Zykow*. Der Übersetzer ergänzte das Original mit einer Reihe von Fußnoten und fügte ihm auch ein Schlußkapitel bei. Im Jahre 1962 wurde das Buch [3] auch ins Englische übertragen. Speziell gehalten sind das Buch von *G. Ringel* [21], erschienen 1959, und die ein Jahr darauf herausgegebene Schrift von *G. A. Bodino* [5], die sich mit der Anwendung der Graphentheorie in der Ökonomie befaßt. Kurz vor Abschluß der tschechischen Handschrift der vorliegenden Arbeit für die erste Ausgabe ist eine weitere Monographie [19] von *O. Ore* erschienen. Derselbe Autor hat auch eine elementare Einführung in die Theorie der Graphen [18] verfaßt, die im Jahre 1965 auch ins Russische übersetzt wurde. Im Jahre 1963 fand auf Schloß Smolenice in der Tschechoslowakei ein Internationales Symposium über die Graphentheorie statt, dem ein Buch [25] seine Entstehung verdankt. *F. Harary, R. Z. Norman* und *D. Cartwight* schrieben eine Einführung in die Theorie der gerichteten Graphen unter Berücksichtigung der Gesellschaftswissenschaften [11]. Die ersten zwei Autoren sind Mathematiker, der dritte ist Psychologe. Das sind also einige Hinweise auf Bücher, die die Graphentheorie behandeln. Unsere historischen Anmerkungen können jedoch auch weitere Bücher nicht gut unbeachtet lassen, die entweder etwas anders oder allgemeiner eingestellt sind als die soeben erwähnten, die aber (zumindest in einigen Kapiteln) mit unserer Thematik enge Berührungspunkte haben. Hierher gehört vor allem das bekannte Buch [1] des deutschen Verfassers *W. Ahrens* (1872—1927). Es ist zwar der Unterhaltungsmathematik gewidmet, doch finden sich darin auch Fragen, die man heute der Graphentheorie zuordnet. So löst z. B. *Ahrens* eine Reihe von Schachbrettproblemen, befaßt sich mit dem Königsberger Brückenproblem und mit dem *Hamilton*-schen Dodekaederspiel, wendet aber seine Aufmerksamkeit auch einigen topologischen Eigenschaften der Strukturformeln der organischen Chemie zu.

Das hier über das Ahrenssche Buch Gesagte trifft mit nur kleinen Abänderungen auch für weitere bekannte Publikationen [9], [16], [24] zu. Weiterhin seien die Monographie von *J. Riordan* [22] sowie eine Sammelschrift [7] genannt. Das im Jahre 1962 von *J. W. Moon* und *L. Moser* aufgestellte Verzeichnis von einschlägigen Fachartikeln zeugt von dem raschen Anstieg des Interesses für die Graphentheorie in der Welt. Ein noch ausführlicheres Verzeichnis von Arbeiten über die Graphentheorie wurde im Jahre 1963 von A. A. Zykow angelegt. Beide Quellen wurden bei der Zusammenstellung eines bibliographischen Anhangs zu dem hier bereits erwähnten Buch [25] benutzt. Eine andere bibliographische Übersicht, im Jahre 1966 von *A. Salvati* und *S. Marradi* geschrieben, enthält auch eine Klassifizierung der einzelnen Arbeiten nach ihrem Inhalt.

In der Tschechoslowakei hat die Graphentheorie eine lange Tradition. In der Literatur wird häufig *O. Borůvkas* Arbeit [6] aus dem Jahre 1926 zitiert. Darin wird die Methode beschrieben, wie man das kürzeste Stromnetz für eine gegebene Gruppe von Städten finden kann. Mit demselben Problem hat sich auch *V. Jarník* befaßt und hat im Jahre 1930 eine andere Methode der Lösung gegeben. Vier Jahre später schrieben *V. Jarník* und *M. Kössler* (1884—1961) gemeinsam eine Arbeit, die gleichfalls in diese Problematik einschlägt. Im Jahre 1956 knüpfte an Borůvkas Abhandlung der amerikanische Mathematiker *J. B. Kruskal* jr. an — siehe [17] — und in der letzten Zeit beschäftigte sich mit dieser Problematik auch der slowakische Autor *A. Kotzig*. Andere ökonomische Anwendungen wurden vor kurzem von *J. Bílý*, *M. Fiedler* und *F. Nožička* studiert, die im Jahre 1958 eine dem Transportproblem gewidmete Arbeit [4] veröffentlicht haben. Man versteht unter dieser Bezeichnung eine Aufgabe, in der es darum geht, die ökonomischste Lieferung eines Rohstoffes (z. B. Kohle) vorzuschlagen, wenn man seine Grubenproduktion kennt und weiß, wieviel davon eine jede Fabrik benötigt. Die Arbeit [4] bedient sich bei der Lösung des Transportproblems gerade der Graphentheorie.

Andere tschechoslowakische Mathematiker studieren die Graphentheorie in regelmäßigen Seminarübungen, und solche Interessengruppen gibt es auch sonst in der Welt. Gegenstand der Untersuchung sind beispielsweise physikalische Anwendungen von Graphen beim Studium der Stromnetze; gewisse Ergebnisse wurden auch dadurch erzielt, daß man sich bei der Erforschung der künstlichen Sprachen und der in endlichen Automaten repräsentierbaren Erscheinungen der Graphen bediente — und schließlich und endlich darf man auch die Anwendung der Graphen in den verschiedenen mathematischen Spezialfächern nicht außer acht lassen. Es handelt sich insbesondere um Zusammenhänge mit der Algebra, um das Verhältnis der Graphen zur Theorie der Determinanten und der Matrizen, und in letzter Zeit auch um ihre Bedeutung für die Theorie der Kategorien. Die Graphentheorie wurde auch beim Studium der Simplexe in mehrdimensionalen euklidischen Räumen angewandt. Wie man sieht, hat die Graphentheorie viele Berührungspunkte mit der praktischen Anwendung und auch mit anderen Zweigen der Mathematik aufzuweisen. Es wäre zu wünschen, daß sich auch die jüngste Generation der Mathematiker — Schüler und Studenten — mit dieser nützlichen Disziplin bekanntmacht. Wenn unser kleines Buch zumindest einiges dazu beiträgt, dann ist das Ziel, das wir uns im Rahmen dieser Bücherreihe gesteckt haben, so gut wie erreicht.

2. Literatur

[1] W. AHRENS: Mathematische Unterhaltungen und Spiele, Leipzig 1901.
[2] P. S. ALEXANDROFF: Einführung in die Gruppentheorie, MSB Nr. 1 4. Aufl., Berlin 1964 (Übersetzung aus dem Russischen).
[3] C. BERGE: Théorie des graphes et ses applications, Paris 1958 (englisch in New York 1962, russisch in Moskau 1962).
[4] J. BÍLÝ, M. FIEDLER, F. NOŽIČKA: Die Graphentheorie in Anwendung auf das Transportproblem, Czechoslovak Math. Journal, 8 (83) (1958), 94—121.
[5] G. A. BODINO: Applicazioni economiche della teoria dei grafici, Pavia 1960 (englisch in New York 1962).
[6] O. BORŮVKA: O jistém problému minimálním (Über ein Minimalproblem, tschechisch), Práce moravské přírod. spol., 1926, III. 3.
[7] COMBINATORIAL ANALYSIS, Proceedings of Symposia in Applied Mathematics, X., 1960.
[8] K. ČULÍK: Zur Theorie der Graphen, Časopis Pěst. Mat., 83 (1958), 133—155.
[9] A. P. DOMORYAD: Mathematical Games and Pastimed, Oxford—London—Edinburgh 1964 (Übersetzung aus dem Russischen; russisch in Moskau 1961).
[10] E. B. DYNKIN, W. A. USPENSKI: Mathematische Unterhaltungen, Teil 1, Mehrfarbenprobleme, MSB Nr. 18 2. Aufl., Berlin 1964 (Übersetzung aus dem Russischen).
[11] F. HARARY, R. Z. NORMAN, D. CARTWRIGHT: Structural Models, New York—London—Sydney 1965.
[12] F. HARARY, G. PRINS: The number of homeomorphically irreducible trees and other species, Acta Math. Uppsala, 1959, 101: 1—2, 141—162.
[13] M. HASSE: Einige Bemerkungen über Graphen, Kategorien und Gruppoide, Mathematische Nachrichten, 22. Band, Heft 5—6, (1960), 255—270.
[14] M. HASSE: Grundbegriffe der Mengenlehre und Logik, MSB Nr. 2 4. Aufl., Leipzig 1968.
[15] D. KÖNIG: Theorie der endlichen und unendlichen Graphen, Leipzig 1936.
[16] M. KRAITCHIK: Mathematical Recreations, 4. Aufl., London 1949.
[17] J. B. KRUSKAL: On the shortest spanning subtree of a graph and the traveling salesman problem, Proc. Amer. Math. Soc. 7 (1956), 48—50.
[18] O. ORE: Graphs and their Uses, New York—Toronto 1963.
[19] O. ORE: Theory of Graphs, American Mathematical Society, Colloquium Publications, Vol. 38 (1962).
[20] G. PÓLYA: Kombinatorische Anzahlbestimmungen für Gruppen, Graphen und chemische Verbindungen, Acta Mathematica (Uppsala), 68 (1937), 145—254.
[21] G. RINGEL: Färbungsprobleme auf Flächen und Graphen, Berlin 1959.

[22] J. Riordan: An Introduction to Combinatorial Analysis, New York–London 1958 (russisch 1963).
[23] A. Sainte-Laguë: Les réseaux (où graphes), Mémorial des Sciences Mathématiques, Fasc. 18, Paris 1926.
[24] H. Steinhaus: Kaleidoskop der Mathematik, Berlin 1959 (Übersetzung aus dem Polnischen).
[24a] H. Steinhaus: Einhundert Probleme der Elementarmathematik, MSB Nr. 27, Leipzig 1968.
[25] Theory of Graphs and its Applications, Proceedings of the Symposium held in Smolenice in June 1963, Praha 1964.
[26] W. T. Tutte: A short proof of the factor theorem for finite graphs, Canad. J. Math., *6* (1954), 347–352.

NAMENVERZEICHNIS

Aardenne — Ehrenfest 137
Ahrens 81, 97, 163

Bäbler 75
Berge 53, 162
Bílý 164
Blažek 3, 106
Bodino 163
Borůvka 56, 164
Bruijn 137
Brunel 121

Cartwight 163
Cayley 49, 53, 90, 102, 161, 162

Dirac 78

Egyed 135
Erdös 65, 162
Errera 105
Euler 72, 79, 161

Fiedler 3, 90, 164
Frobenius 150
Frucht 114

Gallai 162
Gauß 75, 96
Guy 106

Hajós 162
Hamilton 77
Harary 103, 113, 137, 142, 163
Hasse 3, 7, 114, 156, 157
Havel 33
Heawood 162
Holladay 151
Husimi 109

Izbicki 114

Jaenisch 80
Jaglom 91
Jarník 164

Kempe 90, 162
Kirchhoff 49, 161
Koman 106
König 3, 24, 30, 50, 61, 90, 92, 137, 162
Kössler 164
Kotzig 55, 164
Kraitchik 97
Kruskal 164
Kuratowski 104, 105, 107, 109

Liebl 143
Listing 75
Lucas 75

Marradi 164
Menger 71
Möbius 161
Moon 164
Morgan 162
Moser 164

Norman 163
Nožička 164

Ore 75, 135, 163

Petersen 81, 85, 86
Pólya 102, 103
Povarov 159
Prins 103, 113
Pták 151

Read 108
Ringel 106, 108, 163
Riordan 103, 164

Sabidussi 114
Sachs 108
Sainte-Laguë 71, 81, 90, 162
Salvati 164
Schumacher 96
Šidák 152

Staudt 49
Steinhaus 72, 108

Turán 105
Tutte 35

Varga 152

Walker 97
Whitney 71
Wielandt 151

Zarankiewicz 105
Zelinka 108
Zykow 163, 164

SACHVERZEICHNIS

Abbildung 12
Artikulation 62
Automorphismengruppe eines
   Graphen 111
Automorphismus 109

Baum 49
Binomialkoeffizient 10
Brücke 58

Diagramm einer Matrix 145
Dodekaeder 77
Dreiecksungleichung 44
Durchmesser eines Graphen 45
Durchschnitt 11

Element 7
Endknoten 27

Faktor 35
—, regulärer 76
Fakultät 10
Funktion, Grundysche 131

Gerüst 53
Glied eines Graphen 63
Grad eines Knotens 30
Graph 23
—, azyklischer 132
—, bewerteter 55
—, ebener 104
—, endlichen Grades 30
—, endlicher 28, 127
—, Eulerscher 72, 137
—, gerichteter 125
—, gleichwertig gerichteter 137
—, homöomorph irreduzibler 106
—, komplementärer 27
—, leerer 27, 127
—, paarer 90
—, plättbarer 104
—, primitiver 84
—, reduzierter 141
—, regulärer 46

Graph, selbstkomplementärer 108
—, ungerichteter 25, 26
—, vollständiger 27
—, wohlgerichteter 135
—, zusammenhängender 40, 129
Graphen, disjunkte 28
—, elementefremde 28
—, gleiche 28
—, homöomorphe 104
—, isomorphe 100
Gruppe 21

Halbgrad 128
Halbierung einer Kante 104

Inzidenzmatrix eines Graphen 144

Kante 25, 125
—, einfache 127
—, freie 140
Kantenschnitt 69
Kantenzug 72
Kantenzusammenhangszahl 69
Kategorie 156
Knoten 25, 125
—, endlichen Grades 29
—, isolierter 30, 129
Knotenbasis 92, 95, 131
Knotenpunkt 25
Knotenschnitt 66
Knotenzusammenhangszahl 66
Kombination 10
Komponente 41, 130
Königsberger Brückenproblem
   72, 163
Kreis 46

Länge einer Verbindung 36, 127
— eines Kreises 47
— — Zyklus 130
Linie, Hamiltonsche 77

Matrix 143
—, nichtnegative 148

Matrix, primitive 150
—, zerlegbare 146
Menge 7
—, leere 8
—, zweielementige 9
Multigraph 115, 158

Permutation 16
—, identische 17
—, inverse 17

Quasikomponente 141

Raum, metrischer 44
Rundreiseproblem 57

Schlange 51
Schlinge 116, 127
Stern 51

Teilgraph 34, 129
—, echter 34, 129
Teilmenge 8
Torus 107

Untermenge 8
Urbild 12

Verbindung 36, 127
Vereinigung 10
Vierfarbenproblem 86

Weg 39

Zahl, Bettische 55
—, chromatische 88
—, zyklomatische 54
Zug 72, 138
Zyklus 130

KLEINE ERGÄNZUNGSREIHE
zu den Hochschulbüchern für Mathematik
Herausgegeben von Prof. Dr. Herbert Karl, Potsdam

II

EINFÜHRUNG IN DIE GRUPPENTHEORIE

Von

P. S. Alexandroff

Mit 17 Abbildungen

Siebente Auflage

VEB DEUTSCHER VERLAG DER WISSENSCHAFTEN
BERLIN 1971

П. С. Александров
Введение в теорию групп

Государственное Учебно-педагогическое Издательство
Министерства Просвещения РСФСР
Москва 1951

Übersetzung nach der 2. Auflage: Lothar Uhlig
Wissenschaftliche Bearbeitung: Hildegard Grell-Niemann

Wie alle in dieser Reihe erschienenen Bändchen eignet sich auch dieses vorzüglich als Hilfsmittel bei der außerunterrichtlichen mathematischen Betätigung, z. B. in Schülerzirkeln und Arbeitsgemeinschaften. Die Art der Darstellung regt zu einer vertieften Beschäftigung mit Problemen und Methoden der elementaren Mathematik an und wird der Mathematik neue Freunde gewinnen, deren sie angesichts ihrer wachsenden Bedeutung bedarf. Der Inhalt ist Schülern der oberen Klassen zugänglich, worauf die neue Ausstattung ausdrücklich hinweisen soll.

Dieses Buch ist unter Nr. 1 in die Mathematische Schülerbücherei aufgenommen.

ES 19 B 2
Alle Rechte an dieser Ausgabe beim
VEB Deutscher Verlag der Wissenschaften, Berlin
Printed in the German Democratic Republic
Lizenz-Nr. 206 · 435/127/71
Satz: (IV/5/1) Buchdruckerei Paul Dünnhaupt KG,
Köthen (Anh.) L 71/70
Offsetnachdruck: (52) Nationales Druckhaus VOB National, 1055 Berlin

Zum Geleit

Der Begriff der Gruppe ist so alt wie die Mathematik selbst. Ins mathematische Bewußtsein tritt er jedoch erst zu Beginn des 19. Jahrhunderts, als die Theorie der algebraischen Gleichungen mit E. GALOIS zur Entwicklung einer weitgespannten Theorie der Gruppen endlicher Ordnung Anlaß gab.

Zugleich aber regte die invariantentheoretische Tendenz der Geometrie dazu an, einige spezielle unendliche Gruppen zu untersuchen, wodurch ein weiterer Ausbau der Gruppentheorie vollzogen wurde. Sie zeigte ferner die Möglichkeit, die neue Theorie auf viele Gebiete der Mathematik anzuwenden.

Aus einem solchen Wechselspiel gegenseitiger Anregungen entstand um 1920 zusammen mit einer Strukturumwandlung der Algebra und Geometrie in Verbindung mit dem Eingang mengentheoretischer Überlegungen in die Mathematik die selbständige Disziplin der Gruppentheorie. Sie befaßt sich nur mit ganz allgemeinen abstrakten Elementen oder Größen. Daher können durch sie — und darin liegt weiterhin ihre große Bedeutung — Aussagen, Methoden, u. a. aus verschiedensten Gebieten der Mathematik einerseits, aber andererseits auch solche, die weit außerhalb mathematischer Betrachtungen liegen, sofern diese nur die gleiche logische Struktur haben, vermöge eben dieser Struktur gemeinsam behandelt werden. Damit werden durch die Gruppentheorie die Schlußweisen auf die begrifflich einfachsten Bestandteile zurückgeführt; sie dient dabei auch in sehr einfacher Weise dazu, zum axiomatischen Denken zu gelangen.

So ist schließlich die Gruppentheorie auch bestens dazu geeignet, in das mathematische Denken und das deduktive Schließen einzuführen. Daher ist es fast eine Selbstverständlichkeit, die Mathematische Schülerbücherei mit einem solchen Bändchen zu beginnen. Das Heft von P. ALEXANDROFF ist fachlich, didaktisch und methodisch ausgezeichnet dazu geeignet, einen Leser, der den Stoff bis zur neunten Klasse beherrscht, in das Wesen der Gruppentheorie einzuführen. Aber auch dem Studenten der Mathematik und der Naturwissenschaften der ersten Semester sei dieses Buch empfohlen.

Januar 1965

Dr. *Ernst Hameister*

Vorwort zur zweiten Auflage

Die erste Auflage dieses Buches erschien im Jahre 1938. Seitdem ist unsere algebraische Literatur durch bedeutende Werke wie „Höhere Algebra" und „Gruppentheorie" von A. G. Kurosch und durch die Vorlesungen über lineare Algebra von I. M. Gelfand und A. I. Malzew ergänzt worden. Doch bleibt daneben die Forderung nach einer völlig elementaren Einführung in die Gruppentheorie, die gleichzeitig auch als elementare Einführung in die Algebra im weiteren Sinne des Wortes dienen könnte, bestehen. Daher stimmte ich auch einer Neuauflage dieses Buches zu. Es dürfte angehende Mathematiker interessieren, die noch keine Hochschule besucht haben, es kann einem Lehrer die Kenntnisse auffrischen, die er sich auf einem pädagogischen Institut erworben hat. Alle, die tiefer in die Gruppentheorie eindringen wollen, verweise ich auf die obenerwähnte Monographie von A. G. Kurosch. Für diejenigen meiner Leser, für welche dieses Buch die erste mathematische Lektüre nach den Schulbüchern ist, möchte ich noch hinzufügen, daß die ganze Tragweite der Gruppentheorie erst in den Wechselbeziehungen mit anderen mathematischen Disziplinen (und gegenwärtig auch der Physik) zur Geltung kommt. Daher empfehle ich diesen Lesern, sich mit den Elementen der höheren Algebra (nach dem erwähnten Lehrbuch von A. G. Kurosch) und mit der analytischen Geometrie (beispielsweise nach dem Lehrbuch von S. P. Finikow) vertraut zu machen. Danach kann man sich mit der linearen Algebra von I. M. Gelfand beschäftigen und sich auch mit meinem Buche „Was ist die sogenannte nichteuklidische Geometrie?" bekannt machen. In allen diesen Büchern findet der Leser viele Anwendungen der Gruppentheorie.

Die zweite Auflage dieses Buches unterscheidet sich von der ersten durch unwesentliche Änderungen, die in der Hauptsache auf die Beseitigung verschiedener Fehler der ersten Auflage zurückzuführen sind.

P. Alexandroff

Inhaltsverzeichnis

Einleitung IX
Kapitel I. Der Begriff der Gruppe 1
  § 1. Einleitende Beispiele 1
    1. Operationen mit den ganzen Zahlen 1
    2. Die Drehungen eines gleichseitigen Dreiecks 1
    3. Die KLEINsche Vierergruppe 4
    4. Die Drehungen eines Quadrates 5
  § 2. Definition der Gruppe 6
  § 3. Einfache Sätze über Gruppen 8
    1. Die Addition beliebig, aber endlich vieler Gruppenelemente. Die erste Regel für die Auflösung von Klammern 8
    2. Das neutrale Element 10
    3. Das entgegengesetzte Element 11
    4. Die Subtraktion. Zweite Regel für die Auflösung von Klammern 12
    5. Bemerkungen über die Gruppenaxiome 14
Kapitel II. Permutationsgruppen 15
  § 1. Definition der Permutationsgruppen 15
  § 2. Der Begriff der Untergruppe. Erläuterung am Beispiel der Permutationsgruppen 19
    1. Beispiele und Definition 19
    2. Eine Bedingung dafür, daß eine Teilmenge einer Gruppe eine Untergruppe ist 21
  § 3. Permutationen als Abbildungen einer endlichen Menge auf sich. Gerade und ungerade Permutationen 21

Kapitel III. Einige allgemeine Bemerkungen über Gruppen. Der Begriff
des Isomorphismus 27
    § 1. Die „additive" und die „multiplikative" Terminologie in der
         Gruppentheorie 27
    § 2. Isomorphe Gruppen 30
    § 3. Der Satz von CAYLEY 34

Kapitel IV. Zyklische Untergruppen einer vorgegebenen Gruppe . . . 37
    § 1. Die von einem vorgegebenen Element einer gegebenen Gruppe
         erzeugte Untergruppe 37
    § 2. Endliche und unendliche zyklische Gruppen 38
    § 3. Erzeugendensysteme 43

Kapitel V. Einfache Bewegungsgruppen 45
    § 1. Beispiele und Definition von Kongruenzgruppen geometrischer
         Figuren 45
        1. Kongruenzen regelmäßiger Vielecke in ihren Ebenen . . . 45
        2. Kongruenzen eines regelmäßigen Vielecks im dreidimen-
           sionalen Raum 46
        3. Allgemeine Definition der Kongruenzgruppe einer gegebe-
           nen Figur im Raume oder in der Ebene 47
    § 2. Die Bewegungsgruppe einer Geraden, eines Kreises, einer
         Ebene 47
    § 3. Die Drehungsgruppen einer regelmäßigen Pyramide und
         einer Doppelpyramide 51
        1. Die Pyramide 51
        2. Die Doppelpyramide (das Dieder) 52
        3. Ausartungen: Die Drehungsgruppen eines Sektors und
           eines Rhombus 54
    § 4. Die Drehungsgruppe des Tetraeders 56
    § 5. Die Drehungsgruppe des Würfels und des Oktaeders 60
    § 6. Die Drehungsgruppe des Ikosaeders und Dodekaeders 65
         Allgemeine Bemerkungen über Drehungsgruppen regel-
         mäßiger Vielflache 65

Inhaltsverzeichnis   **VII**

Kapitel VI. Invariante Untergruppen 68

  § 1. Konjugierte Elemente und Untergruppen 68

     1. Transformation eines Gruppenelements mit Hilfe eines anderen 68

     2. Transformation von Elementen der Tetraedergruppe . . . 70

     3. Konjugierte Elemente 71

     4. Transformation einer Untergruppe 73

     5. Beispiele 75

  § 2. Invariante Untergruppen (Normalteiler) 76

     1. Definition 76

     2. Beispiele 77

Kapitel VII. Homomorphe Abbildungen 82

  § 1. Definition der homomorphen Abbildung und ihres Kernes . 82

     Definition und einfache Eigenschaften 82

  § 2. Beispiele homomorpher Abbildungen 85

Kapitel VIII. Klasseneinteilung von Gruppen nach einer gegebenen Untergruppe. Restklassengruppen 90

  § 1. Linke und rechte Nebenklassen 90

     1. Linke Nebenklassen 90

     2. Der Fall einer endlichen Gruppe G 91

     3. Rechte Nebenklassen 92

     4. Das Zusammenfallen der linken Nebenklassen mit den rechten bei einer invarianten Untergruppe 93

     5. Beispiele 94

  § 2. Die Restklassengruppe zu einer vorgegebenen invarianten Untergruppe 97

     1. Definition 97

     2. Der Homomorphiesatz 99

Anhang

Elementare Begriffe der Mengenlehre 103
    § 1. Der Begriff der Menge 103
    § 2. Teilmengen 105
    § 3. Mengenoperationen 106
        1. Die Vereinigung von Mengen 106
        2. Der Durchschnitt von Mengen 107
    § 4. Abbildungen oder Funktionen 108
    § 5. Einteilung einer Menge in Teilmengen 111
        1. Mengen von Mengen (Mengensysteme) 111
        2. Einteilung in Klassen 112
        3. Äquivalenzrelationen 113

Literatur 116

Namen- und Sachregister 117

Einleitung

In der Schule vollzieht sich der Übergang von arithmetischen zu algebraischen Aufgaben dadurch, daß in den Aufgaben gegebene (konkrete) Zahlen durch Buchstaben (allgemeine Zahlen, d. Ü.) ersetzt werden. Die Bezeichnung der Zahlen durch Buchstaben befreit uns von den speziellen gegebenen Zahlen, die in diesem oder jenem Problem auftreten, und lehrt uns, *das Problem in allgemeiner Form*, also für beliebige Zahlenwerte, welche die darin vorkommenden Größen annehmen können, *zu lösen*.

Dementsprechend lernt man auf der Schule in den ersten wichtigen Kapiteln der Algebra die Anwendung der Rechenoperationen auf Buchstabenausdrücke oder, was dasselbe ist, die Gesetze der sogenannten *identischen Umformung* algebraischer Ausdrücke. Wir wollen zunächst diesen Begriff erklären.

Jeder algebraische Ausdruck ist eine Gesamtheit von Buchstaben, die untereinander durch die algebraischen Operationszeichen verbunden sind. Dabei wollen wir der Einfachheit halber im Moment nur die Addition, Subtraktion und Multiplikation betrachten. Der Sinn jedes algebraischen Ausdruckes ist folgender: Ersetzt man die im Ausdruck vorkommenden Buchstaben durch Zahlen, so gibt er Art und Reihenfolge der Operationen an, die man an diesen Zahlen ausführen soll. Mit anderen Worten: jeder algebraische Ausdruck stellt ein gewisses in allgemeiner Form hingeschriebenes Rezept für eine gewöhnliche arithmetische Rechnung dar. *Die identische Umformung* eines algebraischen Ausdruckes bedeutet den Übergang von einem Ausdruck zu einem anderen, der mit dem ersten durch folgende Beziehung zusammenhängt: *Geben wir in beiden Ausdrücken für die Buchstaben völlig willkürliche Zahlwerte vor, aber so, daß ein und dieselben in beiden Ausdrücken vorkommenden Buchstaben stets ein und denselben Zahlwert erhalten, und führen wir dann die angegebenen Operationen aus, so liefern beide Ausdrücke ein und dasselbe Zahlenresultat*. Eine identische Umformung schreibt man als Gleichung zweier algebraischer Ausdrücke; diese Gleichung gilt bei beliebiger Ersetzung der in ihr vorkommenden Buchstaben (wie oben angegeben). Eine Gleichung dieser Form heißt bekanntlich Identität. Beispielsweise gilt

$$a - a = 0. \tag{1}$$

$$(a + b)c = ac + bc. \tag{2}$$

Jede Identität drückt eine gewisse Eigenschaft der in ihr auftretenden Operationen aus. So besagt beispielsweise die Identität (1) folgendes: Subtrahiert man von einer Zahl die gleiche Zahl, so erhält man immer ein und dasselbe Resultat, nämlich Null. Die Identität (2) beinhaltet folgende Eigenschaft der Operationen Addition und Multiplikation: Das Produkt der Summe zweier Zahlen mit einer dritten Zahl ist gleich der Summe der Produkte jedes der Summanden mit dieser dritten Zahl.

Es gibt unendlich viele Identitäten. Jedoch kann man eine geringe Anzahl fundamentaler Identitäten ähnlich den oben angegebenen aufstellen derart, daß jede Identität eine Folgerung aus diesen fundamentalen Identitäten ist.

Jede algebraische Rechnung, also jede beliebig komplizierte identische Umformung eines algebraischen Ausdruckes in einen anderen, ist somit eine Kombination einer geringen Anzahl fundamentaler oder elementarer identischer Umformungen, die man in der elementaren Algebra kurz unter den Namen Regeln zur Auflösung von Klammern, Vorzeichenregeln usw. zusammenfaßt. Führt man diese Kombinationen elementarer Umformungen aus, so darf man gewöhnlich auch vergessen, daß jeder Buchstabe im algebraischen Ausdruck nur ein Symbol, ein Zeichen ist, das eine gewisse Zahl bezeichnet: Man führt, wie man sagt, die Rechnung *mechanisch* durch, vergißt die reale Bedeutung der in jedem Augenblick durchgeführten Umformung und befolgt lediglich die Regeln dieser Umformungen. So verfahren gewöhnlich auch praktisch die Mathematiker und Studenten. Doch kommt es dabei leider vor, daß diese reale Bedeutung der durchgeführten Umformungen überhaupt aus dem Bewußtsein schwindet.

Die mechanische Durchführung algebraischer Operationen hat auch noch eine andere, wesentlichere Seite. Sie läuft darauf hinaus, daß man unter den in einem algebraischen Ausdruck vorkommenden Buchstaben häufig keine Zahlen, sondern mancherlei andere Objekte mathematischer Untersuchung verstehen kann: Nicht nur auf Zahlen, sondern auch auf andere Dinge kann man solche Operationen anwenden, die eine Reihe wichtiger Eigenschaften mit den algebraischen Operationen gemeinsam haben und die man daher naturgemäß Addition, Multiplikation usw. nennt. Beispiele dafür werden wir sogleich angeben. So sind etwa die Kräfte in der Mechanik keine Zahlen, sondern sogenannte Vektoren, d. h. Größen, die nicht nur einen Zahlwert, sondern auch eine *Richtung* haben. Kräfte kann man *addieren,* und diese Addition besitzt die Haupteigenschaften der gewöhnlichen algebraischen Addition von Zahlen. Dies führt dazu, daß man auf Kräfte auch die Subtraktion nach den Regeln der Algebra anwenden kann. Somit ist die Tragweite algebraischer Umformungen viel größer als die einer Schreibweise allgemeiner Operationen an Zahlen: *Die Algebra untersucht Rechnungen mit beliebigen Objekten, für welche Rechenoperationen definiert sind, die den wichtigsten algebraischen Axiomen genügen.*

Kapitel I
DER BEGRIFF DER GRUPPE
§ 1. Einleitende Beispiele
1. Operationen mit den ganzen Zahlen

Die Addition ganzer Zahlen[1]) erfüllt folgende Bedingungen, die man als *Axiome der Addition* bezeichnet und die für alles folgende außerordentlich große Bedeutung haben:

I. *Je zwei Zahlen kann man addieren* (d. h., zu je zwei beliebigen Zahlen a und b existiert eine eindeutig bestimmte Zahl, die man als ihre Summe bezeichnet: $a + b$).

II. *Das Gesetz der Assoziativität:*
Für je drei beliebige Zahlen a, b, c gilt die Identität
$$(a + b) + c = a + (b + c).$$

III. *Unter den Zahlen existiert eine bestimmte Zahl 0, die Null, welche so beschaffen ist, daß für jede Zahl a die Relation*
$$a + 0 = a$$
erfüllt ist.

IV. *Zu jeder Zahl a existiert eine sogenannte entgegengesetzte Zahl $-a$, die die Eigenschaft besitzt, daß die Summe $a + (-a)$ gleich Null ist:*
$$a + (-a) = 0.$$

Schließlich ist noch eine besondere Bedingung erfüllt.

V. *Das Gesetz der Vertauschbarkeit oder Kommutativität:*
$$a + b = b + a.$$

2. Die Drehungen eines gleichseitigen Dreiecks

Wir zeigen, daß man nicht nur Zahlen, sondern auch viele andere Dinge addieren kann, und zwar unter Beibehaltung der eben angeführten Bedingungen.

---

[1]) Unter den *ganzen Zahlen* verstehen wir immer alle positiven und alle negativen ganzen Zahlen und außerdem die Zahl Null.

I. Der Begriff der Gruppe

Erstes Beispiel. Wir betrachten alle möglichen Drehungen eines *gleichseitigen Dreiecks ABC* um seinen Mittelpunkt O (Abb. 1). Dabei nennt man zwei Drehungen identisch, wenn sie sich lediglich um eine ganze Zahl vollständiger Drehungen voneinander unterscheiden (also um ein ganzzahliges Vielfaches von $360°$[1]). Man sieht leicht, daß von allen möglichen Drehungen des Dreiecks lediglich drei Drehungen das Dreieck in sich überführen, nämlich: die Drehungen um $120°$, $240°$ und die sogenannte *Nulldrehung*, die alle Eckpunkte und damit auch sämtliche Seiten des Dreiecks in ihrer Lage läßt. Die erste Drehung führt den Eckpunkt A in den Eckpunkt B, den Eckpunkt B in den Eckpunkt C, den Eckpunkt C in den Eckpunkt A über (sie vertauscht, wie man sagt, die Eckpunkte A, B, C in zyklischer Reihenfolge). Die zweite Drehung führt A in C, B in A, C in B über, vertauscht also A, C, B zyklisch. Jetzt führen wir folgende naturgemäße Definition ein: Die Addition zweier Drehungen bedeute die Hintereinanderausführung der ersten und zweiten Drehung. Addiert man die Drehung um $120°$ zu sich selbst, so liefert sie die Drehung um $240°$; fügt man ihr die Drehung um $240°$ hinzu, so ergibt sich die Drehung um $360°$, also die Nulldrehung. Zwei Drehungen um $240°$ liefern die Drehung um $480° = 360° + 120°$, ihre Summe ist also die Drehung um $120°$. Bezeichnen wir die Nulldrehung mit a_0, die Drehung um $120°$ mit a_1, die Drehung um $240°$ mit a_2, so erhalten wir folgende Relationen:

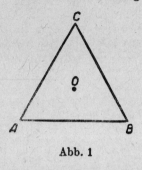

Abb. 1

$$a_0 + a_0 = a_0,$$
$$a_0 + a_1 = a_1 + a_0 = a_1,$$
$$a_0 + a_2 = a_2 + a_0 = a_2,$$
$$a_1 + a_1 = a_2,$$
$$a_1 + a_2 = a_2 + a_1 = a_0,$$
$$a_2 + a_2 = a_1.$$

---

[1]) Da eine Drehung um ein ganzzahliges Vielfaches von $360°$ offensichtlich jeden Eckpunkt in seine ursprüngliche Lage überführt, so definiert man diese Drehung als identisch mit der Nulldrehung; allgemein erklärt man zwei Drehungen als identisch, falls sie sich um eine ganze Zahl vollständiger Drehungen voneinander unterscheiden.

§ 1. *Einleitende Beispiele*

Also ist für je zwei Drehungen ihre Summe definiert. Man überzeugt sich leicht, daß diese Addition das assoziative und offensichtlich auch das kommutative Gesetz erfüllt. Weiter kommt unter diesen Drehungen die Nulldrehung a_0 vor, die die Bedingung

$$a + a_0 = a_0 + a = a$$

für jede Drehung a erfüllt.

Schließlich gibt es zu jeder der drei Drehungen eine entgegengesetzte, deren Summe mit der ursprünglichen die Nulldrehung ergibt. Die Nulldrehung ist offensichtlich zu sich selbst entgegengesetzt, $-a_0 = a_0$, da $a_0 + a_0 = a_0$ ist; ferner ist $-a_1 = a_2$ und $-a_2 = a_1$ (da $a_1 + a_2 = a_0$ ist). Daher erfüllt die Addition der Drehungen eines gleichseitigen Dreiecks alle vorhin formulierten Axiome der Addition.

Wir halten das Additionsgesetz der Drehungen noch einmal in übersichtlicher Weise in Form folgender *Additionstafel* fest:

	a_0	a_1	a_2
a_0	a_0	a_1	a_2
a_1	a_1	a_2	a_0
a_2	a_2	a_0	a_1

(I)

Die Summe zweier Elemente finden wir in dieser Tabelle an dem Schnittpunkt der dem ersten Element entsprechenden Zeile mit der dem zweiten Element entsprechenden Spalte.

Will man mit diesen Drehungen mechanisch rechnen, so nehme man einfach die drei Buchstaben a_0, a_1, a_2 und addiere sie gemäß der eben angegebenen Additionstafel. Von der Bedeutung dieser Buchstaben kann man dabei völlig absehen.

3. Die Kleinsche Vierergruppe

Zweites Beispiel. Wir betrachten die Gesamtheit der vier Buchstaben a_0, a_1, a_2, a_3, deren Addition durch folgende Tafel definiert ist:

	a_0	a_1	a_2	a_3
a_0	a_0	a_1	a_2	a_3
a_1	a_1	a_0	a_3	a_2
a_2	a_2	a_3	a_0	a_1
a_3	a_3	a_2	a_1	a_0

(II)

oder ausführlich:

$$a_0 + a_0 = a_0,$$
$$a_0 + a_1 = a_1 + a_0 = a_1,$$
$$a_0 + a_2 = a_2 + a_0 = a_2,$$
$$a_0 + a_3 = a_3 + a_0 = a_3,$$

$$a_1 + a_1 = a_0, \qquad a_2 + a_2 = a_0,$$
$$a_1 + a_2 = a_2 + a_1 = a_3, \qquad a_2 + a_3 = a_3 + a_2 = a_1,$$
$$a_1 + a_3 = a_3 + a_1 = a_2, \qquad a_3 + a_3 = a_0.$$

Die Addition ist für je zwei beliebige aus der Menge dieser vier Buchstaben definiert. Man beweist sofort, daß diese Addition das assoziative und das kommutative Gesetz erfüllt.

Der Buchstabe a_0 besitzt die Haupteigenschaft der Null: Die Summe zweier Summanden, von denen einer gleich a_0 ist, ist gleich dem anderen Summanden.

Es zeigt sich also, daß die Bedingungen I, II, III, V in dieser „Vierbuchstabenalgebra" erfüllt sind. Um sich davon zu überzeugen, daß die Bedingung IV ebenfalls erfüllt ist, genügt der Hinweis auf

$$a_0 + a_0 = a_0, \quad a_1 + a_1 = a_0, \quad a_2 + a_2 = a_0, \quad a_3 + a_3 = a_0,$$

§ 1. *Einleitende Beispiele* 5

wonach jeder Buchstabe zu sich selbst entgegengesetzt ist (d. h. bei Addition zu sich selbst Null ergibt).

Diese „Vierbuchstabenalgebra" könnte auf den ersten Blick als mathematische Spielerei, als Kurzweil ohne realen Inhalt erscheinen. In Wirklichkeit haben die durch Tafel II ausgedrückten Gesetze dieser Algebra eine völlig reale Bedeutung, mit der wir uns in Kürze vertraut machen. Ich weise außerdem darauf hin, daß diese „Vierbuchstabenalgebra" auch in der höheren Algebra große Bedeutung besitzt. Sie heißt die KLEINsche Vierergruppe[1].

4. Die Drehungen eines Quadrates

Drittes Beispiel. Eine weitere von der vorhergehenden verschiedene „Vierbuchstabenalgebra" kann man analog zu dem ersten Beispiel konstruieren. Wir betrachten ein Quadrat $ABCD$ und die Drehungen um seinen Mittelpunkt, die die Figur in sich überführen. Wiederum identifizieren wir je zwei Drehungen, die sich um ein ganzzahliges Vielfaches von 360° unterscheiden. Wir haben also insgesamt vier Drehungen, nämlich die Nulldrehung, die Drehungen um 90°, um 180° und um 270°. Diese Drehungen bezeichnen wir in dieser Reihenfolge mit a_0, a_1, a_2, a_3. Versteht man unter der Addition zweier Drehungen wieder ihre Hintereinanderausführung, so erhält man folgende zum ersten Beispiel völlig analoge Additionstafel:

	a_0	a_1	a_2	a_3
a_0	a_0	a_1	a_2	a_3
a_1	a_1	a_2	a_3	a_0
a_2	a_2	a_3	a_0	a_1
a_3	a_3	a_0	a_1	a_2

---

[1] Nach dem großen deutschen Mathematiker FELIX KLEIN (1849–1925). (Anm. d. Red.)

Auf die gleiche Weise wie im ersten Beispiel kann man Drehungen eines regelmäßigen Fünf-, Sechs- und allgemein eines n-Ecks betrachten. Es sei dem Leser selbst überlassen, die hierher gehörigen Überlegungen durchzuführen und die entsprechenden Additionstafeln zusammenzustellen.

§ 2. Definition der Gruppe

Bevor wir in der Betrachtung einzelner Beispiele fortfahren, fassen wir die Ergebnisse aus den bereits untersuchten Beispielen zusammen und führen folgende grundlegende Definition ein.

Wir nehmen an, es sei eine gewisse endliche oder unendliche Menge[1] G vorgegeben; ferner nehmen wir an, für je zwei Elemente a und b der Menge G sei ein bestimmtes drittes Element dieser Menge definiert, das wir die *Summe* der Elemente a und b nennen und mit $a + b$ bezeichnen. Schließlich nehmen wir an, diese *Operation der Addition* (also die Operation des Übergangs von zwei gegebenen Elementen a und b zum Element $a + b$) erfülle folgende Bedingungen:

I. *Die Bedingung der Assoziativität. Für je drei Elemente a, b, c der Menge G gilt die Relation*

$$(a + b) + c = a + (b + c).$$

Dies bedeutet folgendes: Bezeichnen wir mit d das Element der Menge G, das die Summe der Elemente a und b ist, und entsprechend mit e das Element $b + c$ der Menge G, so sind $d + c$ und $a + e$ ein und dasselbe Element der Menge G.

II. *Die Bedingung der Existenz eines neutralen Elementes. Unter den Elementen der Menge G gibt es ein bestimmtes Element, das man neutrales Element nennt und mit 0 bezeichnet und das so beschaffen ist, daß bei beliebiger Wahl des Elementes a*

$$a + 0 = 0 + a = a$$

gilt.

---

[1] Siehe den Anhang am Schluß des Buches. Im folgenden wollen wir voraussetzen, daß der Leser den Inhalt dieses Anhangs vollkommen beherrscht.

§ 2. Definition der Gruppe

III. *Die Bedingung der Existenz eines entgegengesetzten Elementes zu jedem vorgegebenen Element:* Zu jedem vorgegebenen Element a der Menge G kann man ein Element $-a$ aus G finden, so daß
$$a + (-a) = (-a) + a = 0$$
gilt.

Eine Menge G mit einer in ihr definierten Operation der Addition, die die eben aufgezählten drei Bedingungen erfüllt, heißt eine *Gruppe*. Diese Bedingungen selbst heißen *Axiome des Gruppenbegriffs* oder kurz *Gruppenaxiome*.

Ist in einer Gruppe G außer den drei Gruppenaxiomen auch noch folgende Bedingung erfüllt:

IV. *Die Bedingung der Vertauschbarkeit oder Kommutativität:*
$$a + b = b + a,$$

so heißt die Gruppe *kommutativ* oder *Abelsch*[1]).

Eine Gruppe heißt *endlich,* wenn sie aus endlich vielen Elementen besteht; andernfalls heißt sie *unendlich*. Die Anzahl der Elemente einer endlichen Gruppe bezeichnet man als ihre *Ordnung*.

Nachdem wir uns mit der Definition einer Gruppe vertraut gemacht haben, sehen wir, daß die Beispiele, die in den ersten beiden Paragraphen dieses Kapitels angegeben wurden, Beispiele für Gruppen sind. Wir haben also bisher folgende Gruppen kennengelernt:

1. die Gruppe der ganzen Zahlen;

2. die Gruppe der Drehungen eines gleichseitigen Dreiecks (diese Gruppe heißt auch zyklische Gruppe der Ordnung 3);

3. die Kleinsche Vierergruppe;

4. die Gruppe der Drehungen eines Quadrates (zyklische Gruppe der Ordnung 4).

Am Schluß des § 1 wurde noch die Drehungsgruppe eines regelmäßigen n-Ecks (zyklische Gruppe der Ordnung n) erwähnt. Alle diese Gruppen sind kommutativ und mit Ausnahme der Gruppe der ganzen Zahlen *endlich;* diese ist offenbar unendlich.

---

[1]) Nach dem genialen norwegischen Mathematiker N. H. Abel (1802 bis 1829). (Anm. der Red.)

§ 3. Einfache Sätze über Gruppen[1]

1. Die Addition beliebig, aber endlich vieler Gruppenelemente
Die erste Regel für die Auflösung von Klammern

Das Assoziativitätsaxiom hat in der Gruppentheorie und damit auch in der gesamten Algebra sehr große Bedeutung: Dadurch kann man nicht nur die Summe zweier, sondern auch die Summe dreier und allgemein beliebig, aber endlich vieler Gruppenelemente definieren und zur Berechnung dieser Summen die üblichen Regeln für die Auflösung von Klammern anwenden[2].

Sind nämlich beispielsweise drei Elemente a, b, c vorgegeben, so *wissen wir vorläufig noch nicht,* was die Addition dieser drei Elemente bedeutet; denn die Gruppenaxiome sprechen nur von der Summe zweier Summanden, und Ausdrücke der Form $a + b + c$ sind noch nicht definiert. Nun besagt aber die Bedingung der Assoziativität: Addieren wir einerseits die zwei Elemente

$$a \quad \text{und} \quad b + c,$$

und andererseits die beiden Elemente

$$a + b \quad \text{und} \quad c,$$

so erhalten wir ein und dasselbe Element als ihre Summe. Also läßt sich das Element, welches die Summe der beiden Elemente a und $b + c$ und ebenso die Summe der beiden Elemente $a + b$ und c ist, eindeutig als Summe der Elemente a, b, c (in der eben angegebenen Reihenfolge) *definieren* und wird deshalb einfach mit $a + b + c$ bezeichnet. Daher kann man die Gleichung

$$a + b + c = a + (b + c) = (a + b) + c$$

als Definition des Ausdruckes $a + b + c$ für die Summe der drei Elemente a, b, c betrachten.

Entsprechend kann man die Summe der vier Elemente a, b, c, d beispielsweise als $a + (b + c + d)$ definieren. Wir beweisen, daß dabei

$$a + (b + c + d) = (a + b) + (c + d) = (a + b + c) + d$$

gilt.

---

[1] Möchte sich der Leser zunächst mit weiteren Beispielen von Gruppen beschäftigen, so kann er diesen Paragraphen überspringen und nach der Lektüre der Kapitel II—IV darauf zurückkommen.

[2] Dabei muß man nur beachten, daß man im Falle einer nicht kommutativen Gruppe die Reihenfolge der Summanden nicht ändern darf.

§ 3. Einfache Sätze über Gruppen

Nach dem eben Gesagten hat man zunächst
$$a + (b + c + d) = a + [b + (c + d)].$$
Für die drei Elemente $a, b, c + d$ gilt aber:
$$a + [b + (c + d)] = (a + b) + (c + d).$$
Andererseits gilt auch für die drei Elemente $a + b, c, d$:
$$(a + b) + (c + d) = [(a + b) + c] + d = (a + b + c) + d,$$
was zu beweisen war.

Wir setzen nun voraus, die Summe von je $n - 1$ Summanden sei bereits definiert; dann definieren wir die Summe der n Summanden $a_1 + \cdots + a_n$ als $a_1 + (a_2 + \cdots + a_n)$ und können damit den Ausdruck $a_1 + \cdots + a_n$ nach der Methode der vollständigen Induktion für beliebiges n als definiert ansehen.

Satz. *Es sei n eine beliebige natürliche Zahl. Für jede natürliche Zahl*[1] *$m \leq n$ gilt die Identität*
$$(a_1 + \cdots + a_m) + (a_{m+1} + \cdots + a_n) = a_1 + \cdots + a_n. \qquad (1)$$

Beweis. Der Beweis wird nach der Methode der vollständigen Induktion geführt[2]: Für $n = 1$ besagt der Satz die Identität $a_1 = a_1$. Wir nehmen nun an, er sei für $n \leq k - 1$ gültig, und beweisen ihn für $n = k$. Wir betrachten zunächst den Fall $m = 1$. Dann geht die Formel (1) über in
$$a_1 + (a_2 + \cdots + a_k) = a_1 + \cdots + a_k.$$
Dies ist aber gerade die Definition des Ausdruckes $a_1 + \cdots + a_k$. Also gilt für vorgegebenes $n = k$ und $m = 1$ die Formel (1).

Jetzt wählen wir $n = k$ fest und nehmen an, unsere Formel sei für $m = q - 1$ bewiesen; wir beweisen sie für $m = q$. Da die Formel (1) für $m = n$ offensichtlich gilt, können wir $q < k$ voraussetzen. Da die Gültigkeit des Satzes für $n \leq k - 1$ vorausgesetzt ist, gilt dann
$$(a_1 + \cdots + a_q) + (a_{q+1} + \cdots + a_k) =$$
$$= [(a_1 + \cdots + a_{q-1}) + a_q] + (a_{q+1} + \cdots + a_k) .$$
Die Bedingung der Assoziativität, angewandt auf die drei Elemente $(a_1 + \cdots + a_{q-1}), a_q, (a_{q+1} + \cdots + a_k)$, ergibt
$$[(a_1 + \cdots + a_{q-1}) + a_q] + (a_{q+1} + \cdots + a_k) =$$
$$= (a_1 + \cdots + a_{q-1}) + [a_q + (a_{q+1} + \cdots + a_k)].$$
Der Ausdruck rechts in eckigen Klammern ist nach Definition aber gleich
$$a_q + a_{q+1} + \cdots + a_k.$$

---

[1] Eine natürliche Zahl ist eine ganze positive Zahl.
[2] Es empfiehlt sich, den Beweis selbst durchzuführen und ihn dann erst mit dem nachfolgenden Text zu vergleichen. (Vgl. auch I. S. SOMINSKI, „Die Methode der vollständigen Induktion", 10. Aufl., VEB Deutscher Verlag der Wissenschaften, Berlin 1971 (Übersetzung aus dem Russischen), Anm. der Red.

Also gilt
$$(a_1 + \cdots + a_i) + (a_{q+1} + \cdots + a_m) =$$
$$= (a_1 + \cdots + a_{q-1}) + (a_q + \cdots + a_k).$$

Da aber die Formel (1) für $n = k$ und $m = q - 1$ als gültig vorausgesetzt wurde, ist die rechte Seite der letzten Gleichung gleich $a_1 + \cdots + a_k$. Somit gilt
$$(a_1 + \cdots + a_i) + (a_{q+1} + \cdots + a_k) = a_1 + \cdots + a_k,$$
was zu beweisen war.

2. Das neutrale Element

Die Bedingung für die Existenz eines neutralen Elementes lautet: *In der Gruppe existiert ein gewisses Element* 0 *derart, daß für jedes Element a der Gruppe die Bedingung*
$$a + 0 = 0 + a = a \tag{1}$$
erfüllt ist.

Diese Bedingung enthält keineswegs die Behauptung, daß es in der vorgelegten Gruppe kein zweites von 0 verschiedenes Element $0'$ mit derselben Eigenschaft
$$a + 0' = 0' + a = a \tag{1'}$$
für jedes a geben könnte.

Aus der folgenden etwas inhaltsreicheren Aussage ergibt sich, daß tatsächlich ein derartiges Element $0'$ nicht auftritt. Man bezeichnet sie oft als *Satz von der Eindeutigkeit des neutralen Elementes*.

Satz. *Gibt es zu irgendeinem bestimmten Element a einer Gruppe G ein Element 0_a, das eine der Bedingungen*
$$a + 0_a = a \quad oder \quad 0_a + a = a$$
erfüllt, so ist notwendigerweise
$$0_a = 0.$$

Beweis. Wir setzen zunächst voraus, es sei $a + 0_a = a$, und bemerken, daß für ein beliebiges Element b
$$b + 0_a = (b + 0) + 0_a$$
gilt. Ersetzt man darin 0 durch $(-a) + a$, so erhält man
$$b + 0_a = b + (-a) + a + 0_a = b + (-a) + (a + 0_a) =$$
$$= b + (-a) + a = b.$$

§ 3. Einfache Sätze über Gruppen

Ebenso gilt:
$$0_a + b = (0 + 0_a) + b = (-a) + a + 0_a + b =$$
$$= (-a) + (a + 0_a) + b = (-a) + a + b = b$$
und somit für *jedes* b
$$b + 0_a = 0_a + b = b.$$
Wählen wir nun insbesondere $b = 0$, so ergibt sich
$$0 + 0_a = 0. \tag{2}$$
Nach Definition des Elementes 0 gilt aber andererseits
$$0 + 0_a = 0_a. \tag{3}$$
Aus den Gleichungen (2) und (3) folgt
$$0_a = 0,$$
was zu beweisen war.

Ebenso kann man die Identität $0_a = 0$ aus der Voraussetzung $0_a + a = a$ folgern.

3. Das entgegengesetzte Element

Die Bedingung für die Existenz eines entgegengesetzten Elementes lautet: *Zu jedem Element a existiert ein Element $-a$ derart, daß*
$$(-a) + a = a + (-a) = 0$$
gilt.

Hier ist wiederum nur die *Existenz* des Elementes $-a$ behauptet, nicht aber seine *Eindeutigkeit*. Wir beweisen diese Eindeutigkeit durch den folgenden Satz.

Satz. Gibt es zu einem vorgegebenen Element a irgendein Element a', das eine der Bedingungen
$$a + a' = 0 \quad \text{oder} \quad a' + a = 0$$
erfüllt, so ist
$$a' = -a.$$

Beweis. Es sei
$$a + a' = 0.$$
Daraus folgt
$$(-a) + (a + a') = (-a) + 0 = -a,$$

also
$$[(-a) + a] + a' = -a,$$
also
$$0 + a' = -a,$$
d. h.
$$a' = -a.$$

Ganz analog kann man $a' = -a$ aus der Voraussetzung $a' + a = 0$ herleiten.

Also existiert zu einem vorgegebenen a genau ein Element x, das der Gleichung $a + x = 0$ bzw. der Gleichung $x + a = 0$ genügt, nämlich das Element $x = -a$.

Betrachten wir jetzt das Element $-a$. Dann erfüllt das Element a die Gleichung
$$-a + a = 0,$$
ist also für das Element $-a$ gerade das Element $x = -(-a)$, von dem eben die Rede war. Also gilt
$$-(-a) = a.$$

4. Die Subtraktion
Zweite Regel für die Auflösung von Klammern

Es seien zwei Elemente a und b der Gruppe G vorgegeben. Zu jedem der Elemente a und b gibt es ein entgegengesetztes Element $-a$ bzw. $-b$.

Die Summe des Elementes b und des Elementes $-a$ heißt Differenz[1]) *zwischen dem Element b (Minuend) und dem Element a (Subtrahend) und wird mit $b - a$ bezeichnet:*

$$b + (-a) = b - a. \qquad (1)$$

Daher ist diese Gleichung die *Definition der Differenz $b - a$*, d. h. die Definition der Subtraktion als einer Rechenoperation, durch welche eben die Differenz der Elemente b und a bestimmt ist. Auf Grund des assoziativen Gesetzes und der Definition des Elementes $-a$ gilt

$$(b - a) + a = [b + (-a)] + a = b + (-a + a) = b, \qquad (2)$$

der Minuend ist also gleich der Summe der Differenz und des Subtrahenden[2]).

---

[1]) Mitunter „rechte Differenz". Siehe unten.

[2]) In nichtkommutativen Gruppen ist die Summe $b + (a - b)$ im allgemeinen nicht gleich a. Dies ist in der Gruppentheorie sehr wesentlich.

§ 3. Einfache Sätze über Gruppen

Mit anderen Worten: $b - a$ ist eine Lösung der Gleichung
$$x + a = b. \tag{3}$$
Sie ist auch die einzige; denn ist das Element c eine Lösung der Gleichung (3), so ist $c + a = b$, das bedeutet
$$c + a + (-a) = b + (-a),$$
also
$$c = b + (-a) = b - a.$$
Ebenso hat die Gleichung
$$a + x = b \tag{4}$$
das Element $-a + b$ als einzige Lösung.

Bemerkung. Manchmal bezeichnet man die Lösung der Gleichung (3), also das Element $b - a = b + (-a)$, als *rechte* und die Lösung der Gleichung (4), also das Element $-a + b$ als *linke* Differenz der Elemente b und a. Für kommutative Gruppen fallen natürlich diese beiden Differenzbegriffe zusammen.

Folgerung. Ist $a + b = a + c$ oder $b + a = c + a$, so ist $b = c$.

Die Haupteigenschaft der Subtraktion wird durch die Formel
$$\boxed{-(a + b) = -b - a}$$
ausgedrückt.

[Wir erinnern an folgendes: $-b - a$ bezeichnet $-b + (-a)$, also die Summe der zwei Elemente $-b$ und $-a$.]

Das Element $-(a + b)$ ist nämlich das eindeutig bestimmte Element x der Gruppe, das der Bedingung
$$a + b + x = 0 \tag{5}$$
genügt.

Nun gilt aber
$$a + b + [(-b) + (-a)] = a + [b + (-b)] + (-a) =$$
$$= a + 0 + (-a) = a + (-a) = 0.$$

Somit erfüllt das Element $x = -b + (-a) = -b - a$ gerade die Bedingung (5), also ist tatsächlich $-(a + b) = -b - a$.

Durch vollständige Induktion erhalten wir daraus das allgemeine Resultat
$$-(a_1 + \cdots + a_n) = -a_n - a_{n-1} - \cdots - a_1,$$
wobei die rechte Seite das Element
$$(-a_n) + (-a_{n-1}) + \cdots + (-a_1) \text{ bezeichnet.}$$

Daraus folgt nach Definition der Subtraktion:
$$c - (a + b) = c - b - a$$

und allgemein
$$c - (a_1 + \cdots + a_n) = c - a_n - a_{n-1} - \cdots - a_1 . \quad (6)$$

In *kommutativen* Gruppen ist die Reihenfolge der Summanden gleichgültig, und wir können schreiben
$$c - (a_1 + \cdots + a_n) = c - a_1 - \cdots - a_n . \quad (6')$$

Formel (1) in Abschnitt 1 und Formel (6') enthält die übliche Regel der elementaren Algebra für das Auflösen von Klammern bei Addition und Subtraktion.

5. Bemerkungen über die Gruppenaxiome

Wir haben uns nicht die Aufgabe gestellt, eine möglichst *geringe* Anzahl von Forderungen anzugeben, die für die Definition des Begriffes der Gruppe ausreichen. Wir haben verlangt, daß das neutrale Element die Forderungen
$$a + 0 = 0 + a = a$$
erfüllt und daß das zu einem beliebigen Element a entgegengesetzte Element $-a$ die Bedingungen
$$a + (-a) = (-a) + a = 0$$
erfüllt. Indessen genügt es, auf Grund des in den Abschnitten 2 und 3 dieses Paragraphen Bewiesenen, nur *eine* der Bedingungen
$$a + 0 = a \quad \text{oder} \quad 0 + a = a,$$
und ebenso nur eine der Bedingungen
$$a + (-a) = 0 \quad \text{oder} \quad (-a) + a = 0$$
zu fordern.

Schließlich erwähnen wir noch, daß in der Definition einer Gruppe (§ 2) die Axiome II und III, also die Bedingungen der Existenz eines neutralen Elementes und der eines entgegengesetzten zu jedem vorgegebenen Element, durch ein einziges Axiom ersetzt werden können, nämlich durch das folgende:

Die Bedingung der unbeschränkten Ausführbarkeit der Subtraktion. Zu je zwei Elementen a und b kann man Elemente x und y finden derart, daß $a + x = b$ und $y + a = b$ ist.

Die Durchführung des Beweises überlassen wir dem Leser (er kann ihn auch beispielsweise in dem Buch „Gruppentheorie" von A. G. KUROSCH) nachlesen.

Kapitel II

PERMUTATIONSGRUPPEN

§ 1. Definition der Permutationsgruppen

Sitzen die drei Personen Martin, Kurt und Peter in dieser Reihenfolge von links nach rechts auf einer Bank, so können sie sich auf sechs verschiedene Arten umgruppieren, nämlich, wenn immer von links nach rechts aufgezählt wird, so:

(1) Martin, Kurt, Peter;   (3) Kurt, Martin, Peter;
(2) Martin, Peter, Kurt;   (4) Kurt, Peter, Martin;
(5) Peter, Martin, Kurt;
(6) Peter, Kurt, Martin.

Der Übergang von einer beliebigen Sitzfolge zu einer anderen heißt *Permutation*. Eine Permutation schreibt man folgendermaßen:

Martin, Kurt, Peter;
Kurt, Peter, Martin

dies soll bedeuten, daß Kurt Martins Platz, Peter Kurts Platz und Martin Peters Platz einnimmt.

In diesem Sinne kann man von Permutationen beliebiger Gegenstände sprechen. Da hierbei die besondere Natur der zu permutierenden Gegenstände unwesentlich ist, werden diese Gegenstände meist durch Ziffern bezeichnet, und man spricht von einer *Permutation von Ziffern*. Somit kann man mit den drei Ziffern 1, 2, 3 folgende Permutationen vornehmen:

$$\begin{pmatrix}1\ 2\ 3\\1\ 2\ 3\end{pmatrix},\ \begin{pmatrix}1\ 2\ 3\\1\ 3\ 2\end{pmatrix},\ \begin{pmatrix}1\ 2\ 3\\2\ 1\ 3\end{pmatrix},\ \begin{pmatrix}1\ 2\ 3\\2\ 3\ 1\end{pmatrix},\ \begin{pmatrix}1\ 2\ 3\\3\ 1\ 2\end{pmatrix},\ \begin{pmatrix}1\ 2\ 3\\3\ 2\ 1\end{pmatrix}.$$

Jede Permutation drückt aus, daß an Stelle der in der oberen Zeile stehenden Ziffern die darunter geschriebenen der unteren Zeile treten. Die erste Permutation $\begin{pmatrix} 1 & 2 & 3 \\ 1 & 2 & 3 \end{pmatrix}$ nennt man die *identische*, in ihr bleibt jede Ziffer unverändert an ihrem Platz.

Die zweite Permutation $\begin{pmatrix} 1 & 2 & 3 \\ 1 & 3 & 2 \end{pmatrix}$ besteht darin, daß die Ziffer 1 festbleibt, die Ziffer 3 auf den Platz der Ziffer 2 und die Ziffer 2 an die Stelle der Ziffer 3 tritt; entsprechendes gilt für die anderen Permutationen.

Die allgemeine Form einer Permutation der n Ziffern $1, 2, \ldots, n$ lautet:
$$\begin{pmatrix} 1 & 2 & \ldots & n \\ i_1 & i_2 & \ldots & i_n \end{pmatrix}.$$

Hier sind $i_1, i_2, \ldots, i_n$ insgesamt wieder die Ziffern $1, 2, \ldots, n$, lediglich in anderer Reihenfolge. Wir betrachten zum Beispiel
$$\begin{pmatrix} 1 & 2 & 3 & 4 & 5 \\ 3 & 1 & 4 & 5 & 2 \end{pmatrix}.$$

Hier ist offensichtlich $n = 5$, $i_1 = 3$, $i_2 = 1$, $i_3 = 4$, $i_4 = 5$, $i_5 = 2$.

Bekanntlich gestatten n Ziffern $n!$ Permutationen.

Wir wenden uns wieder den Permutationen von drei Ziffern zu *Die Addition* zweier Permutationen soll die Hintereinanderausführung der ersten und der zweiten bedeuten. Dadurch ergibt sich wieder eine Permutation, die man als die Summe der zwei vorgegebenen bezeichnet.

Wir addieren beispielsweise die Permutationen
$$\begin{pmatrix} 1 & 2 & 3 \\ 2 & 1 & 3 \end{pmatrix} \quad \text{und} \quad \begin{pmatrix} 1 & 2 & 3 \\ 3 & 2 & 1 \end{pmatrix}.$$

Durch die erste Permutation wird die Eins mit der Zwei vertauscht, bei der zweiten Permutation bleibt diese Zwei fest, also geht nach Hintereinanderausführung beider Permutationen *die Eins in die Zwei über*. Entsprechend geht bei der Hintereinanderausführung der beiden Permutationen *die Zwei in die Drei und die Drei in die Eins über*. Daher gilt

$$\begin{pmatrix} 1 & 2 & 3 \\ 2 & 1 & 3 \end{pmatrix} + \begin{pmatrix} 1 & 2 & 3 \\ 3 & 2 & 1 \end{pmatrix} = \begin{pmatrix} 1 & 2 & 3 \\ 2 & 3 & 1 \end{pmatrix}.$$

§ 1. Definition der Permutationsgruppen

Auf dieselbe Weise addiert man zwei beliebige Permutationen. Um die Resultate aller dieser Additionen bequem aufschreiben zu können, führen wir folgende Bezeichnungen ein:

$$P_0 = \begin{pmatrix} 1 & 2 & 3 \\ 1 & 2 & 3 \end{pmatrix}; \quad P_1 = \begin{pmatrix} 1 & 2 & 3 \\ 1 & 3 & 2 \end{pmatrix}; \quad P_2 = \begin{pmatrix} 1 & 2 & 3 \\ 2 & 1 & 3 \end{pmatrix}; \quad P_3 = \begin{pmatrix} 1 & 2 & 3 \\ 2 & 3 & 1 \end{pmatrix};$$

$$P_4 = \begin{pmatrix} 1 & 2 & 3 \\ 3 & 1 & 2 \end{pmatrix}; \quad P_5 = \begin{pmatrix} 1 & 2 & 3 \\ 3 & 2 & 1 \end{pmatrix}.$$

P_0 heißt die identische Permutation.

Dann erhalten wir *folgende Additionstafel:*

Erster Summand	Zweiter Summand					
	P_0	P_1	P_2	P_3	P_4	P_5
P_0	P_0	P_1	P_2	P_3	P_4	P_5
P_1	P_1	P_0	P_3	P_2	P_5	P_4
P_2	P_2	P_4	P_0	P_5	P_1	P_3
P_3	P_3	P_5	P_1	P_4	P_0	P_2
P_4	P_4	P_2	P_5	P_0	P_3	P_1
P_5	P_5	P_3	P_4	P_1	P_2	P_0

Um die Summe zweier Permutationen zu finden, beispielsweise $P_2 + P_4$, muß man die Zeile nehmen, in deren Überschrift („erster Summand") die erste Permutation steht (in unserem Falle P_2), und die Spalte, in deren Überschrift („zweiter Summand") die zweite Permutation steht (in unserem Falle P_4). Im Schnittpunkt der gewählten Zeile mit der gewählten Spalte steht die gesuchte Summe: $P_2 + P_4 = P_1$.

Wir führen die Rechnung ausführlich durch:

$$P_2 = \begin{pmatrix} 1 & 2 & 3 \\ 2 & 1 & 3 \end{pmatrix}; \quad P_4 = \begin{pmatrix} 1 & 2 & 3 \\ 3 & 1 & 2 \end{pmatrix};$$

nach derselben Überlegung wie bei Gleichung (1) gilt

$$\begin{pmatrix} 1 & 2 & 3 \\ 2 & 1 & 3 \end{pmatrix} + \begin{pmatrix} 1 & 2 & 3 \\ 3 & 1 & 2 \end{pmatrix} = \begin{pmatrix} 1 & 2 & 3 \\ 1 & 3 & 2 \end{pmatrix},$$

also ist tatsächlich

$$P_2 + P_4 = P_1.$$

Dem Leser bleibt es überlassen, auf diese Weise die gesamte Additionstafel nachzuprüfen.

Man überzeugt sich sofort davon, daß diese Addition das assoziative Gesetz erfüllt.

Das neutrale Element (die „Null") ist offensichtlich die identische Permutation $P_0 = \begin{pmatrix} 1 & 2 & 3 \\ 1 & 2 & 3 \end{pmatrix}$.

Schließlich existiert zu jeder Permutation die entgegengesetzte, die, zu ihr summiert, die identische Permutation liefert: Die zu einer vorgegebenen entgegengesetzte Permutation bringt alle in der gegebenen Permutation geänderten Ziffern an ihren alten Platz zurück. So gilt zum Beispiel

$$- \begin{pmatrix} 1 & 2 & 3 \\ 2 & 3 & 1 \end{pmatrix} = \begin{pmatrix} 1 & 2 & 3 \\ 3 & 1 & 2 \end{pmatrix}.$$

Um in der Additionstafel sofort die zu einer vorgegebenen entgegengesetzte Permutation zu finden, muß man in der zur vorgegebenen Permutation gehörigen Zeile das Element P_0 suchen; die Überschrift der zu diesem P_0 gehörigen Spalte ist dann gerade die gesuchte entgegengesetzte. Wie man leicht sieht, gilt:

$$\begin{aligned} -P_0 &= P_0, & -P_3 &= P_4, \\ -P_1 &= P_1, & -P_4 &= P_3, \\ -P_2 &= P_2, & -P_5 &= P_5. \end{aligned}$$

Also erfüllt die Addition der Permutationen sämtliche Gruppenaxiome. Die Gesamtheit aller Permutationen von drei Elementen ist somit eine Gruppe. Wir bezeichnen sie mit S_3. Die Gruppe S_3

ist endlich, von der Ordnung 6. Sie ist *nicht kommutativ*. Beispielsweise gilt nämlich:
$$P_2 + P_3 = P_5,$$
$$P_3 + P_2 = P_1.$$

§ 2. Der Begriff der Untergruppe
Erläuterung am Beispiel der Permutationsgruppen

1. Beispiele und Definition

Naturgemäß fragt man sich nun: Ist es möglich, eine Gruppe zu erhalten, die nicht aus allen, sondern nur aus gewissen Permutationen von drei Ziffern besteht, und gelten bei Beschränkung auf dieses Teilsystem wiederum dieselben Gesetze der Addition? Man überzeugt sich leicht davon, daß das möglich ist.

Betrachten wir zum Beispiel das Elementpaar P_0 und P_1. Aus der Additionstafel entnimmt man

$$\left\{\begin{array}{l} P_0 + P_0 = P_0, \\ P_0 + P_1 = P_1, \\ P_1 + P_0 = P_1 \\ P_1 + P_1 = P_0. \end{array}\right.$$

Wir sehen, daß alle Gruppenaxiome erfüllt sind, insbesondere ist $-P_0 = P_0$ und $-P_1 = P_1$. Das bedeutet, daß die beiden Elemente P_0 und P_1 eine Gruppe bilden, die ein Teil der Gruppe aller Permutationen von drei Ziffern ist.

Ebenso überzeugt man sich davon, daß auch das Paar der Elemente P_0 und P_2 seinerseits eine Gruppe bildet wie auch das Paar P_0 und P_5.

Das Paar P_0 und P_3 und auch das Paar P_0 und P_4 bilden keine Gruppen, da $P_3 + P_3 = P_4$, d. h. die Summe des Elementes P_3 mit sich selbst kein Element unseres Paares ist. Diese einfachen Überlegungen rechtfertigen die Einführung folgender allgemeinen Definition:

Ist irgendeine Gruppe G gegeben und ist die Menge H, die aus gewissen Elementen unserer Gruppe G besteht, bei den in G bestehenden Additionsgesetzen eine Gruppe, so heißt H Untergruppe der Gruppe G. Daher ist jedes der Elementpaare (P_0, P_1), (P_0, P_2)

(P_0, P_5) eine Untergruppe der Ordnung 2 der Gruppe S_3. Andere Untergruppen der Ordnung 2 hat die Gruppe S_3 nicht: Aus der Definition der Untergruppe folgt, daß jede Untergruppe H der Gruppe G das neutrale Element der Gruppe G enthalten muß; also hat jede Untergruppe der Ordnung 2 der Gruppe S_3 die Form (P_0, P_i), wobei i eine der Zahlen 1, 2, 3, 4, 5 ist. Wir haben aber gesehen, daß i weder gleich 3 noch gleich 4 sein kann, somit bleiben nur die betrachteten Untergruppen

$$(P_0, P_1), \quad (P_0, P_3), \quad (P_0, P_5).$$

In der Gruppe S_3 gibt es auch eine aus drei Elementen bestehende Untergruppe (eine Untergruppe der Ordnung 3). Dies ist die Untergruppe (P_0, P_3, P_4). Der Leser möge sich davon überzeugen, daß diese die einzige in S_3 enthaltene Untergruppe der Ordnung 3 ist. Untergruppen der Ordnungen 4 und 5 kommen in der Gruppe S_3 überhaupt nicht vor[1]).

Somit gibt es folgende Untergruppen der Gruppe S_3: Drei Untergruppen der Ordnung 2, nämlich (P_0, P_1), (P_0, P_2), (P_0, P_5); eine Untergruppe der Ordnung 3, nämlich (P_0, P_3, P_4).

Auf die gleiche Weise, wie wir die Gruppe S_3 untersucht haben, kann man auch die Gruppe S_4 untersuchen, die aus allen Permutationen von vier Ziffern besteht.

Die Gruppe S_4 hat die Ordnung $1 \cdot 2 \cdot 3 \cdot 4 = 24$.

Allgemein bilden für beliebiges n die Permutationen von n Ziffern die Gruppe S_n der Ordnung $1 \cdot 2 \cdot 3 \cdots n$.

Die Additionsgesetze sind in allen diesen Gruppen die gleichen: Die Addition zweier Permutationen von n Ziffern bedeutet das Hintereinanderausführen dieser Permutationen, in der Reihenfolge von links nach rechts.

Wir bemerken schließlich, daß man die Gruppe S_n aller Permutationen von n Elementen oft auch als *symmetrische Gruppe* der Permutationen von n Elementen bezeichnet.

Jede Untergruppe der Gruppe S_n heißt *Permutationsgruppe*.

---

[1]) Davon kann man sich überzeugen durch eine Untersuchung der 10 Teilmengen der Gruppe S_3, die das Element P_0 enthalten und aus vier Elementen bestehen, sowie der 5 Teilmengen, die einschließlich P_0 fünf Elemente enthalten. Das Fehlen von Untergruppen der Ordnung 4 und 5 in der Gruppe S_3 folgt aber unmittelbar aus dem nachstehenden allgemeinen Satz, der später bewiesen wird (Kapitel VIII): *Die Ordnung jeder Untergruppe H einer endlichen Gruppe G ist ein Teiler der Ordnung der Gruppe G.*

2. Eine Bedingung dafür, daß eine Teilmenge einer Gruppe eine Untergruppe ist

Um nachzuweisen, daß eine gewisse Teilmenge H einer Gruppe G eine Untergruppe ist, benützt man zweckmäßigerweise folgenden allgemeinen Satz:

Eine Teilmenge H einer Gruppe G ist dann und nur dann eine Untergruppe der Gruppe G, wenn folgende Bedingungen erfüllt sind:

1. *Die Summe zweier Elemente a und b von H (im Sinne der in G definierten Addition) ist ein Element der Menge H.*
2. *Das neutrale Element der Gruppe G ist Element der Menge H.*
3. *Das entgegengesetzte Element jedes Elementes der Menge H ist Element der Menge H.*

Zum Beweis genügt es, zu bemerken, daß unsere Bedingungen gerade die Forderungen ausdrücken, daß die Einschränkung auf H der in G definierten Addition alle Axiome des Gruppenbegriffes erfüllt. Das assoziative Gesetz braucht man nicht zu fordern: Dieses ist für die Addition beliebiger Elemente der Menge G erfüllt, insbesondere also auch in dem Spezialfall, daß diese Elemente der Menge H angehören.

§ 3. Permutationen [1]
als Abbildungen einer endlichen Menge auf sich
Gerade und ungerade Permutationen

1. Wir haben den Begriff der Permutation in der elementaren und etwas primitiven Weise untersucht, wie man dies gewöhnlich macht. Wenn man sich nicht vor allgemein-mathematischen Redewendungen fürchtet, kann man eine Permutation von n Elementen einfach *als eine eineindeutige Abbildung f der Menge der vorgegebenen n Elemente auf sich definieren.*

---

[1] Der Leser, dem dieser Paragraph Schwierigkeiten bereitet, kann ihn bei der ersten Lektüre fortlassen und braucht lediglich vor Kapitel VI darauf zurückzukommen. Vor der Lektüre dieses Paragraphen muß der Leser jedenfalls mit dem gesamten Anhang vertraut sein, der am Schluß des Buches angefügt ist.

II. Permutationsgruppen

Wir nehmen an, unsere Elemente seien die Zahlen $1, 2, 3, \ldots, n$; dann ist eine Permutation $\begin{pmatrix} 1 & 2 & 3 & \ldots & n \\ a_1 & a_2 & a_3 & \ldots & a_n \end{pmatrix}$ als eine Funktion

$$a_k = f(k), \quad k = 1, 2, \ldots, n$$

gegeben, wobei sowohl die Argument- als auch die Funktionswerte die Zahlen $1, 2, 3, \ldots, n$ sind.

Für zwei verschiedene Argumentwerte sind die Funktionswerte immer verschieden.

Insbesondere ist eine Permutation vollständig bestimmt, wenn für jedes k der Wert $f(k)$, also a_k, bekannt ist.

Daraus folgt, daß es völlig unwesentlich ist, in welcher Reihenfolge die Zahlen in der oberen Zeile geschrieben sind: Wichtig ist lediglich, daß unter der Zahl k das entsprechende a_k geschrieben steht.

Beispielsweise stellen

$$\begin{pmatrix} 1 & 2 & 3 & 4 & 5 \\ 2 & 4 & 3 & 5 & 1 \end{pmatrix} \quad \text{und} \quad \begin{pmatrix} 3 & 4 & 5 & 2 & 1 \\ 3 & 5 & 1 & 4 & 2 \end{pmatrix}$$

zwei Schreibweisen ein und derselben Permutation dar. Diese im Grunde selbstverständliche Bemerkung kann man auch so formulieren: Es sei die Permutation

$$A = \begin{pmatrix} 1 & 2 & 3 & \ldots & n \\ a_1 & a_2 & a_3 & \ldots & a_n \end{pmatrix} \tag{1}$$

vorgegeben.

Ist dann

$$P = \begin{pmatrix} 1 & 2 & 3 & \ldots & n \\ p_1 & p_2 & p_3 & \ldots & p_n \end{pmatrix} \tag{2}$$

irgendeine Permutation derselben Zahlen $1, 2, 3, \ldots, n$, so läßt sich die Permutation (1) auch in der Form

$$\begin{pmatrix} p_1 & p_2 & \ldots & p_n \\ a_{p_1} & a_{p_2} & \ldots & a_{p_n} \end{pmatrix}$$

schreiben.

2. *Gerade und ungerade Permutationen.* Es sei die Permutation

$$A = \begin{pmatrix} 1 & 2 & 3 & \ldots & n \\ a_1 & a_2 & a_3 & \ldots & a_n \end{pmatrix}$$

vorgegeben.

§ 3. Permutationen als Abbildungen einer endlichen Menge

Wir betrachten eine beliebige Menge, die aus irgend zwei der Zahlen 1, 2, 3,..., n besteht, und nennen diese beiden Zahlen i und k. Diese Menge heißt *Zahlenpaar*[1]): Sie ist das Paar, das aus den Elementen i und k besteht und mit (i, k) bezeichnet wird. Bekanntlich ist die Anzahl aller Paare, die man aus n vorgegebenen Elementen bilden kann, gleich[2])

$$\binom{n}{2} = \frac{n(n-1)}{1 \cdot 2}.$$

Das Paar, das aus den Elementen i und k besteht, heißt *regulär* in bezug auf die Permutation A, wenn die Differenzen $i - k$ und $a_i - a_k$ ein und dasselbe Vorzeichen haben. Dies bedeutet: Ist $i < k$, so muß $a_i < a_k$ sein, ist $i > k$, so muß $a_i > a_k$ sein. Andernfalls sagt man, daß unser Paar in bezug auf die Permutation *irregulär* ist oder eine *Inversion* bildet. Wenn folglich das Paar (i, k) eine Inversion bildet, so gilt entweder $i < k$ und $a_i > a_k$ oder umgekehrt $i > k$ und $a_i < a_k$.

Wir betrachten als Beispiel die Permutationen der Gruppe S_3.

In der Permutation $P_0 = \begin{pmatrix} 1 & 2 & 3 \\ 1 & 2 & 3 \end{pmatrix}$ gibt es keine einzige Inversion, alle Paare sind regulär.

In der Permutation $P_1 = \begin{pmatrix} 1 & 2 & 3 \\ 1 & 3 & 2 \end{pmatrix}$ gibt es die einzige Inversion $(2, 3)$.

In der Permutation $P_2 = \begin{pmatrix} 1 & 2 & 3 \\ 2 & 1 & 3 \end{pmatrix}$ gibt es die einzige Inversion $(1, 2)$.

In der Permutation $P_3 = \begin{pmatrix} 1 & 2 & 3 \\ 2 & 3 & 1 \end{pmatrix}$ gibt es zwei Inversionen: $(1, 3)$ und $(1, 2)$.

---

[1]) Hier wird mit dem Begriff des Paares keine Voraussetzung über die Reihenfolge der Elemente des Paares verbunden: (i, k) und (k, i) sind zwei Schreibweisen ein und desselben Paares. Die Elementpaare, die man aus n vorgegebenen Elementen herausgreifen kann, heißen auch *Kombinationen* 2. Klasse der n Elemente.

[2]) Die Kombinationen k-ter Klasse von n Elementen sind die sämtlichen aus k Elementen bestehenden Teilmengen der Menge von n Elementen. Diese Methode erlaubt es übrigens, die logische Unzulänglichkeit zu vermeiden, die beim Schulunterricht in Kombinatorik oft begangen wird

In der Permutation $P_4 = \begin{pmatrix} 1 & 2 & 3 \\ 3 & 1 & 2 \end{pmatrix}$ gibt es zwei Inversionen: (1, 3) und (2, 3).

In der Permutation $P_5 = \begin{pmatrix} 1 & 2 & 3 \\ 3 & 2 & 1 \end{pmatrix}$ gibt es drei Inversionen: (1, 2), (1, 3) und (2, 3).

Definition. Eine Permutation, die eine gerade Anzahl von Inversionen enthält, heißt *gerade* Permutation; eine Permutation, die eine ungerade Anzahl von Inversionen enthält, heißt *ungerade* Permutation.

Wir haben gesehen, daß die geraden Permutationen P_0, P_3 und P_4 in der Gruppe S_3 eine Untergruppe bilden. Wir stellen uns jetzt die Aufgabe, zu beweisen, daß dies für jede Gruppe S_n gilt.

Der Beweis stützt sich auf einige Vorbemerkungen, zu denen wir jetzt übergehen.

Unter dem Signum der Permutation A verstehen wir die Zahl $+1$, wenn die Permutation A gerade, und die Zahl -1, wenn sie ungerade ist.

Abweichend vom üblichen Sprachgebrauch bezeichnen wir jetzt als Signum einer rationalen Zahl r bei $r > 0$ die Zahl $+1$, bei $r < 0$ die Zahl -1 und bei $r = 0$ die Zahl 0.

Das Signum der Zahl r bezeichnen wir mit (sgn r).

Bei diesen Bezeichnungen ist klar, daß das Signum der Permutation A gleich ist dem Produkt der Signa aller $\frac{n(n-1)}{2}$ Zahlen $\frac{i-k}{a_i-a_k}$; dabei wird der Bruch $\frac{i-k}{a_i-a_k} = \frac{k-i}{a_k-a_i}$ für jedes Paar, das den Zahlen $1, 2, 3, \ldots, n$ entnommen ist, nur einmal gebildet.

Diese Bemerkung benutzen wir zum Beweis des folgenden Satzes:

Das Signum der Summe zweier Permutationen ist gleich dem Produkt der Signa der Summanden.

Es seien zwei Permutationen vorgegeben:

$$A = \begin{pmatrix} 1 & 2 & 3 & \ldots & n \\ a_1 & a_2 & a_3 & \ldots & a_n \end{pmatrix}, \quad B = \begin{pmatrix} 1 & 2 & 3 & \ldots & n \\ b_1 & b_2 & b_3 & \ldots & b_n \end{pmatrix}.$$

Ihre Summe ist offensichtlich die Permutation

$$A + B = \begin{pmatrix} 1 & 2 & 3 & \ldots & n \\ b_{a_1} & b_{a_2} & b_{a_3} & \ldots & b_{a_n} \end{pmatrix}. \tag{1}$$

§ 3. Permutationen als Abbildungen einer endlichen Menge

Das Signum von A ist gleich dem Produkt der Signa aller

$$\frac{i-k}{a_i-a_k}.$$

Das Signum von B ist gleich dem Produkt der Signa aller

$$\frac{i-k}{b_i-b_k}.$$

Da man aber auch

$$B = \begin{pmatrix} a_1 & a_2 & \ldots & a_n \\ b_{a_1} & b_{a_2} & \ldots & b_{a_n} \end{pmatrix}$$

schreiben kann, so gilt:

Das Signum von B ist gleich dem Produkt der Signa aller $\frac{a_i-a_k}{b_{a_i}-b_{a_k}}$. Daraus folgt sofort:

$$(\text{sgn } A) \cdot (\text{sgn } B) = \text{Produkt aller } \left(\text{sgn } \frac{i-k}{a_i-a_k} \right) \cdot \left(\text{sgn } \frac{a_i-a_k}{b_{a_i}-b_{a_k}} \right)$$

$$= \text{Produkt aller } \left(\text{sgn } \frac{i-k}{a_i-a_k} \cdot \frac{a_i-a_k}{b_{a_i}-b_{a_k}} \right)$$

$$= \text{Produkt aller } \left(\text{sgn } \frac{i-k}{b_{a_i}-b_{a_k}} \right).$$

Das letzte Produkt ist aber das Signum der Permutation

$$\begin{pmatrix} 1 & 2 & 3 & \ldots & n \\ b_{a_1} & b_{a_2} & b_{a_3} & \ldots & b_{a_n} \end{pmatrix},$$

also der Permutation $A + B$, was zu beweisen war.

Aus dem bewiesenen Satz folgt unmittelbar: *Die Summe zweier gleichartiger Permutationen*[1]) *ist eine gerade, hingegen die Summe zweier ungleichartiger Permutationen*[2]) *eine ungerade Permutation.* Die identische Permutation enthält keine einzige Inversion und ist folglich eine gerade Permutation. Ferner ist

$$A + (-A) = 0,$$

also ist die Summe einer vorgegebenen Permutation A und der ihr entgegengesetzten eine gerade Permutation. Daraus folgt nach

---

[1]) Also die Summe zweier gerader oder zweier ungerader Permutationen.
[2]) Also die Summe einer geraden und einer ungeraden oder einer ungeraden und einer geraden Permutation.

dem eben Bewiesenen, daß eine Permutation und die ihr entgegengesetzte jeweils zur selben Klasse gehören.

Somit gilt: *Die Summe zweier gerader Permutationen ist eine gerade Permutation, die identische Permutation ist eine gerade Permutation, die entgegengesetzte einer geraden Permutation ist eine gerade Permutation.*

Daraus folgt, daß die Gesamtheit aller geraden Permutationen von n Elementen eine Untergruppe der Gruppe S_n aller überhaupt möglichen Permutationen von n Elementen ist. Die Gruppe der geraden Permutationen von n Elementen heißt *alternierende (d. h. vorzeichenändernde) Permutationsgruppe von n Elementen und wird mit A_n bezeichnet.*

Satz. *Die Ordnung der Gruppe A_n ist gleich $\frac{n!}{2}$.* Mit anderen Worten, in der Gruppe A_n kommt gerade die Hälfte aller Permutationen von n Elementen vor. Um sich davon zu überzeugen, genügt es, eine eineindeutige Beziehung zwischen der Menge aller geraden und der Menge aller ungeraden Permutationen von n Elementen herzustellen. Diese Beziehung stellt man her, indem man irgendeine bestimmte ungerade Permutation P wählt und jeder geraden Permutation A die Permutation $P + A$ zuordnet. Auf diesem Wege erhält man:

1. Jeder geraden Permutation entspricht eine ungerade Permutation.

2. Zwei verschiedenen geraden Permutationen entsprechen verschiedene ungerade Permutationen.

3. Jede ungerade Permutation B ist einer (und nur einer) geraden Permutation zugeordnet, nämlich der Permutation $- P + B$. Somit ist dies eine eineindeutige Zuordnung zwischen der Menge aller geraden und der Menge aller ungeraden Permutationen.

Kapitel III

EINIGE ALLGEMEINE BEMERKUNGEN ÜBER GRUPPEN
DER BEGRIFF DES ISOMORPHISMUS

§ 1. Die „additive" und die „multiplikative" Terminologie in der Gruppentheorie

Die Hauptbestandteile des Gruppenbegriffs sind:

a) Die Menge der Gegenstände (Zahlen, Permutationen, Drehungen usw.), welche die Elemente der Gruppe ausmachen;
b) eine bestimmte *Operation* oder *Verknüpfung*, die wir Addition nennen und die es gestattet, zu je zwei Elementen a und b unserer Gruppe ein drittes Element $a + b$ derselben Gruppe zu finden.

Wir haben das Wort Addition zur Bezeichnung der in unserer Gruppe vorliegenden Verknüpfung gewählt. Selbstverständlich hat die Wahl dieses oder eines anderen Wortes im Grunde keinen Einfluß. Für jede Gruppe könnte man ebenso von der *Multiplikation* ihrer Elemente sprechen statt von ihrer Addition, indem man nicht die *additive*, sondern die *multiplikative* Terminologie benutzt. Mit der additiven Schreibweise einer Gruppe sind wir bereits vertraut. Jetzt wollen wir überlegen, wie sich die Gruppenaxiome in multiplikativer Schreibweise ausdrücken lassen.

Zunächst fordern wir, daß für je zwei Elemente a und b unserer Menge G (siehe Kap. I, § 2) eindeutig das Element $a \cdot b$, das Produkt der beiden Elemente a und b, definiert ist.

Die Gruppenaxiome selbst erhalten dann folgende Gestalt.

I. Die Bedingung der Assoziativität:

$$(ab)c = a(bc).$$

II. Die Bedingung der Existenz eines neutralen Elementes. Unter den Elementen von G gibt es ein eindeutig bestimmtes Element, das wir neutrales Element nennen und mit e (Eins) bezeichnen derart, daß

$$ae = a = ea$$

bei beliebiger Wahl des Elementes a gilt.

III. Die Bedingung der Existenz eines inversen Elementes zu jedem vorgegebenen Element.

Zu jedem vorgegebenen Element a der Menge G kann man ein und nur ein Element a^{-1} derselben Menge G finden, so daß

$$a \cdot a^{-1} = e = a^{-1} \cdot a$$

gilt. Wir sehen: Wird die in einer vorgegebenen Gruppe definierte und ursprünglich als Addition bezeichnete Verknüpfung als Multiplikation aufgefaßt, so ist es sinnvoll, das neutrale Element Null in Eins umzubenennen und von *inversen* Elementen (a^{-1}) statt von entgegengesetzten ($-a$) zu sprechen.

Historisch ist diese „multiplikative" Terminologie die erste; sie wird gegenwärtig von fast allen Autoren benutzt. In manchen Fällen ist die additive, in anderen Fällen die multiplikative Schreibweise vorzuziehen. Schließlich gibt es Fälle, in denen beide gleich bequem sind.

Ein Beispiel, bei dem natürlich die additive Schreibweise am bequemsten ist, stellt die Gruppe der ganzen Zahlen dar: Die Gruppenoperation ist hier die übliche arithmetische Addition, das neutrale Element die arithmetische Null; der Begriff der entgegengesetzten Zahl hat hier seinen üblichen arithmetischen Sinn.

Man kann einwenden, daß es ungewohnt und unbequem sei, die übliche arithmetische Addition in Multiplikation, die Null in Eins usw. umzubenennen. Jedoch muß dem Leser klar sein, daß diese Umbenennung, von allen ihren Unbequemlichkeiten abgesehen, durchaus möglich ist und jedenfalls so lange auf keinerlei Widerspruch führt, wie wir uns auf das Studium nur der *Gruppe* der ganzen Zahlen beschränken, also eine *einzige Operation* unter den ganzen Zahlen betrachten, nämlich die arithmetische Addition. Würden wir neben der arithmetischen Addition auch noch die im elementaren, arithmetischen Sinne des Wortes verstandene Mul-

§ 1. *Die „additive" und die „multiplikative" Terminologie usw.* 29

tiplikation betrachten, so ergäbe die vorhin besprochene Umbenennung der Addition in Multiplikation natürlich eine gänzlich undurchsichtige Terminologie.

Als Beispiel einer Gruppe, für die umgekehrt die multiplikative Sprechweise passender ist, betrachten wir die Gruppe R, die aus allen positiven und negativen rationalen Zahlen[1]), also aus allen *von Null verschiedenen* rationalen Zahlen besteht. Als Gruppenoperation in der Gruppe R verwenden wir die übliche arithmetische Multiplikation. Sie ist bekanntlich assoziativ. Die gewöhnliche Eins erfüllt hinsichtlich dieser Operation die Bedingung II:

$$a \cdot 1 = a \quad \text{für beliebiges } a.$$

Schließlich existiert für jedes Element der Menge R (also für jede rationale Zahl $a \neq 0$) eine rationale Zahl $a^{-1} = \dfrac{1}{a} \neq 0$, die der Bedingung $a \cdot a^{-1} = 1$ genügt. Also sind sämtliche Gruppenaxiome erfüllt, d. h., die von Null verschiedenen rationalen Zahlen bilden bezüglich der arithmetischen Multiplikation eine Gruppe. Wegen $a\,b = b\,a$ ist diese Gruppe *kommutativ*. Sie enthält als Untergruppe die Gruppe aller *positiven* rationalen Zahlen ($a > 0$). Bei diesen Gruppen benutzt man natürlich die multiplikative Schreibweise.

Der Leser möge sich davon überzeugen, daß die negativen rationalen Zahlen bezüglich der gewöhnlichen arithmetischen Multiplikation keine Gruppe bilden.

Auch die Gesamtheit aller rationalen Zahlen (einschließlich der Null) bildet keine Gruppe bezüglich der arithmetischen Multiplikation, da keine zur Null inverse Zahl existiert. Hingegen ist, wie man leicht sieht, die Menge aller rationalen Zahlen eine Gruppe R bezüglich der arithmetischen Addition. In dieser Gruppe ist als Untergruppe die Gruppe der ganzen Zahlen enthalten.

Abschließend bemerken wir zu diesen Fragen der Terminologie, daß es bei Permutationsgruppen keinen ernsthaften Grund dafür gibt, die additive der multiplikativen Schreibweise oder umgekehrt vorzuziehen. Bei der multiplikativen Schreibweise erhält jedoch einer der Sätze des vorigen Kapitels eine symmetrische Gestalt, nämlich: Das Signum des Produktes zweier Permutationen ist gleich dem Produkt ihrer Signa.

---

[1]) Als rationale Zahlen erklärt man alle ganzen Zahlen sowie alle Brüche p/q (p, q ganz, $q \neq 0$).

III. *Allgemeine Bemerkungen über Gruppen*

Gegenwärtig geht man immer mehr dazu über, die kommutativen Gruppen in der additiven Schreibweise zu behandeln; doch haben wir eben eine Ausnahme dieser Regel kennengelernt, als wir von der Gruppe der von Null verschiedenen rationalen Zahlen sprachen. In diesem Buche wollen wir auch bei den nichtkommutativen Gruppen die additive Schreibweise beibehalten.

§ 2. Isomorphe Gruppen

Wir betrachten einerseits die Drehungsgruppe R_3 eines gleichseitigen Dreiecks (Kap. I, § 1) und andererseits die in der Gruppe aller Permutationen von drei Ziffern enthaltene Untergruppe A_3, die aus den drei Elementen P_0, P_3, P_4 (Kap. II, § 2) besteht. Wir bezeichnen die Elemente der Gruppe R_3 mit a_0, a_1, a_2. Wir stellen jetzt zwischen den Elementen der Gruppe R_3 und den Elementen der Gruppe A_3 folgende eineindeutige Zuordnung her:

$$a_0 \longleftrightarrow P_0,$$
$$a_1 \longleftrightarrow P_3,$$
$$a_2 \longleftrightarrow P_4.$$

Diese Zuordnung ist *additionsinvariant* in folgendem Sinne: Kann in R_3 irgendein Element als Summe zweier Elemente aus R_3 geschrieben werden, gilt also etwa $a_0 + a_1 = a_1$ oder $a_1 + a_1 = a_2$ oder $a_1 + a_2 = a_0$, und ersetzt man jedes Element der erhaltenen Gleichungen durch die entsprechenden Elemente aus A_3, so bleibt die Gleichung in A_3 gültig.

Wir sehen, daß die Gruppen R_3 und A_3, obwohl sie aus Elementen verschiedener Natur bestehen (die eine Gruppe besteht aus Drehungen eines Dreiecks und die andere aus Permutationen von Ziffern), *gleiche Struktur haben:* Die Additionstafeln dieser Gruppen unterscheiden sich lediglich durch die Bezeichnungen. Ändern wir also die Bezeichnungen, benennen wir also die Elemente um, so erhalten wir identische Gruppentafeln.

Gruppen, deren Additionstafeln bei geeigneter Wahl der Elementbezeichnung identisch werden, heißen isomorphe Gruppen.

Der übliche Begriff des Isomorphismus ist etwas anders erklärt. Die „Umbenennung" der Elemente in der Additionstafel, von der in dieser Definition des Isomorphismus die Rede ist, besteht im wesentlichen darin, daß eine eineindeutige Zuordnung zwischen

§ 2. *Isomorphe Gruppen*

den Elementen der beiden Gruppen hergestellt wird. Wir geben dementsprechend jetzt eine Definition des Isomorphismus, die unmittelbar vom Begriff der eineindeutigen Abbildung ausgeht.

Definition I. Es sei eine eineindeutige Zuordnung

$$g \longleftrightarrow g'$$

zwischen der Menge aller Elemente der Gruppe G und der Menge aller Elemente der Gruppe G' vorgegeben. Wir wollen sagen, daß diese Zuordnung eine *isomorphe Zuordnung* (oder ein *Isomorphismus*) zwischen den beiden Gruppen ist, wenn die Bedingung der *Invarianz der Addition* erfüllt ist; diese lautet:

Gilt eine beliebige Relation der Form

$$g_1 + g_2 = g_3$$

zwischen den Elementen einer Gruppe, beispielsweise G, so ist auch die Relation richtig, die man erhält, wenn man die Elemente g_1, g_2, g_3 der Gruppe G durch die ihnen in der Gruppe G' zugeordneten Elemente g'_1, g'_2, g'_3 ersetzt:

$$g'_1 + g'_2 = g'_3.$$

Definition II. Zwei Gruppen heißen isomorph, wenn man zwischen ihnen eine isomorphe Zuordnung herstellen kann.

Anmerkung. Fordert man, daß aus

$$g_1 + g_2 = g_3 \text{ in der Gruppe } G$$

stets

$$g'_1 + g'_2 = g'_3$$

für die den Elementen g_1, g_2, g_3 entsprechenden Elemente der Gruppe G' folgt, so gilt auch die umgekehrte Behauptung, nämlich: Gilt für irgend drei Elemente g'_1, g'_2, g'_3 der Gruppe G' die Relation

$$g'_1 + g'_2 = g'_3,$$

so ist für die den Elementen g'_1, g'_2, g'_3 entsprechenden Elemente g_1, g_2, g_3 der Gruppe G auch die Relation

$$g_1 + g_2 = g_3 \tag{1}$$

erfüllt. Würde nämlich die Relation (1) nicht gelten, so wäre also

$$g_1 + g_2 = g_4 \neq g_3.$$

Wegen der eineindeutigen Zuordnung zwischen G und G' entspräche dem Element g_4 der Gruppe G in der Gruppe G' ein Element g'_4, das von g'_3 verschieden wäre; nach unserer Voraussetzung muß aus

$$g_1 + g_2 = g_4$$

die Gleichung
$$g'_1 + g'_2 = g'_4$$
folgen, im Widerspruch zu
$$g'_1 + g'_2 = g'_3.$$

Satz. *Bei der isomorphen Abbildung*
$$g \longleftrightarrow g'$$
der Gruppe G auf die Gruppe G' entspricht dem neutralen Element der einen Gruppe das neutrale Element der anderen Gruppe. Jedes Paar entgegengesetzter Elemente der einen Gruppe entspricht einem Paar entgegengesetzter Elemente der anderen Gruppe.

Es sei also g_0 das neutrale Element der Gruppe G und bei der gegebenen isomorphen Zuordnung zwischen den Gruppen G und G' entspreche ihm das Element g'_0 der Gruppe G'. Wir beweisen, daß g'_0 das neutrale Element der Gruppe G' ist. Da g_0 das neutrale Element der Gruppe G ist, so gilt für jedes Element g derselben Gruppe
$$g + g_0 = g.$$
Wegen der isomorphen Abbildung $g \longleftrightarrow g'$ gilt:
$$g' + g'_0 = g',$$
also ist g'_0 das neutrale Element der Gruppe G'.

Es sei g_1 und g_2 ein Paar entgegengesetzter Elemente der Gruppe G:
$$g_1 + g_2 = g_0$$
(wobei g_0 wie früher das neutrale Element der Gruppe G ist). Daraus folgt
$$g'_1 + g'_2 = g'_0.$$
Da g'_0 das neutrale Element der Gruppe G' ist, sind also g'_1 und g'_2 entgegengesetzte Elemente von G'.

Übungen. 1. Man zeige, daß die Gruppe, die aus den beiden Elementen a_0 und a_1 mit der Additionstafel

	a_0	a_1
a_0	a_0	a_1
a_1	a_1	a_0

§ 2. *Isomorphe Gruppen*

besteht, isomorph zur Gruppe der Drehungen eines Intervalls (um seinen Mittelpunkt) ist.

2. Man beweise, daß sämtliche Gruppen der Ordnung 2 zueinander isomorph sind.

3. Man beweise, daß alle Gruppen der Ordnung 3 zueinander isomorph sind.

Lösung. Es seien a_0, a_1, a_2 die Elemente einer Gruppe; es sei a_0 das Nullelement.

Dann gilt
$$a_0 + a_0 = a_0 \; ; \quad a_0 + a_1 = a_1 \; ; \quad a_0 + a_2 = a_2.$$

Es kann nicht $a_1 + a_1 = a_1$ sein, da dann $a_1 = a_0$ wäre. Also ist
$$a_1 + a_1 = a_2.$$
Analog schließt man
$$a_1 + a_2 \neq a_2 \text{ und } a_1 + a_2 \neq a_1.$$
Daraus schließen wir, daß
$$a_1 + a_2 = a_0$$
gilt.

Ebenso ergibt sich
$$a_2 + a_1 = a_0.$$
Schließlich ist
$$a_2 + a_2 \neq a_2$$
(da sonst $a_2 = a_0$ gelten würde) und $a_2 + a_2 \neq a_0$ (da $a_1 + a_2 = a_0$ ist). Also gilt
$$a_2 + a_2 = a_1.$$

Somit ist für Gruppen der Ordnung 3 nur eine einzige Additionstafel möglich, nämlich

	a_0	a_1	a_2
a_0	a_0	a_1	a_2
a_1	a_1	a_2	a_0
a_2	a_2	a_0	a_1

4. Man beweise, daß jede kommutative Gruppe der Ordnung 4 entweder der KLEINschen Vierergruppe oder der Drehungsgruppe eines Quadrates isomorph ist (diese beiden Gruppen sind nicht zueinander isomorph).

5. Es ist zu beweisen, daß die Gruppe *aller positiven* Zahlen (mit der arithmetischen Multiplikation als Gruppenoperation) isomorph ist der Gruppe aller reellen Zahlen (mit der arithmetischen Addition als Gruppenoperation).

Hinweis: Die isomorphe Abbildung wird durch den Logarithmus vermittelt.

§ 3. Der Satz von CAYLEY [1])

Wir beschließen dieses Kapitel mit dem Beweis des folgenden Satzes, der von CAYLEY [2]) gefunden wurde.

Satz. Jede endliche Gruppe ist einer gewissen Permutationsgruppe isomorph.

Beweis. Es sei G eine endliche Gruppe, n ihre Ordnung,

$$a_1, a_2, \ldots, a_n$$

ihre Elemente, unter diesen sei a_1 das neutrale Element.

Wir schreiben für jedes $i = 1, 2, 3, \ldots, n$ die Elemente

$$a_1 + a_i, a_2 + a_i, \ldots, a_n + a_i$$

auf. Bei festem i sind jedesmal alle diese Elemente verschieden; ihre Anzahl ist jedesmal gleich n; jedesmal sind es also dieselben Elemente $a_1, a_2, \ldots, a_n$, lediglich in anderer Reihenfolge. Es sei

$$a_1 + a_i = a_{i_1}, \quad a_2 + a_i = a_{i_2}, \ldots, a_n + a_i = a_{i_n}.$$

Also entspricht dem Element a_i die Permutation

$$P_i = \begin{pmatrix} a_1 & a_2 & \ldots & a_n \\ a_1 + a_i & a_2 + a_i & \ldots & a_n + a_i \end{pmatrix} = \begin{pmatrix} a_1 & a_2 & \ldots & a_n \\ a_{i_1} & a_{i_2} & \ldots & a_{i_n} \end{pmatrix}$$

oder auch die Permutation

$$P'_i = \begin{pmatrix} 1 & 2 & \ldots & n \\ i_1 & i_2 & \ldots & i_n \end{pmatrix},$$

die sich von der Permutation P_i nur dadurch unterscheidet, daß in P_i die Elemente der Gruppe G selbst, in P'_i dagegen die diesen Elementen eineindeutig entsprechenden Indizes permutiert werden.

---

[1]) Der Leser, der den § 3 des vorigen Kapitels übersprungen hat, muß diesen Paragraphen ebenfalls überspringen.

[2]) Der englische Mathematiker CAYLEY (geb. 1821, gest. 1895) war einer der Begründer der Gruppentheorie.

§ 3. Der Satz von CAYLEY

Bei $i \neq k$, d. h. $a_i \neq a_k$, ist auch $P_i \neq P_k$; denn unter dem Element a_1 steht in der Permutation P_i das Element $a_1 + a_i = a_i$, in P_k jedoch $a_1 + a_k = a_k$.

Wir haben somit eine eineindeutige Zuordnung zwischen den Elementen $a_1, a_2, \ldots, a_n$ der Gruppe G und den Permutationen $P_1, P_2, \ldots, P_n$ hergestellt.

Jetzt müssen wir beweisen, daß erstens die Permutationen $P_1, P_2, \ldots, P_n$ bezüglich der Addition von Permutationen eine Gruppe bilden und daß zweitens diese Gruppe zur Gruppe G isomorph ist.

Wir bemerken zunächst:

1. *Unter den Permutationen $P_1, P_2, \ldots, P_n$ ist die identische Permutation enthalten.*

Da nämlich a_1 nach Voraussetzung das neutrale Element der Gruppe G ist, so ist die Permutation

$$P_1 = \begin{pmatrix} a_1 & a_2 & \ldots & a_n \\ a_1 + a_1 & a_2 + a_1 & \ldots & a_n + a_1 \end{pmatrix}$$

die identische Permutation.

Weiter beweisen wir: Ist $a_h = a_i + a_k$, so auch $P_h = P_i + P_k$.

Zunächst bemerken wir, daß

$$\begin{pmatrix} a_1 & a_2 & \ldots & a_n \\ a_1 + a_k & a_2 + a_k & \ldots & a_n + a_k \end{pmatrix}$$

und

$$\begin{pmatrix} a_1 + a_i & a_2 + a_i & \ldots & a_n + a_i \\ a_1 + a_i + a_k & a_2 + a_i + a_k & \ldots & a_n + a_i + a_k \end{pmatrix}$$

zwei Schreibweisen ein und derselben Permutation P_k darstellen. Beide Schreibweisen zeigen, daß jedem Element a der Gruppe G bei der Zuordnung das Element $a + a_k$ derselben Gruppe entspricht.

Also können wir schreiben:

$$P_k = \begin{pmatrix} a_1 + a_i & a_2 + a_i & \ldots & a_n + a_i \\ a_1 + a_i + a_k & a_2 + a_i + a_k & \ldots & a_n + a_i + a_k \end{pmatrix}.$$

Hieraus ersieht man, daß die Permutation

$$P_i + P_k = \begin{pmatrix} a_1 & a_2 & \ldots & a_n \\ a_1 + a_i & a_2 + a_i & \ldots & a_n + a_i \end{pmatrix} +$$
$$+ \begin{pmatrix} a_1 + a_i & a_2 + a_i & \ldots & a_n + a_i \\ a_1 + a_i + a_k & a_2 + a_i + a_k & \ldots & a_n + a_i + a_k \end{pmatrix}$$

nach der allgemeinen Definition der Addition von Permutationen mit der Permutation

$$\begin{pmatrix} a_1 & a_2 & \ldots & a_n \\ a_1 + a_i + a_k & a_2 + a_i + a_k & \ldots & a_n + a_i + a_k \end{pmatrix}$$

identisch ist. Wegen $a_i + a_k = a_h$ gilt

$$\begin{pmatrix} a_1 & a_2 & \ldots & a_n \\ a_1 + a_i + a_k & a_2 + a_i + a_k & \ldots & a_n + a_i + a_k \end{pmatrix} = P_h,$$

d. h.

$$P_i + P_k = P_h.$$

Dieses Ergebnis läßt sich so formulieren:

II a. *Der Summe zweier Elemente der Gruppe G entspricht die Summe der diesen Elementen zugeordneten Permutationen.*

Daraus folgt:

II b. *Die Summe je zweier beliebiger Permutationen aus der Gesamtheit der Permutationen $P_1, P_2, \ldots, P_n$ ist eine der Permutationen $P_1, P_2, \ldots, P_n$.*

Wir betrachten die Permutation P_i, das Element a_i und das Element $-a_i = a_k$. Da $a_i + a_k = a_1$ ist, so ist nach dem eben Bewiesenen $P_i + P_k = P_1$; P_1 aber ist, wie wir gesehen haben, die identische Permutation, also ist $P_k = -P_i$.

Also gilt:

III. *Die Permutation $-P_i$ ist für beliebiges $i = 1, 2, \ldots, n$ eine der Permutationen $P_1, P_2, \ldots, P_n$.*

Aus II b, I und III folgt, daß die Gesamtheit der Permutationen $P_1, P_2, \ldots, P_n$ bei der gewöhnlichen Definition der Addition von Permutationen eine Gruppe ist.

Aus II a folgt, daß diese Gruppe isomorph zur Gruppe G ist.

Der CAYLEYsche Satz ist damit bewiesen.

Kapitel IV

ZYKLISCHE UNTERGRUPPEN EINER VORGEGEBENEN GRUPPE

§ 1. Die von einem vorgegebenen Element einer gegebenen Gruppe erzeugte Untergruppe

Es sei a ein willkürliches Element einer Gruppe G. Wir addieren es zu sich selbst, bilden also das Element $a + a$. Dieses Element *bezeichnen* wir mit $2a$. Ich betone: $2a$ ist lediglich eine *Bezeichnung* des Elementes $a + a$, keinesfalls ist dabei von der Multiplikation des Elementes a mit 2 die Rede. Ebenso *bezeichnen* wir $a + a + a$ mit $3a$, allgemein setzen wir

$$\underbrace{a + a + \cdots + a}_{n\text{-mal}} = na.$$

Wir betrachten ferner das Element $-a$ und bezeichnen nacheinander

$$(-a) + (-a) \quad \text{mit} \quad -2a;$$
$$(-a) + (-a) + (-a) \quad \text{mit} \quad -3a;$$
$$\cdots \cdots \cdots \cdots \cdots \cdots$$
$$\underbrace{(-a) + (-a) + \cdots + (-a)}_{n\text{-mal}} \quad \text{mit} \quad -na.$$

Diese Bezeichnungen werden dadurch gerechtfertigt, daß tatsächlich

$$na + (-na) = 0$$

gilt. Zum Beweis dieser Behauptung bemerken wir zunächst, daß sie im Falle $n = 1$ offenbar richtig ist (dies folgt aus der Definition von $-a$). Wir nehmen an, sie sei für $n - 1$ richtig, und beweisen unter dieser Voraussetzung ihre Gültigkeit für n. Es gilt

$$na + (-na) = [a + (n-1)a] + [-(n-1)a + (-a)] =$$
$$= a + \{(n-1)a + [-(n-1)a]\} + (-a).$$

Nach unserer Annahme ist aber die geschweifte Klammer gleich Null, also gilt

$$na + (-na) = a + 0 + (-a) = a + (-a) = 0,$$

was zu beweisen war.

Wir haben den Ausdruck na für beliebiges positives und beliebiges negatives n definiert. Wir setzen schließlich definitionsgemäß $0a = 0$ (wobei 0 links die Zahl Null und 0 rechts das neutrale Element der Gruppe G bedeutet).

Es seien jetzt p und q zwei ganze Zahlen.

Aus unserer Definition folgt, daß für beliebige ganze p und q gilt

$$pa + qa = (p+q)a.$$

Wir erhalten folgendes Resultat:

Die Menge $H(a)$ der Elemente einer Gruppe G, die man in der Form na mit ganzem n darstellen kann, bildet bezüglich der in der Gruppe G definierten Addition eine Gruppe $H(a)$.

Es gilt nämlich: 1. Die Summe zweier Elemente, die zu $H(a)$ gehören, ist wieder ein Element von $H(a)$; 2. die Null gehört zu $H(a)$; 3. zu jedem Element ma aus $H(a)$ gibt es ein Element $-ma$, das ebenfalls zu $H(a)$ gehört.

Also ist $H(a)$ eine Untergruppe von G. Diese Untergruppe bezeichnet man als *die von dem Element a erzeugte Untergruppe der Gruppe G.*

§ 2. Endliche und unendliche zyklische Gruppen

Die Gruppe $H(a)$ haben wir definiert als die Gruppe, die aus all denjenigen Elementen der Gruppe G besteht, die in der Form ma darstellbar sind. Wir haben aber noch nicht die Frage gestellt: Ergeben zwei Schreibweisen $m_1 a$ und $m_2 a$ mit verschiedenen ganzen m_1 und m_2 immer zwei verschiedene Elemente der Gruppe G, oder kann es eintreten, daß $m_1 a = m_2 a$ ist, während m_1 und m_2 verschieden sind?

§ 2. Endliche und unendliche zyklische Gruppen

Damit wollen wir uns jetzt befassen. Es mögen zwei voneinander verschiedene ganze Zahlen m_1 und m_2 existieren, für die $m_1 a = m_2 a$ ist. Addiert man auf beiden Seiten der letzten Gleichung das Element $-m_1 a$, so erhält man:

$$0 = (m_2 - m_1)a.$$

Folglich existiert eine ganze Zahl m mit

$$ma = 0.$$

Da aus $ma = 0$ auch $-ma = 0$ folgt, kann man stets voraussetzen, die Zahl m in der Gleichung sei positiv.

Wir wählen jetzt unter allen natürlichen Zahlen, die der Bedingung $ma = 0$ genügen, die kleinste und bezeichnen sie mit α. Es gilt

$$a \neq 0,\ 2a \neq 0,\ \ldots,\ (\alpha - 1)a \neq 0;\ \alpha a = 0.$$

Wir beweisen, daß sämtliche Elemente

$$0 = 0a,\ a,\ 2a, \ldots, (\alpha - 1)a \tag{1}$$

voneinander verschieden sind. Würde nämlich

$$pa = qa \quad \text{mit} \quad 0 \leq p < q \leq \alpha - 1$$

gelten, so erhielten wir, wenn wir auf beiden Seiten der letzten Gleichung $-pa$ hinzufügen würden,

$$(q - p)a = 0.$$

Dies widerspräche aber der Definition der Zahl α, da nach unseren Bedingungen

$$0 < q - p \leq \alpha - 1$$

gilt. Also sind alle Elemente (1) voneinander verschieden. Wir beweisen, daß die gesamte Gruppe $H(a)$ durch die Elemente (1) erschöpft wird, daß also für beliebiges ganzzahliges m gilt:

$$ma = ra \quad \text{mit} \quad 0 \leq r \leq \alpha - 1.$$

Dazu teilen wir m durch α und stellen m in folgender Form dar:

$$m = q\alpha + r, \tag{2}$$

wobei q der Quotient und r der Rest ist, der der Bedingung

$$0 \leq r < \alpha$$

40   IV. *Zyklische Untergruppen einer vorgegebenen Gruppe*

genügt[1]). Dann gilt
$$ma = (q\alpha + r)a = q\alpha \cdot a + ra,$$
und wegen
$$q\alpha \cdot a = q(\alpha a) = q \cdot 0 = 0$$
auch
$$ma = ra.$$
Existieren also zwei Zahlen m_1 und m_2 mit $m_1 a = m_2 a$, so gibt es eine natürliche Zahl α derart, daß jede Gruppe $H(a)$ durch die α untereinander verschiedenen Elemente
$$0,\ a,\ 2a,\ldots,(\alpha-1)a \qquad (1)$$
erschöpft wird; es gilt dann $\alpha a = 0$ und allgemeiner folgender Sachverhalt: Die **Folge**
$$\ldots, -ma, \ldots, -a, 0, a, \ldots, ma, \ldots$$
ist eine nach rechts und links fortgesetzte unendliche Wiederholung ihres „Abschnittes" (1). In der Tat gilt:
$$(\alpha + 1)a = \alpha a + a = a;$$
$$(\alpha + 2)a = \alpha a + 2a = 2a;$$
$$\cdots\cdots\cdots\cdots\cdots\cdots$$
$$(2\alpha - 1)a = \alpha a + (\alpha - 1)a = (\alpha - 1)a;$$
$$2\alpha a = 0;$$
$$(2\alpha + 1)a = a \quad \text{usw.}$$
und ebenso in der linken Hälfte:
$$-a = \alpha a - a = (\alpha - 1)a;$$
$$-2a = \alpha a - 2a = (\alpha - 2)a;$$
$$\cdots\cdots\cdots\cdots\cdots\cdots$$
$$-(\alpha - 1)a = \alpha a - (\alpha - 1)a = a;$$
$$-\alpha a = 0 \quad \text{usw.}$$

---

[1]) Auch für negatives m ist der Rest r bei der Division durch $\alpha > 0$ stets nicht negativ zu nehmen. Ist nämlich m negativ, so wird $-m$ positiv und kann in der Form
$$-m = q'\alpha + r'$$
geschrieben werden, wobei q' und r' nicht negativ sind. Für $r' > 0$ gilt
$$m = -q'\alpha - r' = -(q'+1)\alpha + (\alpha - r').$$
Dabei heißt bei der Division der negativen Zahl m durch die positive Zahl α die Zahl $-(q'+1)$ der Quotient und die *positive* Zahl $r = \alpha - r' < \alpha$ der Rest. Ausführlicheres darüber siehe Kap. VII, § 2, *Kleindruck*.

§ 2. Endliche und unendliche zyklische Gruppen

Um das Element der Gruppe $H(a)$ zu finden, das wir als Summe
$$\underbrace{a + a + \cdots + a}_{m\text{-mal}} = ma$$
bzw.
$$\underbrace{(-a) + (-a) + \cdots + (-a)}_{m\text{-mal}} = -ma$$

erhalten, müssen wir m bzw. $-m$ durch α dividieren. Der nichtnegative Rest r, den man bei dieser Division erhält, genügt der Bedingung $0 \leq r \leq \alpha - 1$ und ergibt:

$$ma = ra.$$

Daraus wird auch klar, wie die Elemente der Gruppe $H(a)$ zu addieren sind:
$$pa + qa = (p + q)a = ra,$$
wobei r der Rest der Division von $p + q$ durch α ist.

Wir betrachten jetzt ein regelmäßiges α-Eck. Der Zentriwinkel, zu dem eine Seite unseres Vielecks die Basis bildet, ist

$$\varphi = \frac{2\pi}{\alpha}.$$

Das Vieleck kommt bei Drehungen um die Winkel 0 (identische Drehung), φ, 2φ, ..., $(\alpha - 1)\varphi$ mit sich selbst zur Deckung. Identifiziert man Drehungen, die sich voneinander um ein ganzes Vielfaches einer vollen unterscheiden, so führen nur Drehungen um Vielfache von φ das Vieleck in die gleiche Lage über. Die Summe der Drehungen um die Winkel $p\varphi$ und $q\varphi$ ist dabei gleich der Drehung um den Winkel $r\varphi$, wobei r der Rest der Division von $p + q$ durch α ist.

Wir sehen: Ordnet man der Drehung des Vielecks um den Winkel $m\varphi$ das Element ma der Gruppe $H(a)$ zu, so erhält man eine isomorphe Abbildung der Gruppe $H(a)$ auf die Gruppe der Drehungen des regelmäßigen α-Ecks.

Gruppen, die den Drehungsgruppen regelmäßiger Vielecke isomorph sind, heißen endliche zyklische Gruppen.

Ist also $m_1 a = m_2 a$ für gewisse m_1 und m_2, so ist die Gruppe $H(a)$ eine endliche zyklische Gruppe.

Die Additionstafeln für die zyklischen Gruppen der Ordnung 3 und 4 wurden in § 1 beschrieben (erstes und drittes Beispiel). Die

IV. Zyklische Untergruppen einer vorgegebenen Gruppe

Additionstafel für eine zyklische Gruppe der Ordnung m hat die Gestalt:

	a_0	a_1	a_2	a_3	$\cdots$	a_{m-1}
a_0	a_0	a_1	a_2	a_3	$\cdots$	a_{m-1}
a_1	a_1	a_2	a_3	a_4	$\cdots$	a_0
a_2	a_2	a_3	a_4	a_5	$\cdots$	a_1
a_3	a_3	a_4	a_5	a_6	$\cdots$	a_2
$\vdots$	$\vdots$	$\vdots$	$\vdots$	$\vdots$	$\cdots$	$\vdots$
a_{m-3}	a_{m-3}	a_{m-2}	a_{m-1}	a_0	$\cdots$	a_{m-4}
a_{m-2}	a_{m-2}	a_{m-1}	a_0	a_1	$\cdots$	a_{m-3}
a_{m-1}	a_{m-1}	a_0	a_1	a_2	$\cdots$	a_{m-2}

Diese Additionstafel kann man als zweite Definition einer zyklischen Gruppe der Ordnung m auffassen.

$$* \; * \; *$$

Wir haben den Fall untersucht, daß für ein vorgegebenes Element a der Gruppe G zwei verschiedene ganze Zahlen m_1 und m_2 mit der Eigenschaft $m_1 a = m_2 a$ existieren.

Wir betrachten jetzt den Fall, daß keine zwei solche Zahlen vorhanden, also alle Elemente

$$\left. \begin{array}{l} \ldots,\; -ma,\; -(m-1)a,\; \ldots,\; -3a,\; -2a, \\ -a,\; 0,\; a,\; 2a,\; 3a,\; \ldots,\; ma,\; \ldots \end{array} \right\} \quad (2)$$

verschieden sind. Dann besteht zwischen den Elementen (2) und
den ganzen Zahlen eine eineindeutige Zuordnung: Dem Element ma
entspricht die ganze Zahl m und umgekehrt. Bei

gilt auch
$$m_1 a + m_2 a = m_3 a$$
$$m_1 + m_2 = m_3 .$$

Diese eineindeutige Zuordnung ist also ein Isomorphismus zwischen
der Untergruppe $H(a)$ und der Gruppe aller ganzen Zahlen.

*Gruppen, die zur Gruppe der ganzen Zahlen isomorph sind, nennt
man unendliche zyklische Gruppen.*

Da ferner zwei Gruppen A und B, die zu ein und derselben
Gruppe C isomorph sind, offensichtlich untereinander isomorph
sind, so sind alle unendlichen zyklischen Gruppen untereinander
isomorph. Ebenso sind auch alle endlichen zyklischen Gruppen ein
und derselben Ordnung m untereinander isomorph.

Wir fassen die Überlegungen dieses Paragraphen zusammen.

*Satz. Jedes von Null verschiedene Element a einer Gruppe G erzeugt
eine endliche oder unendliche zyklische Gruppe $H(a)$.* Die Ordnung
der Gruppe $H(a)$ heißt auch *Ordnung des Elementes a.*

Schließlich können wir endliche oder unendliche zyklische
Gruppen auch so definieren: *Eine Gruppe heißt zyklisch, wenn sie
von einem ihrer Elemente erzeugt wird.*

§ 3. Erzeugendensysteme

Wir kehren jetzt zur zyklischen Gruppe $H(a)$ zurück, die von dem
Element a der Gruppe G erzeugt wird. Das Element a erzeugt die
Gruppe $H(a)$ in dem Sinne, daß jedes ihrer Elemente Summe von
Summanden ist, deren jeder gleich a oder $-a$ ist.

„Das Element a erzeugt die Gruppe $H(a)$" besagt das gleiche
wie „Das Element a ist *erzeugendes Element* der Gruppe $H(a)$".

Jedoch ist nicht jede Gruppe zyklisch, nicht jede Gruppe wird
von einem einzigen Element erzeugt: Nichtzyklische Gruppen werden nicht von einem, sondern von mehreren, manchmal von unendlich vielen Elementen erzeugt. Der Begriff eines erzeugenden
Elementes führt auf den Begriff des *Erzeugendensystems*[1]).

---

[1]) Offensichtlich ist die Gesamtheit aller Elemente jeder Gruppe ein
(triviales) Erzeugendensystem dieser Gruppe. Also *besitzt jede Gruppe ein
Erzeugendensystem.*

IV. Zyklische Untergruppen einer vorgegebenen Gruppe

Definition. Eine Menge E von Elementen einer Gruppe G heißt *Erzeugendensystem* dieser Gruppe, wenn jedes Element der Gruppe die Summe endlich vieler Summanden ist, deren jeder entweder *selbst* Element von E oder zu einem Element der Menge E entgegengesetzt ist.

Beispiel. Wir betrachten die Ebene mit einem in ihr gewählten kartesischen Koordinatensystem. Wir bezeichnen mit G die Menge der Punkte $P = (x, y)$, deren beide Koordinaten x und y ganze Zahlen sind. Wir stellen folgende Additionsregel für die Punkte auf: Summe der beiden Punkte $P_1 = (x_1, y_1)$ und $P_2 = (x_2, y_2)$ ist der Punkt $P_3 = (x_3, y_3)$ mit den Koordinaten $x_3 = x_1 + x_2$ und $y_3 = y_1 + y_2$. Man sieht sofort, daß bezüglich der so definierten Addition die Menge G eine abelsche Gruppe bildet (siehe Kap. I, § 2, IV) und daß die Punkte $(0; 1)$ und $(1; 0)$ ein Erzeugendensystem dieser Gruppe sind.

Bemerkung. Ist der Leser mit dem Begriff der komplexen Zahl vertraut, so kann er leicht zeigen, daß die eben konstruierte Gruppe isomorph zur Gruppe der ganzen komplexen Zahlen ist (mit der Addition als Gruppenoperation). Dabei heißt eine komplexe Zahl $x + iy$ *ganz*, wenn x und y ganze Zahlen sind.

Aufgabe. Man beweise, daß jedes System von natürlichen Zahlen, deren größter gemeinsamer Teiler gleich Eins ist, ein Erzeugendensystem der Gruppe der ganzen Zahlen ist.

Kapitel V

EINFACHE BEWEGUNGSGRUPPEN

§ 1. Beispiele und Definition von Kongruenzgruppen geometrischer Figuren

1. Kongruenzen regelmäßiger Vielecke in ihren Ebenen

Eine umfangreiche und sehr wichtige Klasse von Gruppen, die sowohl endliche als auch unendliche Gruppen enthält, bilden die *„Kongruenzgruppen"* geometrischer Figuren. Unter einer Kongruenz einer gegebenen geometrischen Figur F versteht man eine Bewegung von F (im Raume oder in der Ebene), die F in sich überführt, also die Figur F mit sich selbst zur Deckung bringt.

Wir haben uns bereits mit einfachen Kongruenzgruppen vertraut gemacht, nämlich mit den Drehungsgruppen regelmäßiger Vielecke. Es sei in der Ebene das regelmäßige Vieleck $A_0 A_1 \ldots A_n$ (Abb. 2), zum Beispiel das regelmäßige Achteck $A_0 A_1 A_2 A_3 A_4 A_5 A_6 A_7$, vorgegeben (die Eckpunkte seien alle in einer Richtung durchnumeriert, beispielsweise entgegen dem Uhrzeigersinn).

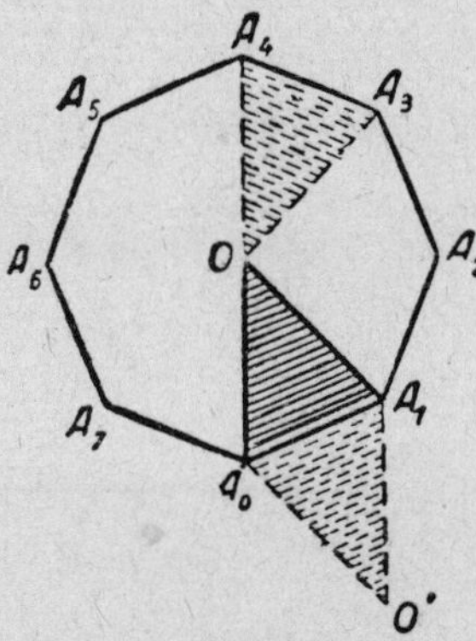

Abb. 2

Gesucht sind diejenigen Bewegungen des Vielecks in seiner Ebene, die es mit sich selbst zur Deckung bringen. Bei diesen Bewegungen muß jeder Eckpunkt des Vielecks in einen Eckpunkt, jede Seite in eine Seite und der Mittelpunkt O des Vielecks in sich selbst übergehen. Bei einer bestimmten Bewegung möge der Eckpunkt A_0 beispielsweise in A_k übergehen (in der Abbildung ist $k = 4$).

Dann muß die Seite A_0A_1 entweder in die Seite A_kA_{k+1} oder in die Seite A_kA_{k-1} übergehen. Ginge die Seite A_0A_1 in die Seite A_kA_{k-1} über, so auch das Dreieck A_0A_1O in das Dreieck $A_kA_{k-1}O$. Dieses Dreieck könnte man durch Bewegung in seiner Ebene in die Lage A_0A_1O' überführen, die durch Spiegelung des Dreiecks A_0A_1O an seiner Seite A_0A_1 herzustellen ist. Damit hätte man gezeigt, daß man das Dreieck A_0A_1O durch eine Bewegung innerhalb seiner Ebene in sein Spiegelbild überführen könnte, was unmöglich ist[1]).

Also muß die Seite A_0A_1 in die Seite A_kA_{k+1} übergehen. Genauso überzeugt man sich davon, daß die Seite A_1A_2 in $A_{k+1}A_{k+2}$ übergeht, die Seite A_2A_3 in $A_{k+2}A_{k+3}$ usw. Mit anderen Worten, die Bewegung ist eine Drehung des Vielecks in seiner Ebene um den Winkel $k\cdot\frac{2\pi}{n}$. Also gilt:

Jede Kongruenz eines regelmäßigen n-Ecks in seiner Ebene ist eine Drehung des Vielecks um den Winkel $k\frac{2\pi}{n}$, wobei k eine ganze Zahl ist.

Es gibt daher n derartige Kongruenzen.

Diese Drehungen bilden, wie wir wissen, eine Gruppe.

2. Kongruenzen eines regelmäßigen Vielecks im dreidimensionalen Raum

Die vorigen Überlegungen haben wir unter der wesentlichen Voraussetzung durchgeführt, daß lediglich Kongruenzen eines Vielecks in seiner Ebene betrachtet wurden. Untersuchen wir Kongruenzen eines n-Ecks im Raume, so kommen zu den bisherigen Drehungen noch „Umklappungen" des Vielecks hinzu, also Drehungen um einen Winkel von 180° um die Symmetrieachsen des Vielecks. Ein regelmäßiges n-Eck besitzt n Symmetrieachsen: Bei geradem n sind die $\frac{n}{2}$ Geraden, die die Paare gegenüberliegender Eckpunkte, sowie die $\frac{n}{2}$ Geraden, die die Mittelpunkte gegenüberliegender Seiten verbinden, die Symmetrieachsen. Bei ungeradem n sind die Symmetrieachsen durch die Geraden gegeben, die einen Eckpunkt mit

---

[1]) Der strenge Beweis dieser Unmöglichkeit, die eine der grundlegenden Tatsachen der Geometrie der Ebene ist, würde den Rahmen dieses Buches überschreiten.

§ 2. *Die Bewegungsgruppe einer Geraden, eines Kreises, einer Ebene* 47

dem Mittelpunkt der gegenüberliegenden Seite des Vielecks verbinden. Der Beweis dafür, daß diese n Drehungen und n Umklappungen eines regelmäßigen n-Ecks alle Kongruenzen des n-Ecks, d. h. alle Bewegungen im Raume, die das Vieleck in sich überführen, erschöpfen, ist im wesentlichen in den Überlegungen des § 3 dieses Kapitels enthalten. Es mag dem Leser überlassen bleiben, zum besseren Verständnis dieses Paragraphen später noch einmal auf ihn zurückzukommen sowie überhaupt über alle mit den Kongruenzen eines regelmäßigen Vielecks zusammenhängenden Fragen dann noch einmal nachzudenken.

3. Allgemeine Definition der Kongruenzgruppe einer gegebenen Figur im Raume oder in der Ebene

Es sei im Raume oder in der Ebene eine Figur F vorgegeben. Wir betrachten sämtliche Kongruenzen dieser Figur, d. h. sämtliche Bewegungen im Raume oder in der Ebene, die diese Figur mit sich selbst zur Deckung bringen.

Als Summe $g_1 + g_2$ zweier Kongruenzen g_1 und g_2 definieren wir die Bewegung, die durch Hintereinanderausführung der Drehung g_1 und der Drehung g_2 in dieser Reihenfolge entsteht. Offensichtlich ist auch die Bewegung $g_1 + g_2$ unter der Voraussetzung eine Kongruenz der Figur F, daß die Bewegungen g_1 und g_2 es sind. *Die Gesamtheit aller Kongruenzen der Figur F bildet bei der eben definierten Operation der Addition eine Gruppe.* Die Addition von Bewegungen erfüllt nämlich das assoziative Gesetz. Weiter gibt es in der Gesamtheit der Kongruenzen eine Null oder „identische" Kongruenz, nämlich die „*Ruhe*", also die Bewegung, die jeden Punkt der Figur fest läßt. Schließlich existiert zu jeder Kongruenz g die ihr entgegengesetzte $-g$ (sie bewegt jeden Punkt aus der Lage, in der er sich nach der Drehung g befand, in die Ausgangslage zurück).

§ 2. Die Bewegungsgruppe einer Geraden, eines Kreises, einer Ebene

Die Bewegungsgruppen regelmäßiger Vielecke sind endlich. In diesem Kapitel werden wir noch andere endliche Kongruenzgruppen kennenlernen, nämlich die Kongruenzgruppen gewisser Vielflache. Zunächst aber geben wir einige Beispiele unendlicher Kongruenzgruppen.

Das erste Beispiel bildet die Gruppe aller Kongruenzen einer Geraden in irgendeiner durch sie hindurchgehenden Ebene. Diese Gruppe besteht aus Verschiebungen der Geraden in sich (Kongruenzen erster Art) und aus Drehungen der Geraden in der gewählten Ebene um Winkel von 180° um einen beliebigen ihrer Punkte (Kongruenzen zweiter Art).

Die Gruppe der Kongruenzen einer Geraden ist nichtkommutativ. Um sich davon zu überzeugen, genügt es, zwei Kongruenzen zu addieren, von denen die eine erster und die andere zweiter Art ist: Das Resultat dieser Addition ändert sich bei Änderung der Reihenfolge der Summanden[1]). Offensichtlich kann man alle Kongruenzen zweiter Art erhalten, indem man zu jeder möglichen Verschiebung der Geraden *eine beliebige Drehung* um 180°, also eine Drehung um 180° um einen bestimmten, aber willkürlich gewählten Punkt dieser Geraden, addiert.

Die Verschiebungen der Geraden in sich bilden eine Untergruppe in der Gruppe ihrer sämtlichen Kongruenzen. Diese Verschiebungen sind die einzigen Bewegungen der Geraden in sich. Jeder Verschiebung der Geraden in sich entspricht in eindeutiger Weise eine reelle Zahl, die Länge und Richtung der Verschiebung der Geraden in sich kennzeichnet. Daraus schließt man leicht, daß die Gruppe aller Verschiebungen einer Geraden in sich der Gruppe der reellen Zahlen (mit der gewöhnlichen arithmetischen Addition als Gruppenoperation) isomorph ist.

Als zweites Beispiel betrachten wir die Gruppe aller Kongruenzen eines Kreises in seiner Ebene. Diese Gruppe besteht aus allen möglichen Drehungen des Kreises in seiner Ebene um seinen Mittelpunkt, wobei wie immer Drehungen um Winkel, die Vielfache von 2π sind, als identisch angesehen werden[2]).

Jedem Element unserer Gruppe entspricht auf diese Weise ein bestimmter Winkel φ. Mißt man diesen Winkel im Bogenmaß, so

---

[1]) Es bleibe dem Leser überlassen, sich davon zu überzeugen, indem er zwei beliebige, aber bestimmte Kongruenzen erster und zweiter Art nimmt und ihre Summe für die eine und die andere Reihenfolge der Summanden bildet.

[2]) Falls dem Leser der Sinn der nun folgenden Überlegungen nicht ganz verständlich wird, kann er gleich zu dem folgenden Beispiel übergehen und erst nach Lektüre des Kap. VIII darauf zurückkommen.

§ 2. Die Bewegungsgruppe einer Geraden, eines Kreises, einer Ebene 49

erhält man eine reelle Zahl x. Da aber Winkel, die sich um ganzzahlige Vielfache von 2π unterscheiden, ein und dieselbe Drehung des Kreises definieren, so entspricht jedem Element der Drehungsgruppe des Kreises nicht nur diese eine Zahl x, sondern auch alle Zahlen der Form $x + 2\pi \cdot k$, wobei k eine beliebige ganze Zahl ist.

Andererseits entspricht jeder reellen Zahl eine eindeutig bestimmte Drehung des Kreises, nämlich die Drehung um den Winkel, dessen Bogenlänge gleich x ist. Daher kann man zwischen den Drehungen eines Kreises und den reellen Zahlen folgende Zuordnung treffen: *Jeder reellen Zahl x entspricht eine einzige wohlbestimmte Drehung, nämlich die Drehung um den Winkel x. Umgekehrt ist aber jede Drehung nicht nur einer, sondern unendlich vielen reellen Zahlen zugeordnet, die sich alle um ganzzahlige Vielfache von 2π unterscheiden.*

Die Gruppe der Drehungen eines Kreises bezeichnet man mit dem griechischen Buchstaben $\varkappa$ („Kappa") vom Worte $\varkappa \dot{\upsilon} \varkappa \lambda o \varsigma$ (Cyclos), das „Kreis" bedeutet.

Als drittes Beispiel wählen wir die *Gruppe aller Bewegungen einer Ebene* in sich. Und zwar betrachten wir dazu die Ebene nicht in einem, sondern in zwei Exemplaren, deren erstes unbeweglich ist, während man das andere bewegen, genauer, auf dem ersten gleiten lassen kann. Die erste, unbewegliche Ebene können wir uns als einen nach allen Seiten unendlich ausgedehnten Tisch vorstellen, die zweite, bewegliche als Scheibe, die ebenfalls nach allen Seiten unendlich ausgedehnt ist und auf diesem Tische liegt. Wir meinen also die Gesamtheit der möglichen Bewegungen der Scheibe, bei denen sie stets auf dem Tische liegenbleibt[1]).

In der Gruppe aller Bewegungen einer Ebene in sich gibt es unendlich viele Untergruppen. Unter ihnen nennen wir vor allem die unendlich vielen Drehungsgruppen: Die Gesamtheit aller Drehungen der Ebene um einen beliebigen, aber festen ihrer Punkte bildet eine Gruppe, und jede dieser Gruppen ist, wie man leicht sieht, der Gruppe $\varkappa$ isomorph. Folglich sind insbesondere alle diese Gruppen kommutativ. Neben den Drehungsgruppen gibt es in der Gruppe sämtlicher Bewegungen der Ebene in sich die Untergruppen der Parallelverschiebung längs verschiedener Geraden: Bei vorgegebener Geraden g kann man die Ebene längs dieser Geraden

---

[1]) Es ist also insbesondere eine Drehung der Scheibe um eine auf dem Tisch liegende Achse nicht gestattet.

verschieben, wobei die Gerade g und alle zu ihr parallelen Geraden in sich übergehen. Für diese Verschiebungen längs der Geraden g sind zwei entgegengesetzte Richtungen möglich. Ihre Gesamtheit bildet eine Gruppe, die *Gruppe der Verschiebungen* oder *Parallelverschiebungen der Ebene längs einer vorgegebenen Geraden;* sie ist offensichtlich eine Untergruppe der Gruppe aller Bewegungen der Ebene in sich.

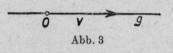

Abb. 3

Jede Verschiebung längs einer Geraden g ist charakterisiert durch Größe und Richtung einer bestimmten Strecke v, die auf der Geraden g liegt und von einem ein für allemal fest gewählten Punkt O dieser Geraden aus abgetragen ist (Abb. 3). Diese Strecke v durchläuft der Punkt O bei unserer Verschiebung. Daraus folgt, daß *die Gruppe aller Verschiebungen der Ebene längs einer vorgegebenen Geraden g isomorph zur Gruppe aller reellen Zahlen ist* (mit der üblichen Addition als Gruppenoperation).

Wir betrachten zwei Bewegungen v und v' der Ebene längs zweier nichtparalleler Geraden[1]) g und g' (Abb. 4).

Die Hintereinanderausführung dieser beiden Verschiebungen ergibt dasselbe Resultat wie die Verschiebung der Ebene längs der Diagonalen des aus den Verschie-

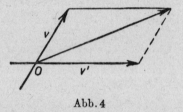

Abb. 4

bungen gebildeten Parallelogramms; Länge und Richtung dieser Diagonalen ist dabei durch Länge und Richtung der Strecken v und v' (Abb. 4) festgelegt („Parallelogrammregel" oder Addition von Vektoren).

Also ist die Summe zweier beliebiger Parallelverschiebungen der Ebene wieder eine Parallelverschiebung der Ebene. Sie hängt nicht von der Reihenfolge der Summanden ab. Daraus folgt: *Die Gesamtheit aller Parallelverschiebungen der Ebene längs aller möglichen Geraden ist eine kommutative Untergruppe der Gruppe der Bewegungen der Ebene in sich.*

---

[1]) Zwei Verschiebungen längs zweier paralleler Geraden sind offensichtlich auch Verschiebungen längs *einer* Geraden (nämlich längs einer beliebigen der beiden vorgegebenen Geraden oder ebensogut längs einer beliebigen dritten zu ihnen parallelen).

§ 3. Die Drehungsgruppen einer regelmäßigen Pyramide usw.

Übungen.

1. Man beweise, daß die Gruppe aller Parallelverschiebungen der Ebene zur Gruppe der komplexen Zahlen mit der üblichen Addition als Gruppenoperation isomorph ist.

2. Man beweise, daß die Gesamtheit aller Drehungen der Ebene in sich (um alle möglichen Punkte der Ebene) keine Gruppe bildet.

Sämtliche eben betrachteten Gruppen, nämlich die Bewegungsgruppe einer Geraden, eines Kreises und einer Ebene, haben folgendes gemeinsam: Alle diese Gruppen bestehen aus Bewegungen der entsprechenden Gebilde in sich. Mit anderen Worten, während jeder Bewegung bleiben die betreffenden Gebilde, der Kreis, die Gerade, die Ebene, vollkommen sie selbst. Diese Eigenschaft besteht nicht mehr bei den Kongruenzen regelmäßiger Vielecke. Bei ihnen stimmt zwar die endgültige Lage der bewegten Figur mit der ursprünglichen überein, aber die Zwischenlagen, die die Figur im Bewegungsprozeß durchläuft, unterscheiden sich von ihrer ursprünglichen und ihrer endgültigen. Gleiches gilt auch bei den Bewegungen von Vielflachen, zu denen wir sogleich übergehen.

§ 3. Die Drehungsgruppen einer regelmäßigen Pyramide und einer Doppelpyramide

1. Die Pyramide

Die Gruppe der Drehungen einer regelmäßigen (Abb. 5) n-eckigen Pyramide um ihre Achse ist offensichtlich isomorph der Drehungsgruppe eines regelmäßigen in seiner Grundfläche liegenden n-Ecks. Diese Gruppe ist daher zyklisch von der Ordnung n. Man überzeugt sich leicht davon, daß die Drehungen der Pyramide um ihre Achse $\left[\text{um die Winkel } 0, \frac{2\pi}{n}, \ldots, (n-1)\frac{2\pi}{n}\right]$ alle Bewegungen erschöpfen, die die Pyramide mit sich selbst zur Deckung bringen.

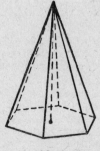

Abb. 5

2. Die Doppelpyramide (das Dieder)

Wir definieren jetzt die Kongruenzgruppe eines Körpers, der unter dem Namen „regelmäßige n-eckige Doppelpyramide" oder *n-eckiges Dieder bekannt ist* (Abb. 6).

Dieser Körper besteht aus einer regelmäßigen n-eckigen Pyramide und ihrem Spiegelbild an der Grundfläche. Wir wollen beweisen, daß die Kongruenzgruppe des Dieders aus folgenden Elementen besteht:

1. den Drehungen um die Pyramidenachse $\left[\text{um die Winkel } 0, \frac{2\pi}{n}, \ldots, (n-1)\frac{2\pi}{n} \right]$;

2. den sogenannten Umklappungen, also den Drehungen um den Winkel π um jede der Symmetrieachsen der „Diedergrundfläche", d. h. des regelmäßigen Vielecks, das beide Pyramiden zur gemeinsamen Grundfläche haben, über der das Dieder errichtet ist. Wie wir gesehen haben, gibt es n solcher Symmetrieachsen, so daß es also n Bewegungen zweiter Art gibt.

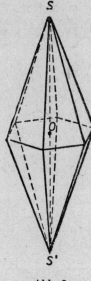

Abb. 6

Die Anzahl aller dieser Bewegungen ist daher gleich $2n$. Um uns davon zu überzeugen, daß es, abgesehen von $n = 4$, keine anderen Bewegungen gibt, die das n-eckige Dieder in sich selbst überführen, stellen wir zunächst fest, daß bei $n \neq 4$ jede Kongruenz des Dieders entweder die Punkte S und S' festlassen *(Kongruenzen erster Art)* oder ihre Plätze vertauschen muß *(Kongruenzen zweiter Art)*. Ferner muß bei diesen Bewegungen die Grundfläche des Dieders in sich selbst übergehen. Schließlich bemerken wir, daß die Addition (also die Hintereinanderausführung) zweier Kongruenzen erster Art eine Kongruenz erster Art, die Addition einer Kongruenz erster mit einer Kongruenz zweiter Art eine Kongruenz zweiter Art und die Addition zweier Kongruenzen zweiter Art eine Kongruenz erster Art ergibt.

Dabei hängt die Summe zweier Kongruenzen, von denen eine erster und die andere zweiter Art ist, von der Reihenfolge der Summanden ab: Ist a eine Kongruenz erster und b eine Kongruenz zweiter Art, so ist $a + b = b - a$.

§ 3. *Die Drehungsgruppen einer regelmäßigen Pyramide usw.*

Wir betrachten zunächst Kongruenzen erster Art. Bei diesen Kongruenzen wird die Grundfläche nicht geklappt, verbleibt also in ihrer Ebene. Sie erfährt daher lediglich eine Drehung um einen der Winkel

$$0, \frac{2\pi}{n} \ldots (n-1)\frac{2\pi}{n}.$$

Alle Bewegungen des Diders sind daher Drehungen um die Diederachse um einen dieser Winkel.

Also gibt es genau n Kongruenzen erster Art (einschließlich der identischen Kongruenz, d. h. der Ruhe). Diese Kongruenzen sind nichts anderes als die Drehungen des Diders um seine Achse um die Winkel $0, \frac{2\pi}{n}, \ldots, (n-1)\frac{2\pi}{n}$.

Es sei eine beliebige, aber feste Kongruenz zweiter Art vorgegeben, also eine solche Kongruenz des Diders, bei der die Eckpunkte S und S' ihre Plätze wechseln.

Führen wir nach dieser Kongruenz zweiter Art eine beliebige, aber feste Umklappung des Diders aus, also eine Bewegung, die in einer Drehung des Diders um den Winkel π um *irgendeine beliebig gewählte* Symmetrieachse besteht, so erhalten wir eine Kongruenz erster Art[1]), also eine Drehung des Diders um seine Achse.

Somit führt jede Kongruenz zweiter Art durch Zusammensetzen mit einer festen Umklappung zu einer gewissen Kongruenz erster Art. Daraus folgt: Jede Kongruenz zweiter Art entsteht aus einer passenden Kongruenz erster Art durch voraufgehende oder nachfolgende Zusammensetzung mit einer willkürlich, aber fest gewählten Umklappung. Daraus folgt ferner, daß die Anzahl der Kongruenzen erster Art gleich der Anzahl der Kongruenzen zweiter Art, also ebenfalls gleich n ist.

Andererseits ist klar, daß alle Umklappungen Kongruenzen zweiter Art sind. Da es genau n solche Umklappungen gibt, erschöpfen sie offensichtlich auch die Gesamtheit der Kongruenzen zweiter Art.

Somit haben wir für $n \neq 4$ folgendes bewiesen: *Die Kongruenzgruppe des n-eckigen Diders ist eine nichtkommutative Gruppe der Ordnung $2n$, die aus n Drehungen um die Diederachse SS' und aus n Umklappungen, also Drehungen vom Winkel π um die n Symmetrie-*

---

[1]) Zwar ist jede einzelne dieser Drehungen eine Kongruenz zweiter Art, aber die Summe zweier Kongruenzen zweiter Art ist eine Kongruenz erster Art.

achsen der Grundfläche des Dieders besteht. Man erhält alle n Umklappungen durch Addition einer einzigen zu den n Drehungen des Dieders um seine Achse SS'.

Da man ferner alle Drehungen des Dieders um seine Achse durch wiederholte Addition einer einzigen Drehung zu sich selbst erhält, und zwar der Drehung um den Winkel $\frac{2\pi}{n}$, so besitzt die Gruppe aller Kongruenzen ein Erzeugendensystem, das aus zwei Elementen besteht: aus der Drehung um den Winkel $\frac{2\pi}{n}$ und einer beliebigen Umklappung.

Der Fall $n = 4$ bildet dadurch eine Ausnahme, daß das viereckige Dieder im Spezialfall ein Oktaeder werden kann und dieses, wie wir unten sehen werden, nicht 8, sondern 24 Kongruenzen besitzt. Dies erklärt sich daraus, daß man bei den regelmäßigen Oktaedern die Spitze S nicht nur mit der Spitze S', sondern auch mit jeder der Ecken der Grundfläche vertauschen kann. Eine der dafür notwendigen Bedingungen, daß nämlich zu jedem Eckpunkt die gleiche Anzahl Flächen und Kanten gehört, ist offensichtlich schon im Falle eines beliebigen viereckigen Dieders erfüllt. Bei einem regelmäßigen Oktaeder sind überdies für je zwei beliebige Ecken sowohl die entsprechenden Winkel auf den Seitenflächen als auch die Winkel zwischen den Seitenflächen einander gleich und sogar die anstoßenden Flächen und Kanten kongruent.

3. Ausartungen: Die Drehungsgruppen eines Sektors und eines Rhombus

Die kleinste Eckenanzahl, die ein Vieleck haben kann, ist drei. Jedoch kann man bekanntlich eine Strecke als „ausgeartetes" Vieleck oder auch als „Vieleck mit zwei Ecken" auffassen. Das wird auch insbesondere dadurch gerechtfertigt, daß die Kongruenzgruppe einer Strecke in irgendeiner sie enthaltenden Ebene eine zyklische Gruppe der Ordnung 2 ist. Sie besteht offensichtlich aus der identischen Kongruenz und aus der Drehung der Strecke um ihren Mittelpunkt um 180°.

Ähnlich kann ein gleichschenkliges Dreieck als Ausartungsfall einer regelmäßigen Pyramide aufgefaßt werden: Die Kongruenzgruppe eines gleichschenkligen Dreiecks im Raume ist eine Gruppe der Ordnung 2.

§ 3. Die Drehungsgruppen einer regelmäßigen Pyramide usw.

Ferner ist ein ausgeartetes Dieder oder eine ausgeartete Doppelpyramide offensichtlich ein Rhombus. Die Gruppe der Kongruenzen oder Drehungen eines Rhombus im Raume besteht aus vier Elementen: Aus der identischen Abbildung a_0, aus den Klappungen a_1 und a_2 um jede der Diagonalen und aus der Drehung a_3 von 180° in seiner Ebene um den Rhombusmittelpunkt; diese ist die Summe der zwei vorgenannten Klappungen[1]). Die Additionstabelle unserer Gruppe hat folgende Gestalt:

	a_0	a_1	a_2	a_3
a_0	a_0	a_1	a_2	a_3
a_1	a_1	a_0	a_3	a_2
a_2	a_2	a_3	a_0	a_1
a_3	a_3	a_2	a_1	a_0

sie fällt also mit der Additionstafel der KLEINschen Vierergruppe zusammen, die wir in Kap. I, § 1, Artikel 3 als zweites Beispiel eingeführt haben. Davon überzeugt man sich leicht direkt oder indem man einfach an Stelle der Drehungsgruppe des Rhombus die zu ihr isomorphe Gruppe der Permutation seiner vier Ecken A, B, C, D betrachtet: Offensichtlich entsprechen den Drehungen a_0, a_1, a_2, a_3 folgende Permutationen der Eckpunkte[2]):

$$\begin{pmatrix} ABCD \\ ABCD \end{pmatrix} \begin{pmatrix} ABCD \\ BACD \end{pmatrix} \begin{pmatrix} ABCD \\ ABDC \end{pmatrix} \begin{pmatrix} ABCD \\ BADC \end{pmatrix}.$$

---

[1]) Wir betrachten eine der Diagonalen des Rhombus als „Grundlinie", die andere als Achse des entsprechenden ausgearteten Dieders und erhalten dann diese vier Bewegungen aus der Drehung um die „Achse" vom Winkel π und der Umlegung um die Grundlinie.

[2]) Wir bezeichnen mit a_1 die Klappung um die Diagonale CD, mit a_2 die um die Diagonale AB.

§ 4. Die Drehungsgruppe des Tetraeders[1])

Zur Bestimmung aller Kongruenzen des Tetraeders $A_0 A_1 A_2 A_3$ (Abb. 7) betrachten wir zunächst diejenigen von ihnen, die eine bestimmte Ecke, beispielsweise A_0, festlassen. Diese Kongruenzen führen dann das Dreieck $A_1 A_2 A_3$ in sich über, indem sie es um seinen Mittelpunkt B_0 um einen der Winkel 0, $\frac{2\pi}{3}$, $\frac{4\pi}{3}$ drehen. Daraus folgt, daß es genau drei Kongruenzen des Tetraeders $A_0 A_1 A_2 A_3$ gibt, die die Ecke A_0 festlassen: Die identische Kongruenz a_0, welche sämtliche Elemente des Tetraeders festläßt, und die zwei Drehungen a_1 und a_2 um die Winkel $\frac{2\pi}{3}$ bzw. $\frac{4\pi}{3}$ um die Achse $A_0 B_0$. Wir bezeichnen jetzt mit x_i irgendeine bestimmte Kongruenz des Tetraeders, die die Ecke A_0 in die Ecke A_i überführt ($i = 1, 2, 3$)[2]). Mit x_0 bezeichnen wir wieder die identische Kongruenz.

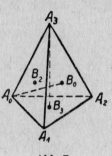

Abb. 7

Wir beweisen, daß jede Kongruenz b des Tetraeders in der Form

$$b = a_i + x_k \tag{1}$$

geschrieben werden kann, wobei $i = 0, 1, 2$ und $k = 0, 1, 2, 3$ eindeutig bestimmt sind. (Die letzte Behauptung bedeutet folgendes: Ist $b = a_i + x_k$, $b' = a_{i'} + x_{k'}$, und gilt wenigstens eine der Ungleichungen $i \neq i'$, $k \neq k'$, so ist sicher $b \neq b'$.)

Es sei also irgendeine Kongruenz b vorgegeben. Sie führt die Ecke A_0 in eine gewisse wohlbestimmte Ecke A_k über, wobei $k = 0, 1, 2, 3$ ist. Dann läßt aber die Kongruenz $b - x_k$ die Ecke A_0 fest, ist also offensichtlich ein eindeutig bestimmtes a_i, so daß $b - x_k = a_i$ und $b = a_i + x_k$ ist; hierbei sind i und k eindeutig bestimmt. Da auch umgekehrt jedem Paar (i, k) nach (1) eine be-

---

[1]) Unter einem Tetraeder verstehen wir hier und im folgenden stets ein *regelmäßiges* Tetraeder.

[2]) Die Ecke A_0 läßt sich in A_1 und A_3 beispielsweise durch Drehungen um die Achse $A_2 B_2$ (die die Ecke A_2 mit dem Mittelpunkt der gegenüberliegenden Fläche verbindet) überführen. A_0 geht in A_2 beispielsweise durch eine Drehung um die Achse $A_3 B_3$ über.

§ 4. Die Drehungsgruppe des Tetraeders

stimmte Kongruenz des Tetraeders entspricht, gibt es eine eineindeutige Zuordnung zwischen sämtlichen Kongruenzen des Tetraeders und allen Paaren (i, k), wobei i die Werte 0, 1, 2 und k die Werte 0, 1, 2, 3 annimmt. Daraus folgt, daß es genau 12 Kongruenzen des Tetraeders gibt. Jede Kongruenz des Tetraeders bedeutet nun eine bestimmte Permutation der Eckpunkte, also eine bestimmte Permutation der zugehörigen Nummern 0, 1, 2, 3. Bei vier Elementen gibt es nun aber 24 Permutationen, von ihnen lassen sich jedoch, wie wir soeben gesehen haben, nur 12 als Bewegungen des Tetraeders im Raum verwirklichen. Wir wollen untersuchen, welche dieser Bewegungen welchen Permutationen entsprechen.

Wir bezeichnen zur Abkürzung als *Flächenmittellinie* des Tetraeders jede Gerade, die von einer Ecke A_i des Tetraeders zum Mittelpunkt B_i der dem Eckpunkt gegenüberliegenden Fläche führt. *Kantenmittellinie* nennen wir jede Gerade, die durch die Mitten zweier beliebiger einander gegenüberliegender Kanten des Tetraeders geht.

Jeder Flächenmittellinie entsprechen zwei nicht identische Kongruenzen des Tetraeders, und zwar Drehungen um sie vom Winkel $\frac{2\pi}{3}$ bzw. $\frac{4\pi}{3}$. Insgesamt erhalten wir daher acht Drehungen, die man als Permutationen der Nummern der Ecken folgendermaßen darstellen kann:

$$a_1 = \begin{pmatrix} 0123 \\ 0231 \end{pmatrix}, \quad a_2 = \begin{pmatrix} 0123 \\ 0312 \end{pmatrix}, \quad a_3 = \begin{pmatrix} 0123 \\ 2130 \end{pmatrix},$$

$$a_4 = \begin{pmatrix} 0123 \\ 3102 \end{pmatrix}, \quad a_5 = \begin{pmatrix} 0123 \\ 1320 \end{pmatrix}, \quad a_6 = \begin{pmatrix} 0123 \\ 3021 \end{pmatrix}; \quad (2)$$

$$a_7 = \begin{pmatrix} 0123 \\ 1203 \end{pmatrix}, \quad a_8 = \begin{pmatrix} 0123 \\ 2013 \end{pmatrix}.$$

Um jede Kantenmittellinie gibt es eine nicht identische Drehung vom Winkel π, das ergibt drei weitere Drehungen, da es drei Kantenmittellinien gibt; als Permutationen kann man sie folgendermaßen schreiben:

$$a_9 = \begin{pmatrix} 0123 \\ 1032 \end{pmatrix}, \quad a_{10} = \begin{pmatrix} 0123 \\ 2301 \end{pmatrix}, \quad a_{11} = \begin{pmatrix} 0123 \\ 3210 \end{pmatrix}. \quad (3)$$

Diese elf Drehungen ergeben zusammen mit der identischen Kongruenz („identischen Drehung") a_0 genau die 12 Kongruenzen des Tetraeders. Jede von ihnen ist eine Drehung um eine der sieben

V. Einfache Bewegungsgruppen

Symmetrieachsen[1]) des Tetraeders. Daher heißt die Gruppe dieser Kongruenzen auch *Drehungsgruppe des Tetraeders*.

Man prüft leicht nach, daß alle Permutationen (2) und (3) gerade sind. Da es aber insgesamt 12 gerade Permutationen von vier Elementen, in diesem Falle den Ecken des Tetraeders, gibt, ist dies offensichtlich *eine eineindeutige und sogar isomorphe Zuordnung zwischen der Drehungsgruppe des Tetraeders und der alternierenden Permutationsgruppe von vier Elementen*.

Wir wollen jetzt untersuchen, welche Untergruppen die Drehungsgruppe des Tetraeders besitzt.

In ihr gibt es, wie in jeder Gruppe, die zwei *uneigentlichen* Untergruppen: Erstens die gesamte betrachtete Gruppe und zweitens die Untergruppe, die nur aus dem neutralen Element besteht. Uns interessieren die übrigen, die *eigentlichen* Untergruppen der Drehungsgruppe des Tetraeders. Davon gibt es genau acht.

Zunächst bemerken wir, daß die Summe der Drehungen um den Winkel π um zwei verschiedene Kantenmittellinien eine Drehung ebenfalls um π · um die dritte Kantenmittellinie ergibt; dies kann man sich geometrisch, aber auch durch Addition zweier beliebiger der Permutationen (3) klarmachen. Daraus folgt, daß die Drehungen vom Winkel π um jede der drei Kantenmittellinien zusammen mit der identischen Drehung eine Gruppe der Ordnung vier bilden. Sie ist zur KLEINschen Vierergruppe, also auch zur Gruppe aller Drehungen des Rhombus, isomorph. Diese Gruppe bezeichnen wir mit H. Unter allen Untergruppen der Drehungsgruppe des Tetraeders hat sie die höchste Ordnung. In ihr sind drei Untergruppen zweiter Ordnung enthalten, deren jede aus den Drehungen vom Winkel 0 bzw. π um jeweils eine der gegebenen Kantenmittellinien besteht. Diese Untergruppen bezeichnen wir mit H_{01}, H_{02}, H_{03}. Außer den genannten gibt es noch vier Untergruppen der Ordnung drei, nämlich die Gruppen

$$H \ (i = 0, 1, 2, 3),$$

---

[1]) Diese sieben Symmetrieachsen sind die vier Flächen- und drei Kantenmittellinien des Tetraeders. Im weiteren Sinne des Wortes nennt man Symmetrieachse einer geometrischen Figur jede Gerade, um die die Figur um einen von Null verschiedenen Winkel so gedreht werden kann, daß sie mit sich selbst zur Deckung kommt. In diesem Zusammenhang weisen wir darauf hin, daß jede Bewegung eines festen Körpers im Raume, die irgendeinen Punkt O festläßt, eine Drehung dieses Körpers um eine gewisse durch diesen Punkt O verlaufende Achse ist.

§ 4. Die Drehungsgruppe des Tetraeders

von denen jede aus drei Drehungen vom Winkel 0 bzw. $\frac{2\pi}{3}$ bzw. $\frac{4\pi}{3}$ um die entsprechenden Flächenmittellinien besteht.

Um zu beweisen, daß es in der Drehungsgruppe des Tetraeders keine anderen Untergruppen gibt, genügt es zu zeigen, daß zwei beliebige von Null verschiedene Elemente, die entweder zwei verschiedenen Gruppen H_i oder deren eines einer Gruppe H_i und deren anderes einer Gruppe H_{0k} entnommen sind, bereits ein Erzeugendensystem der gesamten Drehungsgruppe des Tetraeders bilden. Dazu genügt es wiederum, zwei beliebige aus der Reihe der Elemente a_1, a_3, a_5, a_7, etwa a_1 und a_3, zu betrachten oder eines der Elemente a_1, a_3, a_5, a_7 und eines aus der Reihe a_9, a_{10}, a_{11}. Wir überlassen es dem Leser, den geometrischen Beweis durchzuführen, und zwar zu beweisen, daß jede Drehung des Tetraeders durch Addition aus einem beliebigen der angegebenen Drehungspaare erzeugt werden kann. Man kann dasselbe Resultat auch rechnerisch herleiten. Folgende Identitäten zeigen, daß zum Beispiel die Elemente a_1 und a_3 ein Erzeugendensystem der Drehungsgruppe des Tetraeders bilden:

$$a_0 = a_1 - a_1 \qquad a_7 = a_1 + a_3 - a_1$$
$$a_2 = 2a_1 \qquad a_8 = 2a_1 + a_3$$
$$a_4 = 2a_3 \qquad a_9 = -a_3 + a_1 + 2a_3$$
$$a_5 = -a_3 + a_1 + a_3 \qquad a_{10} = a_1 + a_3$$
$$a_6 = -a_3 + 2a_1 + a_3 \qquad a_{11} = a_3 + a_1.$$

Man darf aber nicht denken, daß jedes Element in *eindeutiger* Weise durch die Erzeugenden darstellbar wäre. So gilt etwa $a_7 = a_1 + a_3 - a_1$ und gleichzeitig $a_7 = -a_3 - a_1 + a_3 + a_1 + a_3$. *Die Drehungsgruppe des Tetraeders ist nicht kommutativ:* Es ist nämlich $a_1 + a_3 = a_{10}$, hingegen $a_3 + a_1 = a_{11}$.

Übung. Wir überlassen es dem Leser, folgenden allgemeinen Satz zu beweisen: *Eine Menge E von Elementen einer Gruppe G ist dann und nur dann ein Erzeugendensystem dieser Gruppe, wenn keine eigentliche Untergruppe der Gruppe G existiert, die sämtliche Elemente der Menge E enthält.*

Unter Benutzung dieses Satzes sollen sämtliche Erzeugendensysteme der Drehungsgruppe des Tetraeders gefunden werden, die aus höchstens drei Elementen bestehen.

Bereits an diesem Beispiel sieht man, wie viele verschiedene Erzeugendensysteme eine endliche Gruppe haben kann.

§ 5. Die Drehungsgruppe des Würfels und des Oktaeders[1])

1. Um alle Kongruenzen eines Würfels anzugeben, verfahren wir ebenso wie vorhin beim Tetraeder: Wir betrachten zuerst nur die Kongruenzen des Würfels $ABCDA'B'C'D'$ (Abb. 8), die eine der Ecken, zum Beispiel A, in sich überführen.

Bei jeder Kongruenz eines Würfels gehen Ecken in Ecken, Kanten in Kanten, Flächen in Flächen über; auch die Diagonalen des Würfels gehen ineinander über. Eine gegebene Kongruenz läßt mit der Ecke A auch die Diagonale AC' fest, da nur eine von A ausgehende Würfeldiagonale existiert. Also ist diese Kongruenz eine Drehung des Würfels um die Diagonale AC'. Von diesen Drehungen gibt es außer der identischen noch die beiden vom Winkel $\frac{2\pi}{3}$ und vom Winkel $\frac{4\pi}{3}$.

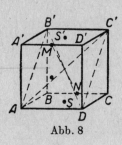

Abb. 8

Es gibt also insgesamt drei Kongruenzen des Würfels, die den Eckpunkt A in sich überführen. Ebenso wie für den Eckpunkt A kann man die entsprechenden Drehungen für alle acht Ecken des Würfels finden. Führt man entsprechende Überlegungen wie beim Tetraeder durch, so leitet man leicht ab, daß es insgesamt $3 \cdot 8 = 24$ Kongruenzen des Würfels gibt.

Wir wollen uns mit einer genaueren Festlegung dieser Kongruenzen befassen. Zunächst bemerken wir, daß ein Würfel 13 Symmetrieachsen hat: die vier Körperdiagonalen, die drei Geraden, welche je zwei gegenüberliegende Flächenmitten, sowie die sechs Geraden, die je zwei Mittelpunkte gegenüberliegender Kanten des Würfels verbinden. Um jede der vier Diagonalen gibt es zwei nichtidentische Drehungen des Würfels, die den Würfel in sich überführen. Insgesamt gibt es also acht Drehungen um die Diagonalen.

Um jede der Geraden, welche die Mittelpunkte gegenüberliegender Flächen verbinden, gibt es drei nichtidentische Drehungen, und deren insgesamt folglich neun.

---

[1]) Ebenso wie beim Tetraeder verstehen wir unter einem Oktaeder stets ein *regelmäßiges* Oktaeder.

§ 5. Die Drehungsgruppe des Würfels und des Oktaeders

Schließlich haben wir eine nichtidentische Drehung vom Winkel π um jede Gerade, die die Mittelpunkte zweier gegenüberliegender Kanten verbindet, also insgesamt sechs dieser Art.

Somit gibt es $8 + 9 + 6 = 23$ nichtidentische Drehungen, die den Würfel in sich überführen. Wenn wir zu diesen noch die identische Drehung hinzufügen, erhalten wir 24 Kongruenzen, also alle überhaupt möglichen Kongruenzen des Würfels.

Somit *erschöpfen die Drehungen des Würfels um seine Symmetrieachsen alle seine Kongruenzen.*

Daher bezeichnet man ebenso wie beim Tetraeder die Gruppe der Kongruenzen des Würfels gewöhnlich als Drehungsgruppe des Würfels.

Ehe wir die Strukturuntersuchung der Drehungsgruppe fortsetzen, beweisen wir folgenden Hilfssatz:

Hilfssatz. Die einzige Drehung des Würfels, die jede der vier Diagonalen in sich überführt, ist die identische Drehung[1]).

Wir bemerken zunächst, daß jede Drehung, die je zwei Diagonalen des Würfels, etwa AC' und DB', in sich überführt, auch die Diagonalebene $ADC'B'$ (Abb. 8) in sich übergehen läßt. Jede nichtidentische Drehung, die eine gewisse Ebene in sich überführt, hat als Drehungsachse entweder eine in dieser Ebene liegende Gerade — in diesem Falle ist der Drehungswinkel gleich π — oder eine zu dieser Ebene senkrechte Gerade. Nun führt aber eine Drehung der Ebene vom Winkel π um eine in ihr liegende Achse außer der Drehachse nur die zu dieser senkrechten Geraden der Ebene in sich über. Da das Rechteck $ADC'B'$ kein Quadrat ist, können seine Diagonalen, da sie nicht senkrecht aufeinander stehen, bei der Drehung um eine beliebige in der Ebene des Rechtecks liegende Achse nicht alle in sich selbst übergehen. Also können AC' und DB' nur bei einer Drehung des Würfels um eine zur Ebene $ADC'B'$ senkrechte Achse in sich selbst übergehen. Diese Achse ist die Gerade MN, die die Mitten der Seiten $A'D'$ und BC verbindet. Die einzige nichtidentische Drehung des Würfels um die Gerade MN ist die Drehung um den Winkel π. Somit geht lediglich bei dieser

---

[1]) Man darf folgendes nicht außer acht lassen: Geht bei einer vorgegebenen Drehung eine gegebene Diagonale, beispielsweise AC', in sich selbst über, so bedeutet das nicht, daß die Eckpunkte, die diese Diagonale festlegen (in unserem Falle die Ecken A und C'), wirklich in Ruhe bleiben. Sie können ihre Plätze vertauschen, d. h. A kann in C' und C' in A übergehen.

Drehung jede der Diagonalen AC' und DB' in sich über. Nun vertauschen aber bei dieser Drehung die beiden anderen Diagonalen BD' und CA' ihre Plätze, so daß es eine nichtidentische Drehung, die alle vier Diagonalen in sich überführt, überhaupt nicht gibt.

Also erfahren bei jeder nichtidentischen Drehung des Würfels seine vier Diagonalen eine nichtidentische Permutation. Daraus folgt: Bei zwei *verschiedenen* Drehungen a und b erleiden auch die Diagonalen verschiedene Permutationen. Käme nämlich für zwei Drehungen a und b dieselbe Permutation der Diagonalen zustande, so blieben bei der Drehung $a - b$ alle Diagonalen fest, also wäre $a - b$ die identische Drehung, und die Drehungen a und b würden zusammenfallen.

Es entsprechen also den 24 verschiedenen Drehungen des Würfels die verschiedenen Permutationen der Diagonalen, die durch diese Drehungen hervorgebracht werden. Bekanntlich gibt es aber bei vier Elementen $1 \cdot 2 \cdot 3 \cdot 4 = 24$ Permutationen.

Daraus ergibt sich: Zwischen der Gruppe aller Würfeldrehungen und der Gruppe aller Permutationen der vier Diagonalen des Würfels besteht eine eineindeutige Zuordnung. Da bei unserer Zuordnung der Addition von Drehungen gerade die Addition der Permutationen[1]) entspricht, so gilt folgender Satz:

1. *Die Drehungsgruppe eines Würfels ist zur Gruppe aller Permutationen von vier Elementen isomorph.*

Von den Untergruppen der Drehungsgruppe des Würfels erwähnen wir zunächst diejenigen zyklischen Untergruppen der Ordnung zwei, drei und vier, die aus Drehungen um die entsprechenden der 13 Symmetrieachsen des Würfels bestehen. Es gibt sechs zyklische Untergruppen der Ordnung zwei, entsprechend der Anzahl der Achsen, die die Mittelpunkte je zweier gegenüberliegender Kanten verbinden; vier zyklische Untergruppen der Ordnung drei, gemäß der Anzahl der Diagonalen; drei zyklische Untergruppen der Ordnung vier, entsprechend der Anzahl der Geraden, die die Mittelpunkte gegenüberliegender Seitenflächen verbinden.

---

[1]) Damit ist gemeint: Der Summe zweier Drehungen ist die Summe der diesen beiden Drehungen entsprechenden Permutationen zugeordnet, wobei sich die einander entsprechenden Summanden jeweils in der gleichen Reihenfolge befinden. Eine bloße eineindeutige Zuordnung zwischen den Drehungen und den Permutationen der Diagonalen hingegen würde lediglich eine im übrigen ganz willkürliche Zuordnung der Drehungen zu den Permutationen beinhalten.

§ 5. Die Drehungsgruppe des Würfels und des Oktaeders

Viel interessanter sind folgende weitere Untergruppen.

a) Die Untergruppe der Ordnung zwölf, welche aus den Drehungen besteht, die gleichzeitig jedes der zwei dem Würfel einbeschriebenen Tetraeder $ACB'D'$ und $BDA'C'$ (Abb. 9) in sich überführen. Diese Untergruppe besteht aus den $2 \cdot 4$ nichtidentischen Drehungen um die Diagonalen, aus den drei Drehungen vom Winkel π um die Achsen, welche die Mittelpunkte gegenüberliegender Seitenflächen verbinden, und aus der identischen Drehung.

b) Drei Untergruppen der Ordnung acht, die zur Gruppe der quadratischen Doppelpyramide (des Dieders) isomorph sind. Jede dieser Untergruppen besteht aus denjenigen Drehungen des Würfels, die eine der Geraden in sich überführen, welche die Mittelpunkte zweier gegenüberliegender Flächen verbinden, beispielsweise die Punkte S und S' (Abb. 8). (Das dem Würfel einbeschriebene Oktaeder ist ein Spezialfall des quadratischen Dieders. Die Gruppe seiner Drehungen, die zwei seiner Ecken S und S' festläßt oder beide vertauscht, ist offensichtlich gerade die Gruppe des quadratischen Dieders.)

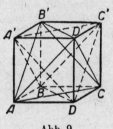

Abb. 9

Eine solche Untergruppe der Ordnung acht besteht aus folgenden acht Drehungen: Vier Drehungen um die Achse SS' (einschließlich der identischen), zwei Drehungen vom Winkel π um die Achsen, die die Mittelpunkte der Kanten AA' und CC' bzw. BB' und DD' verbinden, und zwei Drehungen vom Winkel π um die Achsen, die die Mittelpunkte der Seitenflächen $ABB'A'$ und $CDD'C'$ bzw. $ADD'A'$ und $BCC'B$ verbinden.

c) Eine Untergruppe der Ordnung vier, die aus der identischen Abbildung und drei Drehungen vom Winkel π um jede der Achsen besteht, welche die Mittelpunkte zweier gegenüberliegender Flächen verbinden. Diese Gruppe besteht aus denjenigen Drehungen, die in jeder der im vorigen Punkte erwähnten drei Untergruppen der Ordnung acht vorkommen. Sie ist kommutativ und zur Drehungsgruppe des Rhombus, also zur KLEINschen Vierergruppe, isomorph. Außer dieser gibt es noch drei weitere Untergruppen der Ordnung vier, die ebenfalls der Drehungsgruppe des Rhombus isomorph sind[1]).

---

[1]) An dieser Stelle wurde eine Unvollständigkeit im Originaltext durch die Red. ergänzt.

V. Einfache Bewegungsgruppen

2. Die Gruppe der Kongruenzen oder Drehungen eines regelmäßigen Oktaeders ist isomorph zur Drehungsgruppe des Würfels.

Um sich davon zu überzeugen, genügt es, um das regelmäßige Oktaeder einen Würfel zu beschreiben (Abb. 10) oder dem regelmäßigen Oktaeder einen Würfel einzubeschreiben (Abb. 11). Jeder Kongruenz des Oktaeders entspricht eine bestimmte Kongruenz des Würfels und umgekehrt.

Hierin kommt eine der dualen Beziehungen, die zwischen Würfel und Oktaeder bestehen, zum Ausdruck; wir werden sogleich näher auf sie eingehen.

Zunächst nennen wir zwei Elemente (Eckpunkte, Kanten, Flächen) irgendeines Vielflachs *zusammengehörig,* wenn eines dieser

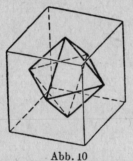 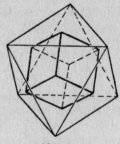

Abb. 10   Abb. 11

zwei Elemente dem anderen als konstituierendes Element angehört. Demnach sind ein Eckpunkt und eine diesen Eckpunkt als Eckpunkt enthaltende Fläche, eine Fläche und eine Kante dieser Fläche, ein Eckpunkt und eine ihn als Endpunkt besitzende Kante Paare zusammengehöriger Elemente.

Zwei Vielflache heißen *dual,* wenn die Elemente des einen Vielflachs den Elementen des anderen eineindeutig zugeordnet werden können derart, daß dabei Paare zusammengehöriger Elemente des einen Vielflachs Paaren zusammengehöriger Elemente des anderen entsprechen und daß ferner

den Eckpunkten des ersten Vielflachs die Flächen des zweiten,
den Kanten des ersten Vielflachs die Kanten des zweiten,
den Flächen des ersten Vielflachs die Ecken des zweiten entsprechen.

Man sieht leicht, daß Würfel und Oktaeder in diesem Sinne zueinander dual sind. Das Tetraeder ist zu sich selbst dual.

§ 6. Die Drehungsgruppe des Ikosaeders und Dodekaeders[1]

Allgemeine Bemerkungen über Drehungsgruppen regelmäßiger Vielflache

1. Von den fünf regelmäßigen Vielflachen bleiben noch zwei zu untersuchen: Ikosaeder und Dodekaeder (Abb. 12 und 13).

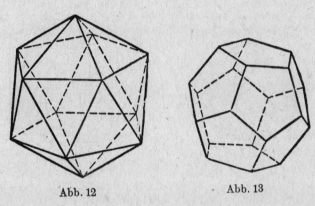

Abb. 12   Abb. 13

Diese Vielflache sind zueinander dual, und die Gruppen ihrer Kongruenzen sind isomorph.

Um sich davon zu überzeugen, genügt es, das Ikosaeder in das Dodekaeder (Abb. 14) oder das Dodekaeder in das Ikosaeder (Abb. 15) einzubeschreiben. Daher brauchen wir uns lediglich mit der Kongruenzgruppe des Ikosaeders vertraut zu machen. Um die Anzahl ihrer Elemente zu bestimmen, verfahren wir ebenso wie beim Tetraeder und beim Würfel. Wir betrachten nämlich zuerst diejenigen Kongruenzen des Ikosaeders, die einen bestimmten seiner Eckpunkte festlassen. Es gibt fünf solcher Kongruenzen $(a_i, i = 0, \ldots, 4)$, nämlich fünf Drehungen um die Achse, die diese Ecke mit der gegenüberliegenden verbindet. Da es zwölf Ecken gibt (also $k = 0, 1, \ldots, 11$), beträgt die Anzahl der Kongruenzen des Ikosaeders $5 \cdot 12 = 60$.

---

[1] Wir meinen wiederum ein *regelmäßiges* Ikosaeder und ein *regelmäßiges* Dodekaeder.

V. Einfache Bewegungsgruppen

Alle diese Kongruenzen sind Drehungen des Ikosaeders um seine Symmetrieachsen. Im einzelnen gibt es folgende Symmetrieachsen des Ikosaeders:

Sechs Achsen, die gegenüberliegende Eckpunkte verbinden; um jede von ihnen gibt es 4 nichtidentische Drehungen (mit den Winkeln $\frac{2\pi}{5}, \frac{4\pi}{5}, \frac{6\pi}{5}, \frac{8\pi}{5}$), die das Ikosaeder mit sich selbst zur Deckung bringen; insgesamt erhalten wir also $4 \cdot 6 = 24$ Drehungen;

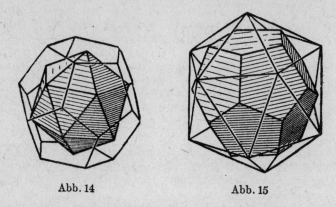

Abb. 14   Abb. 15

Zehn Achsen, die die Mittelpunkte gegenüberliegender Flächen verbinden; um jede dieser Achsen gibt es zwei nichtidentische Drehungen (mit den Winkeln $\frac{2\pi}{3}$ und $\frac{4\pi}{3}$), also insgesamt 20 Drehungen;

Fünfzehn Achsen, die die Mittelpunkte gegenüberliegender Kanten verbinden und von denen jede eine einzige nichtidentische Drehung um 180° liefert.

Also gibt es $24 + 20 + 15$, d. h. bei Hinzunahme der identischen insgesamt 60 Drehungen.

Durch ähnliche Überlegungen wie früher folgt hieraus, daß das Ikosaeder genau 31 Symmetrieachsen besitzt.

Da die Drehungsgruppe des Ikosaeders reichlich kompliziert ist, werden wir sie hier nicht weiter untersuchen. Wir erwähnen nur, daß sie der alternierenden Permutationsgruppe von fünf Elementen isomorph ist.

§ 6. Die Drehungsgruppe des Ikosaeders und Dodekaeders

2. Die Drehungsgruppen der regulären Vielecke und Vielflache wurden als Gruppen ihrer Kongruenzen definiert.

Wir betrachten nun gleichsam zwei Exemplare des Raumes, von denen einer im anderen eingebettet ist. Den einen Raum denken wir uns als einen nach allen Seiten unendlich ausgedehnten starren Körper und bezeichnen ihn als *starren* Raum, während wir den anderen als *leeren* Raum auffassen.

Den starren Raum denken wir uns in den leeren verschiebbar eingebettet. Unser Vielflach erscheint als unbeweglicher Teil des starren Raumes, ist also nur zusammen mit ihm einer Bewegung fähig[1]). Dann kann man sämtliche Drehungen des „starren" Raumes im „leeren" um irgendeine Achse betrachten, die das vorgegebene Vielflach mit sich zur Deckung bringen, es also in sich überführen. Da sich jede Kongruenz der betrachteten Vielflache als Drehung um eine passende Achse erwies und jede Drehung des Vielflachs um eine Achse als Ursache für eine Drehung des Gesamtraumes um diese Achse angesehen werden kann, ist die Gruppe der Kongruenzen eines vorgegebenen Vielflachs isomorph zur Gruppe der Drehungen des Raumes, welche dieses Vielflach in sich überführen. Eben diese Gruppe meint man gewöhnlich, wenn man von der Drehungsgruppe eines vorgegebenen regelmäßigen Vielflachs spricht. Oft bezeichnet man sie einfach als „Gruppe des regelmäßigen Vielflachs".

Die Gruppe einer regelmäßigen Pyramide (also eine endliche zyklische Gruppe), die Diedergruppen und die eben betrachteten Gruppen der regelmäßigen Vielflache sind die einzigen *endlichen Untergruppen* der Gruppe *aller Bewegungen des Raumes*.

---

[1]) Dieser „feste", im ruhenden „leeren" bewegliche Raum gleicht einer auf einer Tischebene beweglichen Glasplatte (siehe § 2, drittes Beispiel).

Kapitel VI

INVARIANTE UNTERGRUPPEN

§ 1. Konjugierte Elemente und Untergruppen

1. Transformation eines Gruppenelements mit Hilfe eines anderen

Wir betrachten in der Gruppe G zwei beliebige Elemente a und b. Das Element
$$-b + a + b$$
heißt *Transformierte* des Elementes a mittels b.

Wir wollen untersuchen, unter welcher Bedingung die Gleichung
$$-b + a + b = a \tag{1}$$
gilt. Ist die Gleichung (1) erfüllt, so erhalten wir, wenn wir auf ihren beiden Seiten von links b hinzufügen,
$$a + b = b + a. \tag{1'}$$
Ist also (1) erfüllt, so auch (1'), d. h., die Elemente a und b sind vertauschbar. Gilt umgekehrt (1'), so auch
$$-b + a + b = -b + b + a = a,$$
und damit die Gleichung (1). Somit gilt:

Ein Element a ist genau dann gleich seiner Transformierten mittels b, wenn die Elemente a und b vertauschbar sind, d. h. wenn die Gleichung (1') gilt.

Insbesondere gilt Gleichung (1) in kommutativen Gruppen für beliebige Elemente a und b.

Zur Veranschaulichung des Begriffes der Transformierten betrachten wir die Gruppe G aller Permutationen von n Elementen. Es sei
$$a = \begin{pmatrix} 1 & 2 & 3 & \ldots & n \\ a_1 & a_2 & a_3 & \ldots & a_n \end{pmatrix}, \qquad b = \begin{pmatrix} 1 & 2 & 3 & \ldots & n \\ b_1 & b_2 & b_3 & \ldots & b_n \end{pmatrix}.$$

§ 1. Konjugierte Elemente und Untergruppen

Dann gilt offensichtlich

$$-b = \begin{pmatrix} b_1 & b_2 & b_3 & \ldots & b_n \\ 1 & 2 & 3 & \ldots & n \end{pmatrix},$$

$$-b + a = \begin{pmatrix} b_1 & b_2 & b_3 & \ldots & b_n \\ a_1 & a_2 & a_3 & \ldots & a_n \end{pmatrix}, \qquad (2)$$

$$-b + a + b = \begin{pmatrix} b_1 & b_2 & b_3 & \ldots & b_n \\ b_{a_1} & b_{a_2} & b_{a_3} & \ldots & b_{a_n} \end{pmatrix}.$$

Die Formel (2) kann in Form folgender Regel aufgeschrieben werden:
Es sei

$$a = \begin{pmatrix} 1 & 2 & \ldots & n \\ a_1 & a_2 & \ldots & a_n \end{pmatrix} \quad \text{und} \quad b = \begin{pmatrix} 1 & 2 & \ldots & n \\ b_1 & b_2 & \ldots & b_n \end{pmatrix}.$$

Um die Transformierte der Permutation a mittels der Permutation b zu erhalten, muß man in beiden Zeilen der wie üblich aufgeschriebenen Permutation a die Permutation b vornehmen.

Wir wollen diese Regel noch an einem Beispiel erläutern. Es sei zum Beispiel $n = 3$ und

$$a = \begin{pmatrix} 1 & 2 & 3 \\ 2 & 1 & 3 \end{pmatrix}, \qquad b = \begin{pmatrix} 1 & 2 & 3 \\ 3 & 2 & 1 \end{pmatrix}.$$

Wir erhalten

$$-b + a + b = \begin{pmatrix} 3 & 2 & 1 \\ 2 & 3 & 1 \end{pmatrix} \equiv \begin{pmatrix} 1 & 2 & 3 \\ 1 & 3 & 2 \end{pmatrix} \neq a.$$

Man versteht die eben eingeführte Regel viel besser, wenn man den Begriff der Abbildung oder der Funktion[1]) benutzt.

Die Permutation a kennzeichnet eine Funktion $y = f(x)$,

$$(x = 1, 2, 3, \ldots, n; \quad y = 1, 2, 3, \ldots, n),$$

bei der zwei verschiedenen x-Werten immer zwei verschiedene y-Werte entsprechen. Die Permutation b ist eine Funktion $y = \varphi(x)$ derselben Art wie $f(x)$. Die Permutation $-b + a + b$ ist dann eine Funktion $y = F(x)$, die durch folgende Formel definiert ist:

$$F(x) = \varphi\{f[\varphi^{-1}(x)]\}. \qquad (3)$$

Man erhält sie, indem man dem Element $\varphi(x)$ das Element $\varphi[f(x)]$ zuordnet. Dies ist unmittelbar zu sehen, wenn man in

---

[1]) Siehe Anhang § 4.

70 VI. Invariante Untergruppen

Formel (3) an Stelle von x das Element $\varphi(x)$ einsetzt und beachtet, daß gilt.
$$\varphi^{-1}[\varphi(x)] = x$$

Mit x durchläuft auch $\varphi(x)$ alle Zahlen 1, 2, 3, ..., n, nur in anderer Reihenfolge. Durch die Formel

$$F[\varphi(x)] = \varphi[f(x)] \tag{4}$$

ist die Funktion $F(x)$, also die Permutation $-b + a + b$, eindeutig definiert.

Die Formel (4) stellt nur eine andere Schreibweise von (2) dar. Bezeichnet man schließlich $f(x)$ mit y, so kann man das erhaltene Resultat auch noch folgendermaßen formulieren:

Die Permutation F besteht darin, daß das Element $\varphi(x)$ durch das Element $\varphi(y)$ ersetzt wird.

Da jede endliche Gruppe einer gewissen Permutationsgruppe isomorph ist, erläutert Formel (2) den Begriff „Transformierte" wenigstens für alle endlichen Gruppen.

2. Transformation von Elementen der Tetraedergruppe

Wir betrachten als weiteres Beispiel die Drehungsgruppe des Tetraeders $ABCD$ (Abb. 16).

Es sei a die Drehung des Tetraeders vom Winkel π um die Achse MN, die die Mitten der Kanten BC und AD verbindet; es sei b die Drehung um die Achse DO, die A in C, B in A, C in B überführt. Dann ist $-b + a + b$ die Drehung vom Winkel π um die Achse PQ, die die Mittelpunkte der Kanten AB und CD verbindet. Man kann sich davon sowohl unmittelbar als auch dadurch überzeugen, daß man die Drehung a als Permutation $\begin{pmatrix} A B C D \\ D C B A \end{pmatrix}$ und die Drehung b als Permutation $\begin{pmatrix} A B C D \\ C A B D \end{pmatrix}$ der Eckpunkte auffaßt.

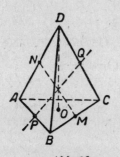

Abb. 16

Führt man nun in jeder Zeile des Ausdruckes $\begin{pmatrix} A B C D \\ D C B A \end{pmatrix}$ die Permutation $\begin{pmatrix} A B C D \\ C A B D \end{pmatrix}$ aus, so erhält man $\begin{pmatrix} C A B D \\ D B A C \end{pmatrix}$, also $\begin{pmatrix} A B C D \\ B A D C \end{pmatrix}$, was der Drehung um die Achse PQ um 180° entspricht.

§ 1. Konjugierte Elemente und Untergruppen

Auf dieselbe Weise überzeugt man sich davon, daß

$$-a+b+a$$

die Drehung um diejenige Achse ist, welche die Ecke A mit dem Mittelpunkt der Fläche BCD verbindet; sie führt B in C, C in D, D in B über.

[Dieser Drehung entspricht die Permutation $\begin{pmatrix} A B C D \\ A C D B \end{pmatrix}$].

3. Konjugierte Elemente

Es sei G irgendeine Gruppe.

Satz I'. *Ist das Element b die Transformierte des Elementes a mittels des Elementes c, so ist das Element a die Transformierte von b mittels $-c$.*

Tatsächlich folgt aus

$$b = -c + a + c,$$

wenn auf beiden Seiten von links c und von rechts $(-c)$ hinzugefügt wird,

$$c + b + (-c) = a,$$

also

$$a = -(-c) + b + (-c).$$

Definition. Zwei Gruppenelemente heißen *konjugiert*, wenn eines von ihnen die Transformierte des anderen ist.

Satz I''. *Ist a zu b und b zu c konjugiert, so auch a zu c.*

Da a zu b konjugiert ist, existiert ein Element d, so daß

$$b = -d + a + d \tag{5}$$

gilt; da b zu c konjugiert ist, existiert ein Element e derart, daß

$$b = -e + c + e \tag{5'}$$

gilt, folglich ist

$$-d + a + d = -e + c + e.$$

Fügt man auf beiden Seiten der letzten Gleichung von links d und von rechts $-d$ hinzu, so erhält man:

$$a = (d-e) + c + (e-d) = -(e-d) + c + (e-d),$$

d. h., a ist die Transformierte von c mittels $e-d$, womit a als zu c konjugiert nachgewiesen ist.

VI. Invariante Untergruppen

Satz I'''. Jedes Element ist zu sich selbst konjugiert.
Es gilt nämlich
$$a = -0 + a + 0.$$

Die Sätze I', I'', I''' besagen, daß die Konjugiertheit zweier Gruppenelemente die Eigenschaften der Symmetrie[1]), Transitivität[1]) und Reflexivität[1]) besitzt. Daraus folgt wegen Satz III des Anhangs

Satz I. Jede Gruppe G zerfällt in Klassen paarweise zueinander konjugierter Elemente.

Dabei besteht die Klasse irgendeines Elementes a der Gruppe G aus allen zu a konjugierten Elementen der Gruppe G, also aus den Transformierten des Elementes a mittels aller möglichen Elemente der Gruppe G.

Wir stellen fest, daß die Klasse des neutralen Elementes jeder Gruppe G nur aus diesem Element besteht (denn für beliebiges a gilt $-a + 0 + a = 0$).

Aufgabe. Man beweise, daß die Drehungsgruppe des Tetraeders in folgende Klassen konjugierter Elemente zerfällt:

1. die Klasse, die allein aus dem neutralen Element besteht;

2. die Klasse, die aus den Drehungen vom Winkel $\frac{2}{3}\pi$ um jede der vier Achsen besteht, die jeweils die Ecken des Tetraeders mit den Mittelpunkten der gegenüberliegenden Seitenflächen verbinden;

3. die Klasse, die aus den vier Drehungen vom Winkel $\frac{4}{3}\pi$ um dieselben Achsen besteht (dabei werden die Drehungen von einer festen Ecke aus entweder im oder entgegen dem Uhrzeigersinn gerechnet);

4. die Klasse, die aus den Drehungen vom Winkel π um jede der drei Achsen besteht, die die Mittelpunkte zweier gegenüberliegender Kanten des Tetraeders verbinden.

Wir überlassen es dem Leser, auch Klassen konjugierter Elemente in anderen Drehungsgruppen zu untersuchen.

---

[1]) Siehe Anhang § 5, insbesondere Artikel 3.

4. Transformation einer Untergruppe

Die Klasse konjugierter Elemente, zu der das Element a der Gruppe G gehört, besteht aus den Transformierten des Elementes a *mittels aller möglichen Elemente b der Gruppe G.* Jetzt wählen wir irgendeine Untergruppe H der Gruppe G und wollen die Transformierten *aller möglichen* Elemente x dieser Untergruppe mittels *eines* willkürlich, aber fest gewählten Elementes b der Gruppe G betrachten. Die sich ergebende Menge von Elementen, also *die Gesamtheit aller Elemente* der Form

$$-b + x + b,$$

wobei *b ein von uns fest gewähltes Element der Gruppe G ist und x alle Elemente der Untergruppe H durchläuft, nennen wir Transformierte der Untergruppe H mittels b;* wir bezeichnen sie mit

$$-b + H + b.$$

Behauptung: $-b + H + b$ ist eine Gruppe.

Beweis: 1. Es seien c_1 und c_2 zwei Elemente, die zu $-b + H + b$ gehören. Wir zeigen: $c_1 + c_2$ gehört zu $-b + H + b$.

Es gilt

$$\left.\begin{array}{l} c_1 = -b + x_1 + b, \\ c_2 = -b + x_2 + b, \end{array}\right\} \tag{6}$$

wobei x_1 und x_2 Elemente der Gruppe H sind.

Aus (6) folgt unmittelbar:

$$c_1 + c_2 = -b + x_1 + x_2 + b; \tag{7}$$

also ist $c_1 + c_2$ die Transformierte des Elementes $x_1 + x_2$ mittels b; daher gehört $c_1 + c_2$ zu $-b + H + b$.

2. Wir zeigen: das neutrale Element 0 der Gruppe G gehört zu $-b + H + b$. Da 0 ein Element von H ist und

$$-b + 0 + b = 0$$

gilt, gehört 0 auch zu $-b + H + b$.

3. Gehört schließlich a zu $-b + H + b$, so ist auch $-a$ Element von $-b + H + b$. Gehört nämlich a zu $-b + H + b$, so ist $a = -b + x + b$, wobei x ein gewisses Element von H ist. Dann ist aber $-a = -(-b + x + b) = -b + (-x) + b$, also ist $-a$ die Transformierte des Elementes $-x$ der Gruppe H mittels b, und folglich ist $-a$ ein Element der Menge $-b + H + b$.

VI. *Invariante Untergruppen*

Somit ist $-b + H + b$ eine Gruppe.

Jedem Element x der Gruppe H entspricht ein eindeutig bestimmtes Element der Gruppe $-b + H + b$, nämlich das Element $-b + x + b$.

Dabei entsprechen zwei verschiedenen Elementen x_1 und x_2 verschiedene Elemente $-b + x_1 + b$ und $-b + x_2 + b$; denn für $x_1 \neq x_2$ sind wegen der Eindeutigkeit der Subtraktion auch die Elemente $x_1 + b$ und $x_2 + b$[1]) verschieden und damit auch die Elemente $-b + (x_1 + b)$ und $-b + (x_2 + b)$[2]). Läßt man also dem Element x der Gruppe H das Element $-b + x + b$ der Gruppe $-b + H + b$ entsprechen, so erhält man eine eineindeutige Zuordnung zwischen H und $-b + H + b$. Wegen der Gleichungen (6) und (7) entspricht der Summe zweier Elemente x_1 und x_2 dabei die Summe der Elemente $(-b + x_1 + b)$ und $(-b + x_2 + b)$. Also ist diese Zuordnung ein Isomorphismus zwischen den Gruppen H und $-b + H + b$.

Damit haben wir folgenden Satz bewiesen:

Satz II. *Die Transformierte der Untergruppe H der Gruppe G mittels b aus G ist eine zu H isomorphe Untergruppe von G.*

Bemerkung. Aus der Definition der transformierten Untergruppe folgert man unmittelbar die nachstehenden Sätze:

1. Ist G eine kommutative Gruppe und H eine Untergruppe, so ist die Transformierte von H mittels eines beliebigen Elementes b der Gruppe G die Gruppe H selbst, da in diesem Falle die Transformierte eines beliebigen Elementes x mittels b dieses Element x selbst ist, $-b + x + b = x$.

2. Ist G eine beliebige Gruppe, H eine Untergruppe und b ein Element von H, so ist

$$-b + H + b = H,$$

da für jedes Element x der Gruppe H für zu H gehöriges b auch das Element $-b + x + b$ zu H gehört.

---

[1]) Aus

folgt nämlich
$$x_1 + b = x_2 + b = c$$
$$x_1 = c - b \quad \text{und} \quad x_2 = c - b.$$

[2]) Für

gilt nämlich
$$-b + x_1 + b = -b + x_2 + b = c$$
$$x_1 + b = b + c \quad \text{und} \quad x_2 + b = b + c.$$

§ 1. *Konjugierte Elemente und Untergruppen* 75

Ist die Untergruppe H_2 die Transformierte der Untergruppe H_1 mittels des Elementes b, so ist H_1 die Transformierte der Untergruppe H_2 mittels des Elementes $-b$.

Der Beweis folgt aus Satz I' der Nummer 3.

Definition. *Zwei Untergruppen einer Gruppe G, deren eine eine Transformierte der anderen ist, heißen konjugierte Untergruppen.*

Wegen $-0 + H + 0 = H$ ist jede Gruppe zu sich selbst konjugiert.

Aus Satz I" folgt, daß zwei Untergruppen, die zu einer dritten konjugiert sind, auch untereinander konjugiert sind, so daß die Menge aller Untergruppen einer Gruppe G in Klassen untereinander konjugierter Untergruppen zerfällt.

Wir wissen bereits (Satz II dieses Abschnitts), daß *alle zueinander konjugierten Untergruppen zueinander isomorph sind.*

5. Beispiele

In der Drehungsgruppe des regelmäßigen Tetraeders gibt es, wie wir gesehen haben, folgende Untergruppen:

1. Zwei uneigentliche Untergruppen: Erstens die aus dem neutralen Element bestehende und zweitens die aus allen zwölf Drehungen des Tetraeders bestehende Untergruppe. Jede dieser Untergruppen ist offensichtlich zu sich selbst konjugiert.

2. Drei Untergruppen der Ordnung zwei: H_{01}, H_{02}, H_{03}, deren jede aus Drehungen um die Winkel 0 und π um gewisse Kantenmittellinien besteht. *Alle diese Gruppen bilden eine Klasse konjugierter Untergruppen.*

3. Die Gruppe H der Ordnung vier (die KLEINsche Vierergruppe), welche die mengentheoretische Vereinigung der drei Gruppen H_{01}, H_{02}, H_{03} ist, also aus der identischen Drehung und aus Drehungen vom Winkel π um jede der drei Kantenmittellinien besteht. Aus der Definition der Gruppe H als Vereinigung der Gruppen H_{01}, H_{02}, H_{03} und daraus, daß die Gruppen H_{01}, H_{02}, H_{03} eine Klasse konjugierter Untergruppen bilden, folgt, daß *die Gruppe H lediglich zu sich selbst konjugiert ist.*

4. Vier Untergruppen der Ordnung drei: H_0, H_1, H_2, H_3. Jede von ihnen besteht aus Drehungen um die Winkel $0, \frac{2\pi}{3}, \frac{4\pi}{3}$ um

gewisse Flächenmittellinien. *Alle diese Gruppen bilden ebenfalls eine Klasse konjugierter Untergruppen.*

Demnach zerfallen alle 10 Untergruppen der Drehungsgruppe eines regelmäßigen Tetraeders folgendermaßen in Klassen konjugierter Untergruppen:

drei jeweils aus einem Element bestehende Klassen, nämlich die jeweils eine einzige der uneigentlichen Untergruppen enthaltenden und die aus der einen Untergruppe der Ordnung vier bestehenden Klassen,

die Klasse aus den drei Untergruppen der Ordnung zwei;

die Klasse, die aus den vier Untergruppen der Ordnung drei besteht.

§ 2. Invariante Untergruppen (Normalteiler)

1. Definition

Wenn eine Untergruppe H einer vorgelegten Gruppe G keine von sich verschiedene konjugierte Untergruppe besitzt (wenn also die Klasse aller Untergruppen, die in der Gruppe G zur Untergruppe H konjugiert sind, lediglich aus der einen Gruppe H besteht), *so nennen wir die Untergruppe H invariante*[1]) *Untergruppe* (oder *Normalteiler*) *der Gruppe G.*

Offensichtlich kann die Definition der invarianten Untergruppe auch so formuliert werden:

Wir nennen eine Untergruppe H einer Gruppe G invariant, wenn die Transformierte eines beliebigen Elementes der Gruppe H mittels eines Elementes der Gruppe G ein Element der Gruppe H ist.

Der Begriff der invarianten Untergruppe ist einer der wichtigsten Begriffe der gesamten Algebra. Wenn es auch unmöglich ist, in diesen kurzen Darlegungen dem Leser die volle Bedeutung dieses Begriffes klarzumachen, der in der Algebra speziell in der sogenannten GALOISschen Theorie auftritt, so möchten wir doch hoffen, daß aus den Untersuchungen dieses und des nächsten Kapitels dem Leser deutlich wird, welch große Bedeutung die invarianten Untergruppen im logischen Aufbau der Gruppentheorie selbst besitzen.

---

[1]) Invariant (lateinisch) bedeutet sich nicht ändernd bei einer Transformation der Untergruppe.

§ 2. Invariante Untergruppen (Normalteiler)

2. Beispiele

Triviale Beispiele invarianter Untergruppen sind die beiden uneigentlichen Untergruppen jeder beliebigen Gruppe. Außerdem ist offensichtlich jede Untergruppe einer kommutativen Gruppe eine invariante Untergruppe.

Wir geben einige weniger triviale Beispiele an.

1. Die Gruppe der Verschiebungen einer Geraden in sich ist eine invariante Untergruppe aller Kongruenzen einer Geraden (Kap. V, § 2).

2. Die zyklische Gruppe A der Ordnung n, die aus allen Kongruenzen erster Art eines n-eckigen Dieders besteht, ist eine invariante Untergruppe der Gruppe aller Drehungen eines n-eckigen Dieders[1]).

3. Die alternierende Permutationsgruppe A_n von n Ziffern ist eine invariante Untergruppe der Gruppe S_n aller Permutationen von n Ziffern. Ist nämlich b ein beliebiges Element der Gruppe A_n, also eine beliebige gerade Permutation, und a ein beliebiges Element der Gruppe S_n, also eine beliebige gerade oder ungerade Permutation, so ist das Signum der Permutation $-a + b + a$ gleich dem Produkt dreier Zahlen, die gleich $+1$ oder -1 sind:

$$(\text{sgn} - a) \cdot (\text{sgn} \, b) \cdot (\text{sgn} \, a).$$

Da $(\text{sgn} - a) = (\text{sgn} \, a)$ ist, so ist $(\text{sgn} - a) \cdot (\text{sgn} \, a)$ in jedem Falle, d. h. für beliebiges a, gleich $+1$. Folglich gilt

$$(\text{sgn}\,(-a + b + a)) = (\text{sgn} \, b) = +1;$$

dies bedeutet, daß $-a + b + a$ eine gerade Permutation, also Element der Gruppe A_n ist.

Somit ist die Transformierte eines beliebigen Elementes b der Gruppe A_n ein (im allgemeinen *von b verschiedenes*) Element der Gruppe A_n, d. h., A_n ist eine invariante Untergruppe der Gruppe S_n.

---

[1]) Ist nämlich a eine Kongruenz erster und b eine Kongruenz zweiter Art, so gilt (wie in Kap. V, § 3 gezeigt wurde):

$$a + b = b - a$$

und daher

$$-b + a + b = -a.$$

Da dies für jedes Element der Untergruppe A gilt, ist

$$-b + A + b = A.$$

Wir kehren zu den Beispielen invarianter und nicht invarianter Untergruppen zurück.

Wir haben bereits gesehen, daß es in der Gruppe aller Drehungen des Tetraeders eine eigentliche invariante Untergruppe der Ordnung vier gibt. Da die Gruppe aller Drehungen des Tetraeders isomorph zur alternierenden Gruppe A_4 der Permutationen von vier Elementen ist (also zur Gruppe aller geraden Permutationen von vier Elementen), so kann man das erhaltene Resultat auch so formulieren: *Die alternierende Permutationsgruppe von vier Elementen besitzt eine invariante Untergruppe der Ordnung vier.*

Dies Ergebnis ist sehr wichtig: Es zeigt sich, daß für $n > 4$ *die alternierende Permutationsgruppe A_n von n Ziffern* außer den zwei uneigentlichen Untergruppen *keine invariante Untergruppe* enthält. Diese Tatsache, deren Beweis der Leser beispielsweise in dem bereits zitierten Buche „Gruppentheorie" von A. G. Kurosch finden kann, hat große Bedeutung in der Algebra: Sie hängt eng damit zusammen, daß im allgemeinen eine Gleichung des Grades $n > 4$ nicht durch Radikale (Wurzelausdrücke) gelöst werden kann. Die Drehungsgruppe des Würfels ist, wie wir wissen, zur Gruppe S_4 isomorph. Also gibt es in ihr sicher eine zur Gruppe A_4 isomorphe invariante Untergruppe. Diese Untergruppe ist uns bereits aus Kap. V, § 5 bekannt: Sie besteht aus den Drehungen, die jedes der beiden dem Würfel einbeschriebenen Tetraeder in sich überführen.

Wir haben auch bereits die drei Untergruppen der Ordnung acht erwähnt, die in der Drehungsgruppe des Würfels enthalten sind. Diese drei Gruppen bilden eine Klasse untereinander konjugierter Gruppen, folglich ist keine davon invariant. Dafür ist der Durchschnitt dieser drei Gruppen eine invariante Untergruppe, die, wie wir wissen, aus dem neutralen Element und aus drei Drehungen des Würfels von 180° um jede der drei Geraden besteht, die die Mittelpunkte zweier gegenüberliegender Seiten verbinden[1]).

Andere eigentliche invariante Untergruppen außer den angegebenen Gruppen der Ordnung zwölf und vier gibt es in der Drehungsgruppe des Würfels nicht.

---

[1]) Dem Leser sei empfohlen, folgenden allgemeinen Satz zu beweisen: Der Durchschnitt aller Gruppen, die in einer gewissen Klasse untereinander konjugierter Untergruppen vorkommen, ist eine invariante Untergruppe.

§ 2. Invariante Untergruppen (Normalteiler)

Wir erwähnen noch folgende Klassen konjugierter Gruppen:

1. Die Klasse, die aus drei zyklischen Gruppen der Ordnung vier besteht; jede dieser Gruppen besteht aus Drehungen um eine der Achsen, die die Mittelpunkte zweier gegenüberliegender Flächen des Würfels verbinden.

2. Die Klasse, die aus vier zyklischen Gruppen der Ordnung drei besteht; jede dieser Gruppen besteht aus Drehungen um eine der Diagonalen.

3. Die Klasse, die aus sechs zyklischen Gruppen der Ordnung zwei besteht; jede dieser Gruppen besteht aus Drehungen um eine der Achsen, die die Mittelpunkte zweier gegenüberliegender Kanten verbinden.

Schließlich betrachten wir die uns bereits bekannte Bewegungsgruppe der Ebene in sich genauer (Kap. V, § 2).

Wir stellen folgende Bemerkung voran. Jede Bewegung einer Ebene in sich ordnet jedem Punkt x der Ebene einen gewissen eindeutig bestimmten Punkt $f(x)$ der Ebene zu, nämlich denjenigen, in den der Punkt x durch die vorgegebene Bewegung übergeht.

Wir können also jede Bewegung als eine gewisse Abbildung der Ebene auf sich auffassen. Diese Abbildung ist eine kongruente Abbildung, der Abstand zwischen den Punkten bleibt also ungeändert. Werden zwei Punkte x und y in $f(x)$ und $f(y)$ übergeführt, so ist der Abstand zwischen den Punkten $f(x)$ und $f(y)$ gleich dem Abstand zwischen den Punkten x und y. Daraus folgt insbesondere, daß niemals zwei verschiedene Punkte der Ebene bei der Bewegung gleichzeitig in ein und denselben Punkt übergehen können. Sind die zwei Punkte x und y verschieden, so ist ihr Abstand ungleich Null. Dann muß aber auch der Abstand zwischen den Punkten $f(x)$ und $f(y)$ von Null verschieden sein; also können die Punkte $f(x)$ und $f(y)$ nicht zusammenfallen. *Somit ist jede Bewegung eine eineindeutige Abbildung der Ebene auf sich.*

Eine als eineindeutige Abbildung der Ebene auf sich aufgefaßte Bewegung wollen wir mit dem Symbol $f(x)$ bezeichnen, wobei x natürlich ein willkürlicher Punkt der Ebene ist.

Es seien zwei Bewegungen $f(x)$ und $\varphi(x)$ vorgegeben. Wir wollen die Transformierte der Bewegung $f(x)$ mittels der Bewegung $\varphi(x)$ aufstellen. Nach Definition ist dies die Bewegung

$$F(x) = \varphi\{f[\varphi^{-1}(x)]\}. \tag{1}$$

VI. Invariante Untergruppen

Da $\varphi(x)$ eine eineindeutige Abbildung der Ebene ist, so ist die Bewegung $F(x)$ vollständig beschrieben, wenn bekannt ist, wohin bei dieser Bewegung der Punkt $\varphi(x)$ für beliebiges x übergeht. Mit anderen Worten: die Abbildung $F(x)$ ist für beliebiges x definiert, wenn wir wissen, wohin sie (ebenfalls für beliebiges x) den Punkt $\varphi(x)$ überführt. Ersetzt man nun in Formel (1) x durch $\varphi(x)$ und beachtet, daß $\varphi^{-1}[\varphi(x)] = x$ ist, so erhält man

$$F[\varphi(x)] = \varphi[f(x)]. \tag{2}$$

Durch diese Formel ist die Bewegung $F(x)$ vollständig bestimmt.

Setzt man

$$f(x) = y,$$

so bedeutet die Formel (2) folgendes:

Die Bewegung F führt den Punkt $\varphi(x)$ für beliebiges x in den Punkt $\varphi(y)$ über.

Wir beweisen jetzt folgende Aussage:

Ist f eine Drehung um den Punkt a vom Winkel α, so ist F eine Drehung um den Punkt $\varphi(a)$ vom gleichen Winkel α (Abb. 17).

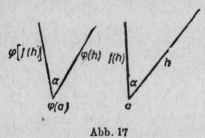

Abb. 17

Da f eine Drehung um a ist, so ist

$$f(a) = a,$$

woraus sich nach Formel (2) ergibt:

$$F[\varphi(a)] = \varphi(a),$$

F ist also eine Drehung um $\varphi(a)$. Die Bewegung f dreht eine von a ausgehende willkürliche Halbgerade h um den Winkel α und führt diese dabei in die Halbgerade $f(h)$ über. Die Bewegung φ, die eine kongruente Abbildung ist, führt die Figur, die aus den beiden von a unter dem Winkel α ausgehenden Halbgeraden h und $f(h)$ besteht, in eine kongruente Figur über, die aus den beiden Halbgeraden $\varphi(h)$ und $\varphi[f(h)] = F[\varphi(h)]$ besteht, die von $\varphi(a)$ ausgehen. Somit erhält man die Halbgerade $F[\varphi(h)]$ aus der Halbgeraden $\varphi(h)$ ebenfalls durch eine Drehung vom Winkel α, d. h., da die Bewe-

§ 2. Invariante Untergruppen (Normalteiler)

gung F die Halbgerade $\varphi(h)$ um den Winkel α dreht, ist also F eine Drehung um den Winkel α.

Aus dem eben Bewiesenen folgt:

Die Transformierte der Gruppe der Drehungen der Ebene um den Punkt a mittels einer beliebigen Bewegung φ ist die Gruppe der Drehungen der Ebene um den Punkt $\varphi(a)$.

Es sei f eine Translation der Ebene längs der Geraden g und φ eine beliebige Bewegung der Ebene in sich.

Dann gilt zunächst die Identität

$$f(g) = g,$$

d. h., die Gerade g geht bei der Bewegung f in sich über.

Die Bewegung φ führt die Gerade g in die Gerade $\varphi(g)$ über. Aus Formel (2) folgt bei Anwendung auf einen beliebigen Punkt x der Geraden g:

$$F[\varphi(g)] = \varphi(g).$$

Die Bewegung F führt also die Gerade $\varphi(g)$ in sich über und ist folglich eine Translation längs dieser Geraden. Da φ eine kongruente Abbildung ist, so ist der Abstand zwischen x und $y = f(x)$ gleich dem Abstand zwischen $\varphi(x)$ und $\varphi[f(x)]$, also zwischen $\varphi(x)$ und $F[\varphi(x)]$.

Dies bedeutet: *Die Translation F verrückt die Punkte der Ebene um die gleiche Strecke wie die Translation f.*

Aus dem Bewiesenen folgt:

Die Gruppe der Parallelverschiebungen der Ebene längs einer vorgegebenen Geraden g wird durch eine willkürlich vorgegebene Bewegung φ in die Gruppe der Parallelverschiebungen der Ebene längs der Geraden $\varphi(g)$ transformiert.

Da jede Bewegung φ jede Parallelverschiebung der Ebene in eine Parallelverschiebung transformiert, so erhalten wir folgendes wichtige Resultat:

Die Gruppe aller Parallelverschiebungen der Ebene (längs aller möglichen Geraden) ist eine invariante Untergruppe der Gruppe aller Bewegungen der Ebene in sich.

Kapitel VII
HOMOMORPHE ABBILDUNGEN
§ 1. Definition der homomorphen Abbildung und ihres Kernes
Definition und einfache Eigenschaften

Es sei jedem Element a einer Gruppe A ein Element
$$b = f(a)$$
einer Gruppe B zugeordnet. Die Gesamtheit aller so erhaltenen Elemente $b = f(a)$ der Gruppe B bezeichnen wir mit $f(A)$. Wir sagen, es liege eine Abbildung f der Gruppe A *in* die Gruppe B vor; mengenmäßig gilt nämlich $f(A) \subseteq B$.

Wir führen jetzt folgende grundlegende Definition ein:

Eine Abbildung f einer Gruppe A in eine Gruppe B heißt homomorph, wenn für je zwei beliebige Elemente a_1 und a_2 der Gruppe A die Bedingung
$$f(a_1 + a_2) = f(a_1) + f(a_2) \qquad (1)$$
erfüllt ist, wobei das Zeichen $+$ auf der linken Seite der Gleichung (1) natürlich als Zeichen der Addition in der Gruppe A, hingegen auf der rechten Seite der Gleichung (1) als Zeichen der Addition in der Gruppe B aufgefaßt werden muß.

Satz. *Ist f eine homomorphe Abbildung einer Gruppe A in eine Gruppe B, so ist die Menge $f(A) \subseteq B$ eine Untergruppe der Gruppe B.*

Beweis. Es genügt zu beweisen:

1. Sind b_1 und b_2 Elemente der Menge $f(A)$, so ist $b_1 + b_2$ ebenfalls ein Element der Menge $f(A)$.

2. Das neutrale Element der Gruppe B ist Element der Menge $f(A)$.

3. Ist b ein Element der Menge $f(A)$, so ist $-b$ ebenfalls Element der Menge $f(A)$.

§ 1. Definition der homomorphen Abbildung und ihres Kernes

Wir beweisen diese Punkte 1, 2, 3 nacheinander.

1. Es seien b_1 und b_2 zwei Elemente der Menge $f(A)$. Dies bedeutet, daß Elemente a_1 und a_2 der Gruppe A mit $f(a_1) = b_1$ und $f(a_2) = b_2$ existieren.

Da aber die Abbildung f homomorph ist, gilt:

$$f(a_1 + a_2) = b_1 + b_2.$$

Danach ist also das dem Element $a_1 + a_2$ der Gruppe A durch die Abbildung f zugeordnete Element $b_1 + b_2$ Element der Menge $f(A)$. Der erste Punkt ist damit bewiesen.

2. Es sei 0 das neutrale und a ein beliebiges Element der Gruppe A. In der Gruppe A gilt

$$a + 0 = a,$$

woraus für die Gruppe B folgt:

$$f(a + 0) = f(a).$$

Da die Abbildung f homomorph ist, gilt

$$f(a) + f(0) = f(a),$$

d.h., $f(0)$ ist das neutrale Element der Gruppe B. Das erledigt den zweiten Punkt.

3. Es sei b ein beliebiges Element der Menge $f(A) \subseteq B$. Es existiert ein Element a der Gruppe A mit

$$f(a) = b.$$

Wir bezeichnen mit b' das Element $f(-a)$ der Menge $f(A)$ und beweisen, daß

$$b' = -b$$

gilt. Es gilt nämlich

$$a + (-a) = 0,$$

also gilt

$$f(a) + f(-a) = 0'$$

(0' bezeichnet das neutrale Element der Gruppe B), also

$$b + b' = 0'$$

d. h.

$$b' = -b,$$

was zu beweisen war.

VII. Homomorphe Abbildungen

Somit ist jede homomorphe Abbildung einer Gruppe A in eine Gruppe B eine homomorphe Abbildung der Gruppe A auf eine gewisse Untergruppe der Gruppe B.

Bemerkung I. In den eben durchgeführten Überlegungen ist der Beweis zweier wichtiger Aussagen enthalten, die für jede homomorphe Abbildung einer Gruppe A in eine Gruppe B gelten:

$$f(0) = 0' \qquad (2)$$

und

$$f(-a) = -f(a). \qquad (3)$$

Bemerkung II. Im Hinblick auf die grundlegende Bemerkung in Kap. III, § 2 können wir sagen:

Eine eineindeutige homomorphe Abbildung einer Gruppe A auf eine Gruppe B ist eine isomorphe Abbildung.

Definition. Sei f eine homomorphe Abbildung einer Gruppe A in eine Gruppe B. Die Menge aller Elemente x der Gruppe A, die durch f auf das neutrale Element der Gruppe B abgebildet werden, heißt *Kern* der homomorphen Abbildung f und wird mit $f^{-1}(0')$ bezeichnet.

Satz. Der Kern einer homomorphen Abbildung f der Gruppe A in eine Gruppe B ist eine invariante Untergruppe der Gruppe A.

Beweis. Aus der Definition der homomorphen Abbildung ergibt sich: Aus

$$f(a_1) = 0', \, f(a_2) = 0'$$

folgt

$$f(a_1 + a_2) = 0'.$$

Sind also a_1 und a_2 Elemente von $f^{-1}(0')$, so ist auch $a_1 + a_2$ Element von $f^{-1}(0')$.

Weiter haben wir beim Beweis des vorigen Satzes gesehen, daß $f(0)$ das neutrale Element der Gruppe B ist; also 0 ist Element von $f^{-1}(0')$.

Ist schließlich $f(a) = 0'$, so ist $f(-a) = -f(a) = 0'$; mit a ist auch $-a$ Element von $f^{-1}(0')$. Daraus folgt bereits, daß $f^{-1}(0')$ eine Untergruppe der Gruppe A ist.

Um zu beweisen, daß $f^{-1}(0')$ eine invariante Untergruppe der Gruppe A ist, müssen wir uns davon überzeugen, daß die Transformierte $-a + x + a$ eines beliebigen Elementes x der Gruppe $f^{-1}(0')$ mittels eines beliebigen Elementes a der Gruppe A wieder

Element der Gruppe $f^{-1}(0')$ ist. Mit anderen Worten, man muß sich davon überzeugen, daß

$$f(-a + x + a) = 0'$$

gilt, sobald $f(x) = 0'$ ist. Dies ist aber sofort einzusehen, denn für $f(x) = 0'$ gilt:

$$f(-a + x + a) = -f(a) + f(x) + f(a)$$
$$= -f(a) + 0' + f(a) = -f(a) + f(a) = \mathbf{0'}.$$

Damit ist dieser Satz vollständig bewiesen.

Wir werden später sehen, daß auch umgekehrt jede invariante Untergruppe einer Gruppe A Kern einer gewissen homomorphen Abbildung der Gruppe A ist.

§ 2. Beispiele homomorpher Abbildungen

I. Wir betrachten die Gruppe G aller ganzen Zahlen

$$\ldots, -n, -(n-1), \ldots, -2, -1, 0, 1, 2, \ldots, (n-1), n, \ldots$$

und eine Gruppe G_2 der Ordnung zwei, deren Elemente b_0 und b_1 seien, und deren Additionstabelle lauten möge:

$$b_0 + b_0 = b_0, \quad b_0 + b_1 = b_1 + b_0 = b_1, \quad b_1 + b_1 = b_0.$$

Offensichtlich ist b_0 das neutrale Element der Gruppe G_2.

Wir konstruieren jetzt folgende Abbildung f der Gruppe G auf die Gruppe G_2:

Jeder geraden Zahl ordnen wir das Element b_0 der Gruppe G_2 und jeder ungeraden Zahl das Element b_1 der Gruppe G_2 zu. Diese Abbildung ist homomorph. Seien nämlich a und a' zwei ganze Zahlen. Sind a und a' beide gerade Zahlen, so ist $a + a'$ ebenfalls gerade, und es gilt

$$f(a + a') = f(a) = f(a') = b_0 = f(a) + f(a').$$

Ist eine der beiden Zahlen a und a', etwa a, gerade, hingegen die andere ungerade, so ist $a + a'$ ungerade, so daß

$$f(a) = b_0, \quad f(a') = b_1,$$
$$f(a + a') = b_1 = b_0 + b_1 = f(a) + f(a')$$

gilt.

VII. *Homomorphe Abbildungen*

Sind schließlich a und a' ungerade Zahlen, so ist $a + a'$ eine gerade Zahl, und es gilt

$$f(a) = f(a') = b_1, \quad f(a + a') = b_0 = b_1 + b_1 = f(a) + f(a').$$

Der Kern unseres Homomorphismus ist offensichtlich die Gruppe aller geraden Zahlen.

Wir verallgemeinern dieses Beispiel. Es sei eine beliebige natürliche Zahl $m \geq 2$ gegeben. Wir betrachten die zyklische Gruppe G_m der Ordnung m mit den Elementen $b_0, b_1, b_2, \ldots, b_{m-1}$ und der Additionstafel

	b_0	b_1	b_2	$\cdots$	b_{m-2}	b_{m-1}
b_0	b_0	b_1	b_2	$\cdots$	b_{m-2}	b_{m-1}
b_1	b_1	b_2	b_3	$\cdots$	b_{m-1}	b_0
b_2	b_2	b_3	b_4	$\cdots$	b_0	b_1
$\cdots$	$\cdots$	$\cdots$	$\cdots$	$\cdots$	$\cdots$	$\cdots$
b_{m-2}	b_{m-2}	b_{m-1}	b_0	$\cdots$	b_{m-4}	b_{m-3}
b_{m-1}	b_{m-1}	b_0	b_1	$\cdots$	b_{m-3}	b_{m-2}

(das neutrale Element ist mit b_0 bezeichnet).

Wir konstruieren jetzt eine homomorphe Abbildung f der Gruppe G aller ganzen Zahlen auf die Gruppe G_m.

Dazu erinnern wir vorher an folgenden arithmetischen Satz: *Jede ganze Zahl a liefert bei Division durch eine natürliche Zahl m als Rest eine der Zahlen $0, 1, \ldots, m-1$. Dabei ist der Rest der Zahl a als die eindeutig bestimmte nichtnegative Zahl r definiert, die den Bedingungen*

$$a = mq + r, \quad 0 \leq r \leq m - 1 \tag{1}$$

genügt, wobei q ganz ist (q heißt Quotient bei Division von a durch m). Dieser Satz ist natürlich allgemein für positives a bekannt. Für $a = 0$ gilt offensichtlich

$$0 = m \cdot 0 + 0,$$

§ 2. Beispiele homomorpher Abbildungen

bei der Division von Null durch eine beliebige natürliche Zahl erhält man sowohl für den Quotienten als auch für den Rest Null.

Der Fall eines negativen a erfordert vielleicht doch einige Erläuterungen. Ist a negativ, so ist $-a$ positiv.

Wir dividieren die natürliche Zahl $-a$ durch die natürliche Zahl m, bezeichnen den Quotienten mit q' und den Rest mit r'. Wir können annehmen, r' sei positiv (wäre $r' = 0$, so wäre $-a$ und folglich auch a ohne Rest durch m teilbar). Also gilt

$$-a = mq' + r', \quad 0 < r' \leq m-1$$

und somit

$$a = -mq' - r' = -m - mq' + m - r' = m(-1-q') + (m-r').$$

Aus $0 < r' \leq m-1$ folgt offensichtlich

$$0 < m - r' \leq m - 1.$$

Setzt man $q = -1 - q'$, $r = m - r'$, so gilt für die ganzen Zahlen a, q, r die Beziehung

$$a = mq + r, \quad 0 \leq r \leq m-1. \tag{2}$$

Man überzeugt sich leicht davon, daß die Darstellung der ganzen Zahlen a nach Gleichung (2) für vorgegebenes natürliches m und ganze q und r mit $0 \leq r \leq m-1$ *eindeutig* ist, daß also die ganzen Zahlen q und r durch die Bedingungen (2) vollständig definiert sind.

Es sei nämlich auch

$$a = mq_1 + r_1, \quad 0 \leq r_1 \leq m-1. \tag{2'}$$

Dann subtrahieren wir die Gleichung (2') gliedweise von der Gleichung (2) und erhalten:

$$0 = m(q - q_1) + (r - r_1),$$

d. h.

$$r - r_1 = m(q_1 - q).$$

Daraus folgt, daß die ganze Zahl $r - r_1$ ohne Rest durch m teilbar ist. Es ist aber $r - r_1$ die Differenz zweier nichtnegativer Zahlen, die nicht größer als $m-1$ sind; folglich ist der absolute Betrag dieser Differenz ebenfalls nicht größer als $m-1$. Daher kann die Zahl $r - r_1$ nur dann ohne Rest durch m teilbar sein, wenn sie gleich Null ist. Also gilt

$$r - r_1 = 0, \quad r = r_1$$

und

$$a = mq_1 + r. \tag{3}$$

Aus den Gleichungen (3) und (2) erhalten wir:

$$q_1 = \frac{a-r}{m}, \quad q = \frac{a-r}{m},$$

$$q_1 = q,$$

was zu beweisen war.

Wegen der Ungleichung
$$0 \leq r \leq m-1$$
entspricht der ganzen Zahl r das Element b_r der Untergruppe G_m. Also entspricht jeder ganzen Zahl a für eine festgewählte natürliche Zahl $m \geq 2$ ein eindeutig bestimmtes Element der zyklischen Gruppe G_m der Ordnung m, nämlich das Element b_r, wobei r der Rest bei der Division von a durch m ist. *Dieses Element b_r nennen wir Rest der Zahl a modulo m.*

Durch die eben angegebene Relation ist auch eine Abbildung f der Gruppe G auf die Gruppe G_m hergestellt. Wir beweisen, daß diese Abbildung f homomorph ist.

Es seien a und a' zwei ganze Zahlen und es sei

$$\left. \begin{array}{ll} a = mq + r, & 0 \leq r \leq m-1, \\ a' = mq' + r', & 0 \leq r' \leq m-1. \end{array} \right\} \qquad (4)$$

Dann gilt
$$a + a' = m(q + q') + r + r'.$$

Nun braucht aber $r + r'$, das natürlich der Ungleichung $0 \leq r + r'$ genügt, die Ungleichung $r + r' \leq m-1$ nicht zu erfüllen. Sicher aber gilt

$$r + r' = mq'' + \varrho,$$

wobei q'' der Quotient bei Division von $r + r'$ durch m (er ist, wie man leicht sieht, gleich 0 oder 1) und ϱ der Rest bei dieser Division ist; daher gilt

$$a + a' = m(q + q' + q'') + \varrho, \quad 0 \leq \varrho \leq m-1.$$

Also entspricht dem Element $a + a'$ bei unserer Abbildung f das Element b_ϱ der Gruppe G_m.

Betrachtet man die Additionstafel der zyklischen Gruppe der Ordnung m, so sieht man, daß

$$b_r + b_{r'} = b_\varrho$$

gilt (wobei ϱ wie früher der Rest bei der Division von $r + r'$ durch m ist).

Also gilt
$$f(a + a') = b_\varrho = b_r + b_{r'} = f(a) + f(a'),$$
womit auch bewiesen ist, daß die Abbildung f homomorph ist.

§ 2. Beispiele homomorpher Abbildungen

Die soeben durchgeführte Konstruktion der homomorphen Abbildung f der Gruppe aller ganzen Zahlen auf die zyklische Gruppe der Ordnung m ist von grundlegender Bedeutung in der elementaren Zahlentheorie. Wir wollen diese homomorphe Abbildung mit f_m bezeichnen.

Der Kern des Homomorphismus f_m ist die Gruppe aller ganzen Zahlen, die ohne Rest durch m teilbar sind.

II. Es sei A die Gruppe aller Bewegungen der Ebene in sich. Wir wählen in der Ebene einen bestimmten Punkt O und einen bestimmten von O ausgehenden Strahl h. Jede Bewegung f der Ebene in sich führt den Strahl h in einen Strahl $f(h)$ über. Der Strahl $f(h)$ schließt mit dem Strahl h einen gewissen Winkel ein[1]), den wir mit ω bezeichnen. Dieser Winkel ist dann und nur dann gleich Null, wenn die Strahlen $f(h)$ und h parallel und gleichgerichtet sind, wenn also die Bewegung f eine Parallelverschiebung ist.

Wir ordnen jetzt einer Bewegung f eine Drehung der Ebene um den Winkel ω_f zu. Auf diese Weise erhält man eine Abbildung der Gruppe aller Bewegungen der Ebene auf die Gruppe aller Drehungen der Ebene um den Punkt O und auf die zu ihr isomorphe Gruppe $\varkappa$ (siehe Kap. V, § 2). Diese Abbildung ist homomorph, wovon sich der Leser leicht überzeugt. Der Kern dieser Abbildung ist die Gruppe aller Parallelverschiebungen der Ebene.

III. In Kap. V, § 2 wurde im zweiten Beispiel gezeigt, daß jeder reellen Zahl ein gewisses Element der Gruppe $\varkappa$ entspricht. Durch diese Zuordnung wird eine homomorphe Abbildung der Gruppe aller reellen Zahlen auf die Gruppe $\varkappa$ hergestellt, wobei der Kern dieser Abbildung die unendliche zyklische Gruppe ist, welche aus allen reellen Zahlen besteht, die ganzzahlige Vielfache von 2π sind.

---

[1]) Diesen Winkel zwischen dem Strahl h und dem Strahl $f(h)$ erhält man, indem man durch den Punkt O den zu $f(h)$ parallelen und mit ihm gleichgerichteten Strahl zieht.

Kapitel VIII

KLASSENEINTEILUNG VON GRUPPEN NACH EINER GEGEBENEN UNTERGRUPPE RESTKLASSENGRUPPEN

§ 1. Linke und rechte Nebenklassen

1. Linke Nebenklassen

Es sei eine Gruppe G und darin eine Untergruppe U vorgegeben. Wir stellen uns jetzt die Aufgabe, folgendes zu beweisen: Die vorgegebene Untergruppe U definiert (und zwar im allgemeinen auf zwei verschiedene Weisen) eine Einteilung der Gruppe G in ein gewisses System paarweise durchschnittsfremder Untermengen, deren eine die Untergruppe U selbst ist, während die übrigen durch ein gewisses höchst einfaches Gesetz eineindeutig auf U abgebildet werden können.

Um diese Einteilung zu erhalten, verfahren wir folgendermaßen: Wir nennen zwei Elemente a und b der Gruppe G *äquivalent* bezüglich der Untergruppe U, wenn die linke Differenz der Elemente b und a, also das Element $-a + b$, ein Element der Untergruppe U ist.

Diese Äquivalenz (wir nennen sie *linksseitige Äquivalenz*) ist *symmetrisch*. Ist nämlich

$$-a + b = u,$$

wobei u ein Element der Gruppe U ist, so ist

$$-b + a = -(-a + b) = -u$$

ebenfalls Element der Untergruppe U.

Diese Äquivalenz ist *transitiv*. Gilt nämlich

$$-a + b = u_1,$$
$$-b + c = u_2,$$

§ 1. *Linke und rechte Nebenklassen*

wobei u_1 und u_2 Elemente der Untergruppe U sind, so ist
$$-a + c = (-a + b) + (-b + c) = u_1 + u_2$$
ebenfalls Element der Untergruppe U.

Schließlich ist diese Äquivalenz *reflexiv*, da
$$-a + a = 0$$
ein Element der Untergruppe U ist.

Also zerfällt die Gruppe G auf Grund des Satzes III aus § 5 des Anhangs in Klassen von Elementen, die bezüglich der Untergruppe U untereinander äquivalent sind. *Diese Klassen heißen linke Nebenklassen der Gruppe G nach der Untergruppe U.* Wir weisen darauf hin, daß die linke Nebenklasse $'K_a$ des Elementes a einer Gruppe G aus allen den Elementen x besteht, die der Bedingung $-a + x = u$ genügen, wobei u Element der Untergruppe U ist, d. h. *aus allen Elementen der Form $x = a + u$, wobei u Element der Untergruppe U ist.*

Wir bemerken noch: Ist a Element von U (insbesondere $a = 0$), so ist $'K_a = U$, da in diesem Falle $a + u$ für beliebiges u aus U Element der Gruppe U ist; und jedes Element u der Gruppe U kann in der Form $a + u_1$ dargestellt werden, wobei wieder $u_1 = -a + u$ ein Element der Gruppe U bedeutet. Da jedes Element der Menge $'K_a$ in der Form $a + u$ dargestellt werden kann und für verschiedene Elemente u_1 und u_2 der Gruppe U die Elemente $a + u_1$ und $a + u_2$ der Menge $'K_a$ verschieden sind, so erhalten wir *eine eineindeutige Zuordnung zwischen U und einem beliebigen $'K_a$*, wenn wir jedem Element u der Gruppe U das Element $a + u$ der Klasse $'K_a$ zuordnen.

Schließlich bemerken wir, *daß es unter allen Klassen $'K_a$ nur eine Klasse gibt, die Untergruppe der Gruppe G ist, nämlich U.*

Wenn also $'K_a$ Untergruppe ist, so muß das neutrale Element der Gruppe G in $'K_a$ vorkommen. Es ist folglich das gemeinsame Element der Klassen $'K_a$ und U, und daher fällt $'K_a$ mit U zusammen.

2. Der Fall einer endlichen Gruppe G

Wegen der eineindeutigen Zuordnung, die zwischen jedem der $'K_a$ und der Untergruppe U existiert, bestehen bei einer endlichen Gruppe G alle $'K_a$ aus der gleichen Anzahl m von Elementen, wobei m die Ordnung der Gruppe U ist. Ist die Anzahl aller verschiedenen Klassen gleich j und ist n die Ordnung der Gruppe G, so gilt offensichtlich $n = mj$.

Daraus folgt insbesondere die schon früher erwähnte Tatsache (Kap. II, § 1), nämlich:

Satz von LAGRANGE. Die Ordnung jeder Untergruppe einer endlichen Gruppe G ist ein Teiler der Gruppenordnung von G.

Die Zahl j, also die Anzahl der linken Nebenklassen[1]) der Gruppe G nach der Untergruppe U, heißt *Index der Untergruppe U in der Gruppe G.*

3. Rechte Nebenklassen

Wir nennen jetzt zwei Elemente a und b äquivalent (*rechtsseitige Äquivalenz*) bezüglich der Untergruppe U, wenn ihre rechte Differenz $b - a = b + (-a)$ Element der Untergruppe U ist. Man prüft leicht nach, daß diese Äquivalenz symmetrisch, transitiv und reflexiv ist.

In der Tat folgt aus
$$b - a = u,$$
wobei u Element der Gruppe U ist,
$$a - b = -(b-a) = -u,$$
und aus
$$b - a = u_1, \quad c - b = u_2,$$
wobei u_1 und u_2 in U liegen, folgt
$$c - a = (c - b) + (b - a) = u_2 + u_1.$$
Schließlich gehört
$$a - a = 0$$
zu U.

Die rechtsseitige Äquivalenz definiert eine Einteilung der Gruppe G in *rechte* Nebenklassen, wobei *die rechte* Nebenklasse K'_a *des gegebenen Elementes a aus allen denjenigen Elementen x besteht, für die* $x - a = u$ *ein Element der Gruppe U ist,* also aus allen Elementen der Form
$$x = u + a,$$
wobei u zu U gehört.

---

[1]) Diese Zahl kann auch im Falle einer unendlichen Gruppe G endlich sein. So zum Beispiel, wenn G die Gruppe aller ganzen Zahlen und U diejenige Untergruppe von G ist, welche aus allen Zahlen besteht, die ohne Rest durch die ganze Zahl $\mu \geq 2$ teilbar sind.

Gehört a zu U, so fällt die Klasse K'_a mit U zusammen.

Ordnet man jedem Element u der Untergruppe U das Element $u + a$ der Klasse K'_a zu, so erhält man eine eineindeutige Zuordnung zwischen U und der Klasse K'_a. Im Fall einer endlichen Untergruppe U sind auch alle Klassen K'_a nach dieser Untergruppe endlich und bestehen aus der gleichen Anzahl von Elementen wie U selbst. Ist die Gruppe G endlich von der Ordnung n und hat die Untergruppe die Ordnung m, so gilt wie vorhin

$$n = mj,$$

wobei j die Anzahl aller verschiedenen rechten Nebenklassen nach der Untergruppe U ist, die daher gleich der Anzahl aller verschiedenen linken Nebenklassen ist.

Also kann der Index einer Untergruppe U bezüglich einer Gruppe G sowohl als Anzahl der linken wie auch als Anzahl der rechten Nebenklassen der Gruppe G nach der Untergruppe U definiert werden: Er ist gleich dem Quotienten der Gruppenordnung von G durch die Gruppenordnung von U.

4. Das Zusammenfallen der linken Nebenklassen mit den rechten bei einer invarianten Untergruppe

Ganz von selbst erhebt sich jetzt die Frage: In welchem Falle gilt für jedes Element a der Gruppe G

$$'K_a = K'_a?$$

Dazu ist offensichtlich notwendig und hinreichend, daß jedes Element der Form $a + u$ gleich einem gewissen $u' + a$ und umgekehrt jedes Element $u + a$ gleich einem gewissen Element $a + u'$ ist (dabei bedeuten immer u, u' Elemente der Untergruppe U). Beide Bedingungen sind äquivalent; denn die erste Bedingung besagt: Zu jedem a aus G und jedem u aus U kann man ein u' aus U finden, derart daß

$$a + u = u' + a$$

gilt, so daß also

$$a + u + (-a) = u',$$

d. h.

$$-(-a) + U + (-a) = U$$

gilt. Da ein jedes Element der Gruppe G bei passender Wahl des Elementes a in der Form $-a$ dargestellt werden kann, so bedeutet die erste Bedingung einfach: Die Transformierte der Untergruppe U mittels eines beliebigen Elementes der Gruppe G fällt mit U zusammen, oder: *U ist eine invariante Untergruppe der Gruppe G.*

Die zweite Bedingung lautet: Zu jedem a aus G und jedem u aus U kann man ein u' aus U finden, derart daß

$$u + a = a + u',$$

also

$$-a + u + a = u',$$

d. h.

$$-a + U + a = U$$

gilt.

Somit drückt die zweite Bedingung ebenfalls die Forderung aus, daß U eine invariante Untergruppe der Gruppe G ist.

Somit haben wir bewiesen:

Satz. *Es sei U eine Untergruppe einer Gruppe G. Für jedes Element a der Gruppe G fällt die linke Nebenklasse dieses Elementes bezüglich der Untergruppe U genau dann mit der rechten Nebenklasse desselben Elementes zusammen, wenn U eine invariante Untergruppe der Gruppe G ist.*

Da bei einer invarianten Untergruppe U für jedes Element a der Gruppe G

$$'K_a = K'_a$$

gilt, so kann man an Stelle von $'K_a$ und K'_a einfach $K_a = {'K_a} = K'_a$ schreiben, und diese Menge heißt einfach *Nebenklasse des Elementes a bezüglich der invarianten Untergruppe U.*

Insbesondere stimmen die rechten Nebenklassen mit den linken überein, wenn U eine Untergruppe einer kommutativen Gruppe G ist, da alle Untergruppen einer kommutativen Gruppe Normalteiler sind (Kap. III, § 2, Abschn. 2).

5. Beispiele

I. Es sei G die Gruppe aller ganzen Zahlen und $U \subseteq G$ die Gruppe aller der Zahlen, die ohne Rest durch m teilbar sind.

Ist a eine beliebige ganze Zahl, so besteht K_a aus allen Zahlen der Form $a + mq$ mit ganzem q: Das sind alle die Zahlen, die

§ 1. *Linke und rechte Nebenklassen*

bei der Division durch m ein und denselben Rest liefern wie die Zahl a. Daher ist die Anzahl der verschiedenen Nebenklassen gleich der Anzahl der verschiedenen bei der Division durch m auftretenden Reste. Deren Anzahl aber ist m, da als Rest bei der Division durch m die Zahlen $0, 1, 2, \ldots, m-1$ und nur sie auftreten. Also gibt es folgende Nebenklassen:

0) die Klasse aller Zahlen, die bei der Division durch m den Rest 0 liefern. Sie fällt mit der Gruppe U zusammen und besteht aus den Zahlen

$$\ldots, -qm, -(q-1)m, \ldots,$$
$$-3m, -2m, -m, 0, m, 2m, 3m, \ldots, qm, \ldots$$

1) Die Klasse aller Zahlen, die bei der Division durch m den Rest 1 liefern. Diese sind

$$\ldots -qm+1, -(q-1)m+1, \ldots, -3m+1, -2m+1,$$
$$-m+1, 1, m+1, 2m+1, 3m+1, \ldots, qm+1, \ldots$$

2) Die Klasse aller Zahlen, die bei der Division durch m den Rest 2 liefern. Dies sind die Zahlen

$$-qm+2, -(q-1)m+2, \ldots, -3m+2, -2m+2,$$
$$-m+2, 2, m+2, \ldots, qm+2, \ldots$$

. . . .

$m-1$) Die Klasse aller Zahlen, die bei der Division durch m den Rest $(m-1)$ liefern. Diese Klasse besteht aus den Zahlen

$$-qm+(m-1), -(q-1)m+(m-1), \ldots,$$
$$-3m+(m-1), -2m+(m-1), -m+(m-1),$$
$$(m-1), m+(m-1), 2m+(m-1), \ldots, qm+(m-1), \ldots$$

oder, was dasselbe ist, aus den Zahlen

$$\ldots, -2m-1, -m-1, -1, m-1, 2m-1, 3m-1, \ldots$$

II. Es sei G die Gruppe S_3 aller Permutationen von drei Elementen und U die Untergruppe der Ordnung 2 (und folglich vom Index 3), die aus den folgenden Permutationen besteht:

$$P_0 = \begin{pmatrix} 1 & 2 & 3 \\ 1 & 2 & 3 \end{pmatrix} \quad \text{und} \quad P_2 = \begin{pmatrix} 1 & 2 & 3 \\ 2 & 1 & 3 \end{pmatrix}.$$

96   VIII. *Klasseneinteilung von Gruppen usw.*

Die Einteilung der Gruppe G in linke und rechte Nebenklassen ist aus folgender Tabelle ersichtlich:

Linke Nebenklassen	Rechte Nebenklassen
$U = (P_0, P_2)$	$U = (P_0, P_2)$
(P_1, P_3)	(P_1, P_4)
(P_4, P_5)	(P_3, P_5)

III. Die alternierende Permutationsgruppe A_n von n Elementen ist selbst eine invariante Untergruppe vom Index 2 der symmetrischen Gruppe S_n. Die zwei Klassen, die zu dieser Untergruppe gehören, sind die Gruppe A_n selbst und die Klasse aller ungeraden Permutationen.

IV. In der Drehungsgruppe des n-eckigen Diedres bilden die Kongruenzen erster Art eine invariante Untergruppe vom Index 2. Eine der beiden Klassen nach dieser Untergruppe ist sie selbst, die andere besteht aus allen Kongruenzen zweiter Art.

V. Die Gruppe U aller Verschiebungen einer Geraden in sich ist eine invariante Untergruppe vom Index 2 in der Gruppe G aller Kongruenzen der Geraden. Die beiden durch diese Untergruppe definierten Klassen sind die Gruppe U selbst und die Klasse aller Kongruenzen zweiter Art.

VI. Es sei G die Gruppe aller komplexen Zahlen mit der gewöhnlichen Addition als Gruppenoperation. Es sei U die Untergruppe aller reellen Zahlen. Die Klassen, nach denen die kommutative Gruppe G bezüglich ihrer Untergruppe U zerfällt, sind Mengen K_β, deren jede aus allen komplexen Zahlen der Form

$$x + i\beta$$

besteht, wobei x und β reelle Zahlen sind, β vorgegeben ist und x alle reellen Zahlen durchläuft. Werden wie gewöhnlich die komplexen Zahlen als Punkte der Ebene dargestellt[1]), so erscheint jede Klasse als eine zur reellen Achse (also zur Abszissenachse) parallele Gerade.

---

[1]) Dabei gilt als Darstellung der komplexen Zahl $x + iy$ der Punkt der Ebene mit den Koordinaten x und y.

§ 2. Die Restklassengruppe
zu einer vorgegebenen invarianten Untergruppe
1. Definition

Es sei U eine invariante Untergruppe einer gewissen gegebenen Gruppe G. Wir betrachten die Menge aller Klassen, in die die Gruppe G bezüglich der Untergruppe U zerfällt. Diese Menge bezeichnen wir mit V und beweisen, daß man in ihr eine Addition so definieren kann, daß V zu einer Gruppe wird, auf die die Gruppe G homomorph abgebildet werden kann.

Es seien v_1 und v_2 zwei willkürliche Elemente der Gruppe V. Dann bestimmen v_1 und v_2 zwei Klassen der Gruppe G nach der invarianten Untergruppe U. Wir wählen in jeder dieser Klassen ein bestimmtes Element, etwa ein Element x_1 aus der Klasse v_1 und ein Element x_2 aus der Klasse v_2. Mit v_3 bezeichnen wir die Klasse, in der das Element $x_1 + x_2$ der Gruppe G liegt.

Wir beweisen, daß die Klasse v_3 nicht davon abhängt, welche Elemente x_1 und x_2 aus den Klassen v_1 und v_2 gewählt worden sind. Mit anderen Worten, wir beweisen: Ist x_1' irgendein Element der Klasse v_1, das im allgemeinen von x_1 verschieden ist, und ist x_2' irgendein Element der Klasse v_2, das im allgemeinen von x_2 verschieden ist, so liegt das Element $x_1' + x_2'$ in der gleichen Klasse v_3, in der $x_1 + x_2$ liegt.

Tatsächlich gehören zwei Elemente a und b dann und nur dann zu ein und derselben Klasse bezüglich der invarianten Untergruppe U, wenn ihre Differenz zu U gehört.

Wir betrachten die Differenz

$$(x_1 + x_2) - (x_1' + x_2') = x_1 + x_2 - x_2' - x_1'$$
$$= x_1 + (x_2 - x_2') - x_1'.$$

Da x_2 und x_2' zu ein und derselben Klasse v_2 gehören, so ist

$$x_2 - x_2' = u_2,$$

wobei u_2 ein gewisses Element von U ist; es gilt dann

$$(x_1 + x_2) - (x_1' + x_2') = x_1 + u_2 - x_1'. \tag{1}$$

Nun ist U aber eine invariante Untergruppe, daher ist

$$x_1 + u_2 = u' + x_1,$$

wobei u' ein geeignetes Element der Gruppe U ist.

Setzt man dies in Formel (1) ein, so erhält man

$$(x_1 + x_2) - (x_1' + x_2') = u' + x_1 - x_1'.$$

Nun gehören x_1 und x_1' ein und derselben Klasse v_1 an, daher ist $x_1 - x_1' = u_1$, wobei u_1 ein gewisses Element der Gruppe U ist. Folglich gilt

$$(x_1 + x_2) - (x_1' + x_2') = u' + u_1,$$

d. h., $(x_1 + x_2) - (x_1' + x_2')$ ist ein Element $u = u' + u_1$ der Gruppe U, was zu beweisen war.

Da die so erhaltene Klasse v_3 definiert ist, sobald die Klassen v_1 und v_2 definiert sind, so erhalten wir:

$$v_1 + v_2 = v_3. \tag{2}$$

Dies ist die *Definition* der Summe $v_1 + v_2$ zweier Klassen v_1 und v_2.

Also:

Summe zweier Nebenklassen v_1 und v_2 heißt diejenige Nebenklasse v_3, die nach folgender Regel gebildet ist: In jeder der Klassen v_1 und v_2 wählen wir ein willkürliches Element, addieren diese beiden Elemente und nehmen die Klasse, zu der ihre Summe gehört. Diese ist dann die Klasse v_3.

Aus dieser Definition und daraus, daß die Addition der Elemente in der Gruppe G dem assoziativen Gesetz genügt, folgt unmittelbar, daß auch die Addition von Klassen dem assoziativen Gesetz genügt.

Wir beweisen, daß die Klasse U in bezug auf die eben definierte Addition die Rolle des neutralen Elementes spielt, daß also für jede Klasse v folgende Gleichung gilt:

$$v + U = U + v = v. \tag{3}$$

Dazu wählen wir ein willkürliches Element x der Klasse v und als Element der Klasse U das neutrale Element 0. Dann ist nach Definition der Addition die Klasse $v + U$ die Klasse, die das Element $x + 0 = x$ enthält, also dieselbe Klasse v. Ebenso ist die Klasse $U + v$ die Klasse, die das Element $0 + x = x$ enthält, also dieselbe Klasse v. Damit ist die Formel (3) bewiesen.

Endlich beweisen wir, daß es zu jeder Klasse K eine bestimmte entgegengesetzte Klasse gibt, die wir mit $-K$ bezeichnen und die

§ 2. *Die Restklassengruppe zu einer vorgegebenen invarianten Untergruppe*

die Bedingung
$$K + (-K) = (-K) + K = U$$
erfüllt.

Dazu wählen wir in der Klasse K irgendein Element a und definieren die Klasse $-K$ als die Klasse, die das Element $-a$ enthält. Nach Definition der Addition von Klassen stellt jede der beiden Summen $K + (-K)$ und $(-K) + K$ die Klasse dar, die das Element $a + (-a) = (-a) + a = 0$ enthält, und dies ist die Klasse U.

Also erfüllt die von uns definierte Addition alle Axiome des Gruppenbegriffs. *Folglich ist bei unserer Definition der Addition die Menge der Klassen der Gruppe G nach einer ihrer invarianten Untergruppen U eine gewisse Gruppe V. Die Klasse U ist dabei das neutrale Element der Gruppe V.*

Die Gruppe V heißt *Restklassengruppe der Gruppe G bezüglich ihrer invarianten Untergruppe U* (sie wird bei multiplikativer Schreibweise *Faktorgruppe* genannt und mit G/U bezeichnet; d. Red.).

2. Der Homomorphiesatz[1])

Es sei wie früher eine Gruppe G und eine ihrer invarianten Untergruppen U gegeben. Jedem Element x der Gruppe G ordnen wir ein bestimmtes Element der Restklassengruppe V zu, nämlich die Klasse, die das Element x enthält. Aus der so hergestellten Abbildung φ der Gruppe G auf die Gruppe V und aus der Definition der Addition in der Gruppe V folgt unmittelbar, daß diese Abbildung homomorph ist.

Welche Elemente der Gruppe G werden auf das neutrale Element der Gruppe V abgebildet? Da dieses neutrale Element U ist, so lautet die offensichtliche Antwort auf unsere Frage: Alle Elemente der invarianten Untergruppe U und nur sie werden durch die Abbildung φ auf das neutrale Element der Gruppe V abgebildet.

Aus den Überlegungen dieses und des vorhergehenden Artikels folgt: Jede invariante Untergruppe U der Gruppe G ist Kern einer gewissen homomorphen Abbildung der Gruppe G, nämlich der homomorphen Abbildung der Gruppe G auf ihre Restklassengruppe bezüglich U.

---

[1]) Siehe Anhang, § 5, Artikel 2.

VIII. *Klasseneinteilung von Gruppen usw.*

Es sei jetzt eine willkürliche homomorphe Abbildung f irgendeiner Gruppe A auf irgendeine Gruppe B vorgelegt. Es sei U der Kern dieser homomorphen Abbildung. Wir wissen, daß U eine invariante Untergruppe der Gruppe A ist. Die Restklassengruppe der Gruppe A in bezug auf U bezeichnen wir mit V.

Es sei b irgendein Element der Gruppe B. Dann existiert wenigstens ein Element a der Gruppe A, das durch die Abbildung f auf das Element b abgebildet wird:

$$b = f(a).$$

Wir wollen das volle Urbild des Elementes b bei der Abbildung f bestimmen, d. h. die Menge aller Elemente x der Gruppe A, die durch die Abbildung f auf b abgebildet werden. Dieses volle Urbild bezeichnen wir wie üblich mit $f^{-1}(b)$.

Also ist $f^{-1}(b)$ nach Definition die Menge aller Elemente x der Gruppe A, für die die Gleichung

$$f(x) = b$$

gilt.

Es sei, wie bereits gesagt, a ein beliebiges Element, das auf b abgebildet wird. Ist x ein anderes Element der Menge $f^{-1}(b)$, so gilt

$$f(a) = b, \; f(x) = b, \; f(-a) = -b,$$
$$f[x + (-a)] = b + (-b) = 0$$

(die Null rechts ist das neutrale Element der Gruppe B), und dies bedeutet, daß $x + (-a)$ ein gewisses Element u der Gruppe U, also $x = a + u$ Element derselben Klasse nach der invarianten Untergruppe U ist, zu der a gehört. Liegen umgekehrt a und x in einer Klasse, so gilt

$$x = a + u,$$
$$f(x) = f(a) + f(u) = f(a) + 0 = f(a),$$

d. h., a und x werden auf ein und dasselbe Element b der Gruppe B abgebildet oder, mit anderen Worten: sie sind in demselben vollen Urbild $f^{-1}(b)$ enthalten.

Also sind die vollen Urbilder $f^{-1}(b)$ der Elemente der Gruppe B die Nebenklassen der Gruppe A nach der invarianten Untergruppe U.

§2. Die Restklassengruppe zu einer vorgegebenen invarianten Untergruppe

Dadurch wird eine eineindeutige Zuordnung ψ zwischen der Gruppe B und der Gruppe V hergestellt.

Jedem Element der Gruppe V, das eine gewisse Klasse der Gruppe A nach der invarianten Untergruppe U, also volles Urbild eines gewissen Elementes der Gruppe B ist, entspricht eben dieses Element b der Gruppe B. Dabei ist jedes Element b der Gruppe B einer einzigen Klasse, d. h. einem einzigen Element der Gruppe V zugeordnet, nämlich der Klasse, die volles Urbild des Elementes b ist. Die Abbildung ψ ist homomorph: Es seien v_1 und v_2 zwei Elemente der Gruppe V und

$$v_1 + v_2 = v_3. \tag{1}$$

Es sei a_1 ein beliebiges Element der Klasse v_1, a_2 ein beliebiges Element der Klasse v_2 und $a_3 = a_1 + a_2$.

Wir wissen, daß dann a_3 zu v_3 gehört.

Wir setzen

$$f(a_1) = b_1, \quad f(a_2) = b_2, \quad f(a_3) = b_3.$$

Da f ein Homomorphismus ist, gilt

$$b_1 + b_2 = b_3. \tag{2}$$

Da aber v_1, v_2, v_3 die entsprechenden vollen Urbilder der Elemente b_1, b_2, b_3 sind, so ist

$$\psi(v_1) = b_1, \quad \psi(v_2) = b_2, \quad \psi(v_3) = b_3,$$

so daß die Gleichung (2) in folgender Form geschrieben werden kann:

$$\psi(v_1) + \psi(v_2) = \psi(v_3).$$

Damit haben wir bewiesen, daß die Abbildung ψ homomorph ist. Wegen der Eineindeutigkeit der homomorphen Abbildung der Gruppe V auf die Gruppe B ist die Abbildung ψ eine *isomorphe* Abbildung von V auf B.

Das Endergebnis aller Überlegungen ist der folgende Satz.

Homomorphiesatz. *Jede homomorphe Abbildung einer Gruppe A auf eine andere Gruppe B hat als Kern eine gewisse invariante Untergruppe der Gruppe A. Umgekehrt ist jede invariante Untergruppe U der Gruppe A Kern einer gewissen homomorphen Abbildung φ der Gruppe A auf die Restklassengruppe V der Gruppe A bezüglich U. Die Abbildung φ erhält man, wenn man jedem Element der Gruppe A seine Klasse bezüglich der invarianten Untergruppe U*

zuordnet. Ist f eine beliebige homomorphe Abbildung der Gruppe A auf die Gruppe B, so sind die vollen Urbilder der Elemente der Gruppe B bei dieser Abbildung die Klassen der Gruppe A nach dem Kern U der Abbildung f, und die Gruppe B ist isomorph der Restklassengruppe der Gruppe A bezüglich U.

Also fallen die invarianten Untergruppen einer vorgegebenen Gruppe A mit den Kernen aller möglichen homomorphen Abbildungen dieser Gruppe zusammen. Alle zur Gruppe A homomorphen Gruppen fallen mit den Gruppen zusammen, die den Restklassengruppen der Gruppe A bezüglich aller möglichen ihrer invarianten Untergruppen isomorph sind[1]).

Korollar. Eine homomorphe Abbildung einer Gruppe A auf eine Gruppe B ist genau dann ein Isomorphismus, wenn der Kern dieser Abbildung nur aus dem neutralen Element der Gruppe A besteht.

---

[1]) Dem Leser bleibt es überlassen, unter dem Gesichtspunkt des eben bewiesenen Homomorphiesatzes die früher behandelten Beispiele invarianter Untergruppen und homomorpher Abbildungen nochmals zu durchdenken und die Restklassengruppen nach ihnen zu bestimmen.

ANHANG
ELEMENTARE BEGRIFFE
DER MENGENLEHRE

Die wichtigsten Begriffe der Mengenlehre, von denen in diesem Anhang die Rede ist und die man fortwährend in der Mathematik anwendet, sind in erster Linie *die Begriffe Menge, Abbildung, Einteilung in Klassen* sowie die elementaren Mengenoperationen, nämlich die Bildung von Vereinigung und Durchschnitt mehrerer (manchmal unendlich vieler) Mengen.

§ 1. Der Begriff der Menge

Die Begriffe Menge und Abbildung gehören zu den mathematischen Begriffen, die sich nicht auf einfachere Begriffe zurückführen lassen und daher nicht logisch definiert werden können. Daher spricht man nur von einer *Erklärung* der Bedeutung dieser Begriffe.

Im alltäglichen Leben sowie auch in jeder wissenschaftlichen Überlegung benutzen wir fortwährend den Begriff Menge, oder wie man manchmal sagt, Gesamtheit: Man kann von einer Menge oder einer Gesamtheit von Gegenständen sprechen, die sich in einem gegebenen Augenblick in einem gegebenen Zimmer befinden, von der Menge oder Gesamtheit der Personen, die im Hörsaal oder im Konzertsaal anwesend sind, von der Menge oder Gesamtheit der Bäume, die in einem bestimmten Garten wachsen, von der Menge der Bücher, aus denen eine bestimmte Bibliothek besteht, von der Menge der Sterne, die die Milchstraße bilden usw. Man kann ferner von der Menge der Moleküle sprechen, die in einem Volumen eines gegebenen Stoffes enthalten sind, oder von der Menge der Zellen eines lebenden Organismus.

Wenn wir sagen: eine Schar Gänse, ein Sack Kartoffeln, ein Korb Äpfel, so sind dies vom mathematischen Gesichtspunkt aus Mengen: Gänse, die die vorgegebene Schar bilden; Kartoffeln oder Äpfel, die sich in einem Sack oder Korb befinden.

Die angeführten Beispiele sind Beispiele endlicher Mengen: Alle angegebenen Mengen bestehen aus einer gewissen *endlichen* Anzahl von Elementen, die sehr groß sein kann (wie zum Beispiel im Falle der Wassermoleküle, die in einem vorgegebenen Volumen Wasser enthalten sind), die aber jedenfalls endlich ist.

Es treten aber auch unendliche Mengen auf. Solche sind zum Beispiel die Menge aller natürlichen (also aller ganzen, positiven) Zahlen, die Menge aller Geraden, die (in der Ebene oder im Raume) durch einen vorgegebenen Punkt hindurchgehen; die Menge aller Kreise, die durch zwei gegebene Punkte, die Menge aller Ebenen, die durch eine vorgegebene Gerade hindurchgehen, usw.

Die Mengenlehre widmet sich vor allem der Untersuchung der unendlichen Mengen.

Die Theorie der endlichen Mengen bezeichnet man oft auch als *Kombinatorik*.

Die einfachen Eigenschaften der Mengen, über die wir hier sprechen wollen, erstrecken sich fast immer gleichermaßen sowohl auf endliche als auch auf unendliche Mengen.

Wir weisen noch auf folgendes hin: In der Mathematik ist es durchaus gerechtfertigt, Mengen zu betrachten, deren Elementanzahl gleich Eins ist, sowie auch diejenige Menge, die überhaupt keine Elemente enthält (die „leere" Menge).

Nehmen wir einmal an, daß wir allgemein von einer Menge von Kreisen sprechen, die durch gewisse gegebene Punkte hindurchgehen. Ist die Anzahl dieser Punkte gleich Zwei, so ist die Menge der durch sie hindurchgehenden Kreise unendlich. Sind es jedoch drei derartige Punkte, so gibt es (falls die drei Punkte nicht in einer Geraden liegen) nur einen durch sie hindurchgehenden Kreis. Mit anderen Worten: die Menge der Kreise, die durch drei Punkte hindurchgehen, besteht aus einem Element. Die Menge der Kreise aber, die durch drei in einer Geraden liegende Punkte hindurchgehen, enthält kein einziges Element. Sie ist die leere Menge, da es solche Kreise überhaupt nicht gibt.

Wir erklären diese Dinge an einem Beispiel aus dem täglichen Leben. Wir nehmen an, daß wir von der Menge der Schüler sprechen, die in einer bestimmten Unterrichtsstunde anwesend sind und deren Alter zwischen 17 und 19 Jahren einschließlich liegt. Diese Menge ist in dem Sinne vollständig bestimmt, daß wir von jedem der in dieser Unterrichtsstunde anwesenden Schüler auf dem Wege einer einfachen Umfrage erfahren können, ob er zu dieser Menge gehört oder nicht. Dabei wissen wir aber im voraus nicht, wie viele Schüler Elemente unserer Menge sind. Es können 10, es können 5, es kann einer sein, und es kann in unserer Klasse keinen Schüler dieser Altersklasse geben, dann etwa, wenn alle jünger als 17 Jahre sind. In diesem Fall ist unsere Menge leer; in den vorigen besteht sie aus 10, aus 5 oder aus einem Element.

Mengen, die aus einem Element bestehen, werden in unserem Buche oft vorkommen. Die leere Menge brauchen wir hier nicht näher zu betrachten; ihre Benutzung erweist sich aber in der Mathematik oft als notwendig und vorteilhaft.

§ 2. Teilmengen

Wir betrachten die Menge A aller Personen, die in einem bestimmten Hörsaal zugegen sind. Dann sind die Menge der anwesenden Frauen ebenso wie die Menge der im Hörsaal anwesenden Männer Beispiele von Teilmengen der Menge A.

Beispiele anderer Teilmengen der Menge A sind: Die Teilmenge derjenigen Personen, die noch nicht 20 Jahre alt sind; die Teilmenge der Personen, die noch nicht 30 Jahre alt sind; die Teilmenge, die aus allen Personen besteht, deren Größe zwischen 160 und 170 cm liegt; die Teilmenge aller Personen, die größer als 165 cm sind; die Teilmenge aller in Berlin wohnenden Personen; die Teilmenge aller der Personen, die einen bestimmten Beruf oder eine bestimmte soziale Stellung haben, usw.

Es ist ohne weiteres verständlich, daß gewisse dieser Teilmengen aus einem Element bestehen können; von gewissen anderen kann es sich herausstellen, daß sie überhaupt keine Elemente enthalten. Es kann aber auch sein, daß irgendeine der angegebenen Teilmengen mit der gesamten Menge A zusammenfällt, zum Beispiel wenn alle im Hörsaal anwesenden Personen Frauen sind oder wenn sie alle noch nicht 30 Jahre alt sind. Es kann außerdem eintreten, daß gewisse dieser Teilmengen zusammenfallen (wenn beispielsweise alle im Hörsaal anwesenden Personen Frauen und diese alle jünger als 30 Jahre sind) oder daß gewisse Teilmengen mit der gesamten Menge A zusammenfallen.

Die allgemeine Definition einer Teilmenge ist die:

Eine Menge B heißt Teilmenge einer Menge A, wenn jedes Element der Menge B gleichzeitig Element der Menge A ist.

Eine Teilmenge der Menge A heißt *uneigentlich,* wenn sie mit der Menge A zusammenfällt (mit anderen Worten: die Menge A selbst rechnet man zu ihren Teilmengen hinzu und bezeichnet sie als uneigentliche Teilmenge). Ist die Menge B eine Teilmenge der Menge A, so sagen wir auch: *B ist in A enthalten oder A enthält B*, und schreiben dafür: $B \subseteq A$ oder $A \supseteq B$. Das Zeichen $\subseteq$ nennen wir *Inklusionszeichen*. Die leere Menge ist Teilmenge *jeder* Menge.

Wir geben weitere Beispiele an.

Die Menge aller geraden Zahlen ist Teilmenge der Menge aller ganzen Zahlen. Die Menge aller ganzen Zahlen ist Teilmenge der Menge aller rationalen Zahlen.

§ 3. Mengenoperationen

1. Die Vereinigung von Mengen

Wir kehren jetzt zu dem Beispiel zurück, das wir am Anfang des vorigen Paragraphen betrachtet haben.

Unter allen Personen, die in einem gegebenen Hörsaal anwesend sind, betrachten wir die Menge M aller der Personen, *die wenigstens einer der folgenden* Bedingungen genügen

1. Sie sind jünger als 20 Jahre;
2. sie sind größer als 165 cm.

Mit anderen Worten: in unsere Menge M gehen alle die Personen ein, die weniger als 20 Jahre alt sind (unabhängig von ihrer Größe) und auch alle die Personen, die größer als 165 cm sind (unabhängig von ihrem Alter). Die Menge M heißt die *Vereinigung* der beiden Mengen: Der Menge M_1 aller Anwesenden, die jünger als 20 Jahre, und der Menge M_2 aller Anwesenden, die größer als 165 cm sind.

Die allgemeine Definition der Vereinigung zweier Mengen A und B lautet: *Als Vereinigung der Mengen A und B bezeichnet man die Menge, die aus allen Elementen der Menge A und aus allen Elementen der Menge B besteht.*

Bemerkung. Aus dem eben angeführten Beispiel erkennt man, daß man Mengen auch dann vereinigen kann, wenn sie gemeinsame Elemente haben. Es kommt natürlich vor, daß die Mengen M_1 und M_2 gemeinsame Elemente besitzen, daß es also in unserem Hörsaal Personen gibt, die jünger als 20 Jahre und gleichzeitig größer als 165 cm sind.

Wir bemerken insbesondere: *Ist die Menge B Teilmenge der Menge A, so fällt die Vereinigung der Mengen B und A mit der Menge A zusammen.* Besteht beispielsweise die Menge A aus allen im Hörsaal befindlichen Personen, die noch nicht 30 Jahre alt, und die Menge B aus allen den Anwesenden, die jünger als 20 Jahre sind, so fällt die Vereinigung der Mengen A und B offensichtlich mit der Menge A zusammen.

Ganz entsprechend definiert man die Vereinigung von drei, von vier usw. Mengen. Man kann auch die Vereinigung unendlich vieler Mengen definieren. Alles dies ist in folgender Definition zusammengefaßt:

Es sei eine beliebige endliche oder unendliche Gesamtheit von Mengen gegeben. Als Vereinigung der Mengen der gegebenen Gesamtheit bezeichnet man die Menge aller Elemente, die in wenigstens einer der der Gesamtheit angehörenden Mengen liegen.

Es sei zum Beispiel A_k die Menge aller regelmäßigen k-Ecke der Ebene (mit $k = 3, 4, 5, \ldots$), also A_3 die Menge aller gleichseitigen Dreiecke, A_4 die Menge aller Quadrate usw.

Die Menge aller regelmäßigen Vielecke ist die Vereinigung der Mengen $A_3, A_4, A_5, \ldots, A_k, \ldots$

Wir bezeichnen mit B_k $(k = 3, 4, 5, \ldots)$ die Menge aller regelmäßigen Vielecke, deren Seitenanzahl k nicht überschreitet. Dann ist B_k die Vereinigung der Mengen $B_3, B_4, \ldots, B_{k-1}, B_k$, und die Menge aller regelmäßigen Vielecke ist die Vereinigung der Mengen $B_k, k = 3, 4, 5, \ldots$

Weiter ist offensichtlich $A_3 = B_3$ und

$$B_3 \subseteq B_4 \subseteq B_5 \subseteq \cdots \subseteq B_k \subseteq B_{k+1} \subseteq \cdots .$$

Bemerkung. Die Vereinigung von Mengen wird auch manchmal ihre Summe genannt.

2. Der Durchschnitt von Mengen

Es sei M_1 die Menge der in einem Hörsaal anwesenden Personen, die jünger als 20 Jahre sind, und M_2 die Menge der im Hörsaal anwesenden Personen, die größer als 165 cm sind.

Unter dem *Durchschnitt* der Mengen M_1 und M_2 versteht man die Menge der Elemente, die sowohl zur Menge M_1 als auch zur Menge M_2 gehören, also in unserem Beispiel die Menge aller der Anwesenden, die jünger als 20 Jahre und gleichzeitig größer als 165 cm sind. Natürlich kann diese Menge auch leer sein.

Allgemein nennt man Durchschnitt der Mengen einer gegebenen (endlichen oder unendlichen) Gesamtheit die Menge, die aus den Elementen besteht, die allen Mengen der gegebenen Gesamtheit angehören.

Wir bemerken: Ist $B \subseteq A$, so ist der Durchschnitt der Mengen A und B die Menge B.

Aufgabe. Wir wollen unter *Dreieck* immer die Menge aller Punkte verstehen, die innerhalb dieses Dreiecks liegen.

Man beweise, daß die Vereinigung aller gleichseitigen Dreiecke, die dem Kreis um 0 mit dem Radius 1 einbeschrieben sind, die Menge aller innerhalb des Kreises liegenden Punkte und der Durchschnitt dieser Dreiecke die Menge aller der Punkte ist, die innerhalb des Kreises um 0 mit dem Radius $\frac{1}{2}$ liegen.

Man formuliere auch die Lösung der analogen Aufgabe für einbeschriebene Quadrate und andere regelmäßige Vielecke sowie für regelmäßige Vielecke, die dem Kreis umbeschrieben sind.

Bemerkung. Der Durchschnitt von Mengen wird auch manchmal ihr Produkt genannt.

§ 4. Abbildungen oder Funktionen

Nehmen wir an, eine gewisse Anzahl von Personen ginge ins Theater. Beim Betreten des Theaters geben sie ihre Mäntel usw. ab und erhalten dafür eine Nummer, unter der die Sachen in der Garderobe aufbewahrt werden.

Was interessiert uns mathematisch an dieser allen bekannten Erscheinung?

Was uns interessiert, ist folgende Tatsache:

Jedem Zuschauer des Theaters *entspricht* (oder *ist zugeordnet*) ein gewisser Gegenstand, nämlich die Nummer, die dieser Zuschauer in der Garderobe erhalten hat.

Wenn wir in irgendeiner Weise jedem Element a einer gewissen Menge A ein bestimmtes Element b einer gewissen Menge B zuordnen, so sagen wir, *die Menge A werde in die Menge B abgebildet oder* es sei eine *Funktion* gegeben, *deren Argument* die Menge A durchläuft und deren *Werte* in der Menge B liegen. Um anzudeuten, daß das gegebene Element b dem Element a zugeordnet ist, schreibt man $b = f(a)$ und sagt, b sei das *Bild* des Elementes a bei der vorgegebenen Abbildung f oder b sei der Wert der Funktion für den Argumentwert a.

Dabei können verschiedene Fälle eintreten, die wir nun behandeln wollen.

Es kann vorkommen, daß zu einer gegebenen Vorstellung alle Eintrittskarten ausverkauft sind. Dann gibt es gewöhnlich auch

§ 4. Abbildungen oder Funktionen

in der Garderobe keinen freien Platz. Nicht nur jeder Zuschauer hat eine Nummer erhalten, sondern es sind auch alle Nummern unter die Zuschauer aufgeteilt. Dieser Fall nimmt in einer allgemeinen mathematischen Untersuchung folgende Gestalt an:

Jedem Element a der Menge A ist ein Element $b = f(a)$ der Menge B zugeordnet, *und dabei ist auch jedes Element der Menge B wenigstens einem Element der Menge A zugeordnet.* (Kursiv gedruckte Worte sollen die Anwendung auf unser Beispiel und insbesondere die Tatsache ausdrücken, daß jede Nummer vergeben ist.)

In diesem Falle bezeichnet man f als Abbildung der Menge A *auf* die Menge B.

Weshalb betonen wir: Jedes Element der Menge B ist *wenigstens einem* Element der Menge A zugeordnet?

Weil es eintreten kann, daß verschiedenen Elementen der Menge A ein und dasselbe Element der Menge B zugeordnet sein kann. In unserem speziellen Beispiel bedeutet dies, daß *mehrere Personen ihren Mantel unter ein und derselben Nummer zur Aufbewahrung gegeben haben.*

Der wichtigste Fall einer Abbildung ist die Abbildung einer Menge *auf* eine andere. Zu ihm kommt man leicht, indem man vom allgemeinen Fall der Abbildung einer Menge *in* eine andere ausgeht. Es sei nämlich eine *beliebige* Abbildung f der Menge A in die Menge B gegeben. Die Menge aller der Elemente der Menge B, die bei der Abbildung f wenigstens einem Element der Menge A zugeordnet sind, nennen wir *Bildmenge von A bei der Abbildung f;* wir bezeichnen sie mit $f(A)$. Es ist offensichtlich, daß die Abbildung f eine Abbildung der Menge A auf die Menge $f(A)$ ist.

Diese Bemerkung gestattet, uns im folgenden auf die Betrachtung von Abbildungen einer Menge *auf* eine andere zu beschränken.

Im Beispiel der Theaterbesucher ist A die Menge der Zuschauer, die eine bestimmte Vorstellung besuchen, und $f(A)$ die Menge aller besetzten Nummern der Garderobe.

Definition. Es sei eine Abbildung f einer Menge A auf eine Menge B gegeben. Es sei b ein willkürliches Element der Menge B. Die Menge aller Elemente der Menge A, denen bei der Abbildung f das gegebene Element b zugeordnet ist, heißt volles Urbild des Elementes b bei der Abbildung f. Diese Menge bezeichnen wir mit $f^{-1}(b)$.

In unserem Beispiel ist b eine beliebige Nummer in der Garderobe des Theaters. Das volle Urbild eines Elementes b ist die

Menge aller der Theaterbesucher, die ihren Mantel unter dieser Nummer b aufgehängt haben.

Wir betrachten jetzt den Fall, daß *auf jeder Nummer lediglich ein Mantel aufgehängt ist*, daß also das volle Urbild $f^{-1}(b)$ jedes Elementes b der Menge B lediglich aus einem Element der Menge A besteht. In diesem Falle heißt die Abbildung der Menge A auf die Menge B *eineindeutig*.

Wir geben noch ein Beispiel, das den Begriff der eineindeutigen Abbildung verdeutlicht.

Wir stellen uns eine Kavallerieabteilung vor. Auf jeden Reiter kommt ein Pferd, und auf jedem Pferd sitzt ein Reiter. Damit ist eine eineindeutige Abbildung der Menge aller Reiter auf die Menge aller Pferde (einer bestimmten Abteilung) und auch die eineindeutige Abbildung der Menge aller Pferde auf die Menge aller Reiter hergestellt (wir sprechen immer von den Reitern und Pferden einer bestimmten Abteilung).

Dieses Beispiel zeigt, daß eine eineindeutige Abbildung einer Menge A auf eine Menge B automatisch eine ebenfalls eineindeutige Abbildung der Menge B auf die Menge A nach sich zieht: Besteht jede Menge $f^{-1}(b)$, wobei b ein beliebiges Element von B ist, nur aus einem Element a, so erhalten wir die Abbildung f^{-1} der Menge B auf die Menge A, indem wir jedem Element b der Menge B das Element $a = f^{-1}(b)$ der Menge A zuordnen. *Die Abbildung f^{-1} bezeichnet man als die zur Abbildung f inverse Abbildung.*

Also führt eine eineindeutige Abbildung einer Menge A auf eine Menge B zu folgendem: Jedes Element a der Menge A vereinigen wir mit einem gewissen eindeutig bestimmten Element $f(a)$ zu einem Paar. Dabei zeigt es sich, daß jedes Element b der Menge B genau einmal, und zwar mit dem zu b eindeutig bestimmten Element a der Menge A gepaart ist. Ordnet man jedem Element b der Menge B das mit ihm gepaarte Element a der Menge A zu, so erhält man eine eineindeutige Abbildung f^{-1} der Menge B auf die Menge A, die zur Abbildung f invers ist.

Somit ist bei einer eineindeutigen Abbildung einer Menge auf eine andere keine der beiden Mengen bevorzugt, da *jede* der beiden Mengen eineindeutig auf die andere abgebildet wird. Um diese Gleichberechtigung der beiden Mengen hervorzuheben, spricht man oft von *einer eineindeutigen Zuordnung zwischen zwei Mengen* und versteht darunter die Gesamtheit der beiden eineindeutigen und zueinander inversen Abbildungen jeder Menge auf die andere.

§ 5. Einteilung einer Menge in Teilmengen

1. Mengen von Mengen (Mengensysteme)

Wir können Mengen betrachten, die aus verschiedenen Elementen bestehen. Insbesondere können wir *Mengen von Mengen* betrachten, also Mengen, deren Elemente selbst Mengen sind. Wir sind ihnen bereits begegnet, als wir die Definition der Vereinigung und des Durchschnitts von Mengen eingeführt haben: Dort war die Rede von der Vereinigung oder vom Durchschnitt mehrerer (endlich oder unendlich vieler) Gesamtheiten von Mengen, also eben von Mengen von Mengen. Zu den damals angeführten Beispielen fügen wir noch einige hinzu, die dem täglichen Leben entnommen sind. Eine Menge von Mengen ist zum Beispiel die Menge aller Berliner Sportvereine (jeder dieser Sportvereine wird von seinen Mitgliedern gebildet); die Menge aller wissenschaftlichen Kongresse eines bestimmten Jahres oder Landes, die Menge aller Gewerkschaftsorganisationen, die Menge aller militärischen Abteilungen (Divisionen, Regimenter, Bataillone, Kompanien, Züge usw.) einer gegebenen Armee sind ebenfalls Mengen von Mengen. Diese Beispiele zeigen, daß sich Mengen, die Elemente einer gegebenen Menge von Mengen sind, in einigen Fällen überschneiden können, dagegen in anderen Fällen keine gemeinsamen Elemente zu haben brauchen. So ist zum Beispiel die Menge aller Gewerkschaftsorganisationen eine Menge paarweise fremder Mengen, da ein Bürger nicht gleichzeitig Mitglied zweier verschiedener Gewerkschaften sein kann. Andererseits ist die Menge aller militärischen Abteilungen irgendeiner Armee ein Beispiel einer Menge von Mengen, von denen einige Elemente Teilmengen der anderen Elemente sind: jeder Zug ist Teilmenge einer gewissen Kompanie, eine Kompanie ist Teilmenge einer Division usw.

Die Menge aller Sportvereine einer gegebenen Stadt besteht im allgemeinen aus sich überschneidenden Mengen, da ein und dieselbe Person in mehreren Sportvereinen aktiv sein kann (zum Beispiel in einem Schwimmklub und in einer Volleyballmannschaft oder einem Skiverein.)

Bemerkung. Zur Vereinfachung der Schreibweise werden wir manchmal anstatt des Ausdruckes „Menge von Mengen" den *völlig gleichbedeutenden* Ausdruck „Mengensystem" oder „Gesamtheit von Mengen" benutzen.

2. Einteilung in Klassen

Wir erhalten eine sehr wichtige Klasse von Mengensystemen, wenn wir alle möglichen *Einteilungen irgendeiner Menge in paarweise durchschnittsfremde Mengen* betrachten. Mit anderen Worten: es sei eine Menge M vorgegeben, die als Vereinigung paarweise durchschnittsfremder Teilmengen (in endlicher oder unendlicher Anzahl) dargestellt ist. Diese Teilmengen sind Summanden der Vereinigung und auch Elemente der gegebenen Einteilung der Menge M.

Beispiel I. Es sei M die Menge aller Schüler irgendeiner Schule. Die Schule ist in Klassen aufgeteilt, die offensichtlich auch durchschnittsfremde Teilmengen bilden und deren Vereinigung die gesamte Menge M ergibt.

Beispiel II. M sei die Menge aller Schüler der Oberschulen Berlins. Die Menge M kann beispielsweise auf folgende beiden Weisen in paarweise durchschnittsfremde Teilmengen zerlegt werden:

1 wir vereinigen in einem Summanden die Schüler ein und derselben Schule[1]) (wir zerlegen also die Menge aller Schüler nach Schulen);

2. wir vereinigen in einem Summanden alle Schüler der gleichen Klasse (der verschiedenen Schulen).

Beispiel III. Es sei M die Menge aller Punkte der Ebene. Wir wählen in dieser Ebene irgendeine Gerade g und zerlegen die gesamte Ebene in zu g parallele Geraden. Die Mengen der Punkte jeder einzelnen Geraden sind ebenfalls derartige Mengen, in die wir die Menge M zerlegt haben.

Bemerkung I. Diejenigen Leser, die wissen, was ein Koordinatensystem ist, mögen sich die Gerade g als eine der Koordinatenachsen (der Bestimmtheit halber der Abszissenachse) dieses Koordinatensystems vorstellen.

Bemerkung II. Ist eine gegebene Menge M in paarweise durchschnittsfremde Teilmengen zerlegt, deren Vereinigung die Menge M ergibt, so spricht man zur Abkürzung einfach von einer Klasseneinteilung der Menge M.

---

[1]) Unter der Voraussetzung, daß jeder Schüler nur eine Schule besucht.

§ 5. *Einteilung einer Menge in Teilmengen* 113

Satz I. Es sei eine Abbildung f der Menge A auf eine Menge B vorgegeben. Die vollen Urbilder $f^{-1}(b)$ aller möglichen Punkte b der Menge B bilden eine Klasseneinteilung der Menge A. Die Menge dieser Klassen ist der Menge B eineindeutig zugeordnet.

Dieser Satz ist eigentlich sofort klar: Jedem Element a der Menge A entspricht bei der Abbildung f ein und nur ein Element $b = f(a)$ der Menge B derart, daß a zum vollen Urbild $f^{-1}(b)$ gehört. Dies bedeutet aber auch, daß die vollen Urbilder der Punkte b erstens als Vereinigung die gesamte Menge A ergeben und zweitens paarweise durchschnittsfremd sind.

Die Menge der Klassen ist der Menge B eineindeutig zugeordnet: Jedem Element b der Menge B entspricht die Klasse $f^{-1}(b)$, und jeder Klasse $f^{-1}(b)$ entspricht das Element b der Menge B.

Satz II. Es sei eine Klasseneinteilung einer Menge A vorgegeben. Diese Einteilung erzeugt eine Abbildung der Menge A auf eine gewisse Menge B, nämlich auf die Menge aller Klassen der gegebenen Einteilung. Diese Abbildung erhält man, wenn man jedem Element der Menge A die Klasse zuordnet, der es angehört.

Der Beweis des Satzes ist bereits in seiner Formulierung enthalten.

Beispiel. Bei der Einteilung der Berliner Schüler ist diese Abbildung der Menge A aller Schüler auf die Menge B aller Schulen bereits angegeben worden[1]). Jedem Schüler ist die Schule, die er besucht, zugeordnet.

Bei aller Selbstverständlichkeit der in unseren beiden Sätzen formulierten Tatsachen hat man sie in der Mathematik nicht sofort in ihrer mathematisch treffenden Formulierung gefunden. Nachdem man diese aber einmal gewonnen hatte, erlangte sie sofort im logischen Aufbau verschiedener mathematischer Disziplinen, vor allem der Algebra, sehr große Bedeutung.

3. Äquivalenzrelationen

Es sei eine Klasseneinteilung einer Menge M vorgegeben. Wir führen folgende Definition ein: Wir nennen zwei Elemente der Menge M *äquivalent* in bezug auf die gegebene Klasseneinteilung der Menge M, wenn sie zu ein und derselben Klasse gehören.

---

[1]) Unter der Voraussetzung, daß jeder Schüler nur eine Schule besucht.

Teilen wir die Berliner Schüler nach Schulen ein, so sind also zwei Schüler „äquivalent", wenn sie die gleiche Schule besuchen (auch wenn sie verschiedenen Klassen angehören). Wenn wir die Schüler nach Klassen einteilen, so sind zwei Schüler „äquivalent", wenn sie ein und derselben Klasse (wenn auch verschiedenen Schulen) angehören.

Unsere eben definierte Äquivalenzrelation besitzt folgende Eigenschaften:

Die Eigenschaft der *Symmetrie*. Sind a und b äquivalent, so auch b und a.

Die Eigenschaft der *Transitivität*. Sind sowohl die Elemente a und b als auch b und c äquivalent, so sind a und c äquivalent („zwei Elemente a und c, die einem dritten b äquivalent sind, sind auch untereinander äquivalent").

Schließlich fassen wir jedes Element als zu sich selbst äquivalent auf; diese Eigenschaft der Äquivalenzrelation heißt *Reflexivität*.

Somit definiert jede Klasseneinteilung einer vorgegebenen Menge zwischen den Elementen dieser Menge eine bestimmte Äquivalenzrelation, die die Eigenschaften der Symmetrie, Transitivität und Reflexivität besitzt.

Wir nehmen jetzt an, durch irgendein Verfahren stehe ein gewisses Kriterium zur Verfügung, das es uns ermöglicht, von gewissen Elementepaaren der Menge M als von *äquivalenten* Paaren zu sprechen. Dabei fordern wir von dieser Äquivalenz lediglich, daß sie die Eigenschaften der Symmetrie, Transitivität und Reflexivität besitzt.

Wir beweisen, daß diese Äquivalenzrelation eine Klasseneinteilung der Menge M definiert.

Wir bezeichnen als Klasse K_a eines gegebenen Elementes a der Menge M die Menge aller Elemente, die zu a äquivalent sind.

Da unsere Äquivalenzrelation nach Voraussetzung reflexiv ist, so ist jedes Element a in seiner Klasse enthalten.

Wir beweisen: *Wenn sich zwei Klassen überschneiden* (also wenigstens ein gemeinsames Element besitzen), *so fallen sie sogar zusammen* (d. h., jedes Element der einen Klasse ist gleichzeitig Element der anderen Klasse).

Die Klassen K_a und K_b mögen das Element c gemeinsam haben. Bezeichnet man die Äquivalenz irgend zweier Elemente x und y durch $x \sim y$, so gilt nach Definition der Klassen $a \sim c$, $b \sim c$,

§ 5. Einteilung einer Menge in Teilmengen

folglich wegen der Symmetrie $c \sim b$ und wegen der Transitivität

$$a \sim b. \tag{1}$$

Es sei y irgendein Element der Klasse K_b. Dann gilt:

$$b \sim y.$$

Wegen der Transitivität und (1) ist

$$a \sim y,$$

d. h., y ist Element der Klasse K_a.

Es sei jetzt x irgendein Element der Klasse K_a. Dann gilt:

$$a \sim x$$

und wegen der Symmetrie

$$x \sim a,$$

sowie wegen (1) und der Transitivität

$$x \sim b.$$

Infolge der Symmetrie ist

$$b \sim x,$$

d. h., x gehört zur Klasse K_b.

Somit fallen zwei Klassen K_a und K_b, die ein gemeinsames Element c besitzen, tatsächlich zusammen.

Wir haben bewiesen, daß die verschiedenen Klassen K_a ein System paarweise durchschnittsfremder Teilmengen der Menge M bilden. Ferner ergibt die Vereinigung der Klassen die gesamte Menge M, da jedes Element der Menge M seiner Klasse angehört.

Wir wiederholen die in diesem Artikel bewiesenen Resultate, indem wir sie in folgendem Satz zusammenfassen:

Satz III. *Jede Klasseneinteilung einer Menge M definiert zwischen den Elementen der Menge M eine gewisse Äquivalenzrelation, die die Eigenschaften der Symmetrie, Transitivität und Reflexivität besitzt. Umgekehrt definiert jede Äquivalenzrelation, die zwischen den Elementen der Menge M besteht und die Eigenschaften der Symmetrie, Transitivität und Reflexivität besitzt, eine Einteilung der Menge M in durchschnittsfremde Klassen paarweise zueinander äquivalenter Elemente.*

LITERATUR

BAUMGARTNER, L.: Gruppentheorie, 4. Aufl., W. de Gruyter, Berlin 1964.

BORŮVKA, O.: Grundlagen der Gruppoid- und Gruppentheorie, VEB Deutscher Verlag der Wissenschaften, Berlin 1960.

KOCHENDÖRFFER, R.: Lehrbuch der Gruppentheorie unter besonderer Berücksichtigung der endlichen Gruppen, Akademische Verlagsgesellschaft, Leipzig 1966.

KOCHENDÖRFFER, R.: Einführung in die Algebra, 3. Aufl., VEB Deutscher Verlag der Wissenschaften, Berlin 1966.

KUROSCH, A. G.: Gruppentheorie I, II, 2. Aufl., Akademie-Verlag, Berlin 1970 bzw. 1971 (Übersetzung aus dem Russischen).

LJUBARSKI, G. J.: Anwendungen der Gruppentheorie in der Physik, VEB Deutscher Verlag der Wissenschaften, Berlin 1962.

LUGOWSKI, H., und H. J. WEINERT: Grundzüge der Algebra, Teil I: Allgemeine Gruppentheorie, 3. Aufl., B. G. Teubner, Leipzig 1966.

SMIRNOW, W. I.: Lehrgang der höheren Mathematik, Teil III_1, 5. Aufl., VEB Deutscher Verlag der Wissenschaften, Berlin 1967 (Übersetzung aus dem Russischen).

SPECHT, W.: Gruppentheorie, Springer-Verlag, Berlin-Göttingen-Heidelberg 1956.

SPEISER, A.: Die Theorie der Gruppen von endlicher Ordnung, 4. Aufl., Birkhäuser, Basel 1956.

VAN DER WAERDEN, B. L.: Algebra, Bd. I., 7. Aufl., Springer-Verlag, Berlin-Heidelberg-New York 1966.

ZASSENHAUS, H.: Lehrbuch der Gruppentheorie, Bd. I, B. G. Teubner, Leipzig-Berlin 1937.

NAMEN- UND SACHREGISTER

Abbildung 108
—, eineindeutige 110
—, homomorphe 82
—, inverse 110
—, Kern einer 84
— auf eine Menge 84, 109
— in eine Menge 82
— von Mengen 108
ABEL, N. H. 7
Addition von Drehungen 2, 5
— von Kongruenzen 48
— von Nebenklassen 98
— von Permutationen 16
— von Vektoren 50
— von Zahlen 1
Additionstafel 3
Äquivalenz, linksseitige 90
—, rechtsseitige 92
Äquivalenzrelation 114
assoziatives Gesetz 1, 6, 28

Bewegungsgruppen 45
Bildmenge 109

CAYLEY, A. 34

Drehung eines Dodekaeders 65
— einer Doppelpyramide 52
— eines gleichschenkligen Dreiecks 54
— eines gleichseitigen Dreiecks 2
— einer Ebene 49
— eines Ikosaeders 65
— eines Kreises 48
— eines n-Ecks 6, 45
— eines Oktaeders 64
— einer Pyramide 51
— eines Quadrates 5
— eines Rhombus 55

Drehung eines Tetraeders 56, 70, 75
— eines Würfels 60
Differenz 12
—, linke 13
—, rechte 12

Element, entgegengesetztes 1, 11
—, inverses 28
—, neutrales 1, 10
—e, äquivalente 90, 113
—e, konjugierte 71
—en, Differenz von 12
—en, Summe von 1, 6, 8
—s, Bild eines 108
—s, Eindeutigkeit des inversen 11
—s, Eindeutigkeit des neutralen 10
—s, Ordnung eines 43
—s, Transformierte eines 68
—s, volles Urbild eines 109

Faktorgruppe 99
FINIKOW, S. P. IV
Funktion 108

GELFAND, I. M. IV
Gruppe 7
—, abelsche 7
—, erzeugendes Element einer 43
—, endliche 7
—, kommutative 7, 29
—, Ordnung einer 7
— in additiver Schreibweise 6
— in multiplikativer Schreibweise 28
—, symmetrische 20
—, unendliche 7
—, Untergruppe einer 19
—, zyklische 43
—, endliche zyklische 40

Namen- und Sachregister

Gruppe, unendliche zyklische 43
—n, isomorphe 30
Gruppenaxiome 6, 14, 28

Homomorphiesatz 101

Inklusion 106
Inversion 23
Isomorphismus 31

Kern einer Abbildung 84
Klasseneinteilung 72, 112
KLEIN, F. 5
KLEINsche Vierergruppe 4
Kombinatorik 104
kommutatives Gesetz 1, 6
Kongruenz erster Art 52
— zweiter Art 52
Kongruenzgruppen 45
KUROSCH, A. G. IV, 14

MALZEW, A. I. IV
Menge 103
—, Abbildung einer 108
—, leere 104
—n, Durchschnitt von 107
—n, Produkte von 108
—n, Summe von 107
—n, Vereinigung von 106
—n, eineindeutige Zuordnung von 110
Mengensysteme 111

Nebenklasse, linke 91
—, rechte 92
Normalteiler 76
Nulldrehung 2
Nullelement 1

Parallelogramm für die Addition von Vektoren 50

Permutation 15
— als eineindeutige Abbildung 21
—, gerade 24
—, identische 16
—, Signum einer 24
—, Transformierte einer 69
—, ungerade 24
—en, Addition von 16
Permutationsgruppe 20
—, alternierende 26

Restklassengruppe 99

Satz von CAYLEY 34
— von LAGRANGE 92
SOMINSKI, I. S. 9
Symmetrieachse 58

Teilmenge 105
—, uneigentliche 105
Transformierte eines Elements 68
— einer Permutation 69
— einer Untergruppe 73

Untergruppe 19
—, eigentliche 58
—, Index einer 92
—, invariante 76
—, Transformierte einer 73
—, uneigentliche 58
—, zyklische 37
—n, konjugierte 75

Vielflache, duale 64

Zahl, ganze 1
—, natürliche 9
—, rationale 29
—, Rest einer 86
Zahlenpaar, irreguläres 23
—, reguläres 23